地球观测与导航技术丛书

空间信息剖分组织导论

程承旗　任伏虎　濮国梁
王　洪　陈　波　　著

科学出版社
北京

内 容 简 介

本书是作者多年来研究成果的总结，主要探讨全球空间信息组织中的基础问题。全书共分 10 章，系统阐述了全球空间信息剖分组织理论的架构体系、基本原理、数据模型及应用方法等，主要包括全球空间信息剖分组织中的框架、标识、存储、索引、表达、计算、空间关系及应用系统设计等方面的内容。作为国内第一部全面论述空间信息剖分组织理论与方法的专著，对地球剖分理论在地理信息科学、遥感与测绘科学及计算机等相关学科中的发展有重要意义。本书内容涵盖了作者对该领域的前瞻性思考及最新研究成果，并吸收了国内外有代表性的研究成果，具有较高的学术价值。

本书脉络清晰、结构完整、内容深入浅出，可供遥感、测绘、地理信息系统、农、林、土地、气象、城市管理、社会经济统计及航空航天、计算机等领域相关专业的教师、科研人员及研究生阅读参考。

图书在版编目 (CIP) 数据

空间信息剖分组织导论/程承旗等著 .—北京：科学出版社，2012
（地球观测与导航技术丛书）
ISBN 978-7-03-033253-0

Ⅰ.①空…　Ⅱ.①程…　Ⅲ.①空间信息技术-研究　Ⅳ.①P208

中国版本图书馆 CIP 数据核字（2011）第 279353 号

责任编辑：韩　鹏　卜　新／责任校对：包志虹
责任印制：钱玉芬／封面设计：王　浩

科 学 出 版 社 出版
北京东黄城根北街 16 号
邮政编码：100717
http://www.sciencep.com

骏 杰 印 刷 厂 印刷
科学出版社发行　各地新华书店经销

＊

2012 年 3 月第 一 版　　开本：787×1092　1/16
2012 年 3 月第一次印刷　　印张：17 3/4
字数：393 000

定价：68.00 元
（如有印装质量问题，我社负责调换）

《地球观测与导航技术丛书》编委会

顾问专家

徐冠华　龚惠兴　童庆禧　刘经南
王家耀　李小文　叶嘉安

主　编

李德仁

编　委（按姓氏汉语拼音排序）

鲍虎军　陈　戈　程鹏飞　房建成　龚建华　龚健雅
顾行发　江碧涛　江　凯　景贵飞　李加洪　李　京
李　明　李增元　李志林　林　珲　林　鹏　卢乃锰
孟　波　秦其明　施　闯　史文中　吴一戎　许健民
尤　政　郁文贤　张继贤　张良培　周成虎　周启鸣

《地球观测与导航技术丛书》出版说明

地球空间信息科学与生物科学和纳米技术三者被认为是当今世界上最重要、发展最快的三大领域。地球观测与导航技术是获得地球空间信息的重要手段，而与之相关的理论与技术是地球空间信息科学的基础。

随着遥感、地理信息、导航定位等空间技术的快速发展和航天、通信和信息科学的有力支撑，地球观测与导航技术相关领域的研究在国家科研中的地位不断提高。我国科技发展中长期规划将高分辨率对地观测系统与新一代卫星导航定位系统列入国家重大专项；国家有关部门高度重视这一领域的发展，国家发展和改革委员会设立产业化专项支持卫星导航产业的发展；工业与信息化部和科学技术部也启动了多个项目支持技术标准化和产业示范；国家高技术研究发展计划（863 计划）将早期的信息获取与处理技术（308、103）主题，首次设立为"地球观测与导航技术"领域。

目前，"十一五"计划正在积极向前推进，"地球观测与导航技术领域"作为 863 计划领域的第一个五年计划也将进入科研成果的收获期。在这种情况下，把地球观测与导航技术领域相关的创新成果编著成书，集中发布，以整体面貌推出，当具有重要意义。它既能展示 973 和 863 主题的丰硕成果，又能促进领域内相关成果传播和交流，并指导未来学科的发展，同时也对地球观测与导航技术领域在我国科学界中地位的提升具有重要的促进作用。

为了适应中国地球观测与导航技术领域的发展，科学出版社依托有关的知名专家支持，凭借科学出版社在学术出版界的品牌启动了《地球观测与导航技术丛书》。

丛书中每一本书的选择标准要求作者具有深厚的科学研究功底、实践经验，主持或参加 863 计划地球观测与导航技术领域的项目、973 相关项目以及其他国家重大相关项目，或者所著图书为其在已有科研或教学成果的基础上高水平的原创性总结，或者是相关领域国外经典专著的翻译。

我们相信，通过丛书编委会和全国地球观测与导航技术领域专家、科学出版社的通力合作，将会有一大批反映我国地球观测与导航技术领域最新研究成果和实践水平的著作面世，成为我国地球空间信息科学中的一个亮点，以推动我国地球空间信息科学的健康和快速发展！

李德仁

2009 年 10 月

序

随着人类科学技术的进步，空间信息获取能力大幅提高，我们对于赖以生存的地球已经积累了越来越多的数据和信息，要想使这些数据和信息得到充分利用，需要解决许多技术问题，其中之一就是要将局部的与整体的乃至全球的信息进行统一无缝组织和管理，将不同来源、不同类型、不同分辨率的海量数据进行快速整合。在这方面，"空间信息剖分组织理论"提出了全新发展思路。

在地学领域，剖分通常是指对地理空间位置划分的方法。1992年，Goodchild提出了一种全球地理信息系统的层次数据结构。2000年，Dutton在此基础上提出全球层次坐标方法，通过对地球进行八面体的四分三角形网格O-QTM逐级划分，形成全球多级剖分网格。剖分组织，是以地球剖分网格为基础，将空间信息按照区域位置属性进行标识和管理的方法。

空间信息剖分组织的核心思想是：按照一定规则，将地球表面剖分为不同粗细层次的无缝网格，每个层次的网格在范围上具有上下层涵盖关系；每个网格以其中心点的经纬度坐标或网格编码来确定其地理位置，同时记录与此网格密切相关的基本数据项；根据精度需要，对落在每个网格内的地物对象，记录网格编码，作为位置标识。将不同的网格层次同全国、省、市、县等行政级别建立关联，可建立我国空间信息多级剖分网格的体系结构。

北京大学程承旗教授带领的973项目团队长期致力于空间信息剖分网格体系的理论研究，提出了2^n一维整型数组的全球经纬度剖分网格GeoSOT，构建了一个上至地球、下至厘米级面片的全球多尺度剖分网格。基于GeoSOT剖分网格，对地球空间信息剖分组织机理、空间数据剖分调度机制和空间信息剖分表达机制等方面进行了深入的研究和探讨，构建了一个相对完整的地球空间信息剖分组织体系。该书系统论述了全球空间信息组织的剖分框架、剖分标识、剖分索引、剖分存储、剖分表达、剖分计算、剖分空间关系七个技术体系，并凝练了空间信息剖分组织的科学问题，涵盖了作者在该领域的最新研究成果，具有较高的学术价值。

该书取材新颖、覆盖面广、结构合理，内容阐述深入浅出、条理清晰，具有前瞻性和创新性，较好地体现了这一研究领域的最新进展。相信它的出版将对地球空间信息剖分组织理论的发展和应用起到积极的推动作用。

我乐意向广大读者推荐《空间信息剖分组织导论》这本专著，除了它的学术价值和可供参考的意义外，还很欣赏程承旗教授团队的创新与探索学科前沿的精神。祝愿他们在科学探索的征途上戒骄戒躁，不断取得成果并及时与同仁们共享。

李德仁

2011年8月26日

谨以此书
向北京大学工学院航空航天工程系的成立表示衷心祝贺！

前　言

随着航空航天对地观测技术的快速发展以及各种应用传感器性能的普遍提升，地球空间信息资源日益丰富。高空间分辨率、高光谱分辨率和高时间分辨率的对地观测数据被大量获取与制备，数据量正在呈几何阶数增长，已经从 GB 级、TB 级迈向 PB 级。如何有效组织这些爆炸式增长的海量地球空间信息，已成为地球信息科学领域广受重视的课题。受当前信息组织机制、方法与技术的羁绊，空间数据组织体系存在组织框架不一致、索引机制效率有限、对象模型不统一等问题，制约了地球空间信息的快速检索、高效整合和共享。针对上述技术瓶颈问题，本书将地球剖分的思想引入信息组织领域，按照全球空间信息统一组织的思路，设计全新的地球空间信息剖分组织框架。

所谓地球剖分，就是把地球表面剖分成形状近似、空间无缝无叠、尺度连续的多层次面片，通过对剖分面片进行有序的地理时空递归编码，使得大到地球、小到厘米的面片都有唯一的地理编码。地球剖分面片具有可标识、可定位、可索引、多尺度和自动空间关联等优良特性，可为全球空间信息存储和管理提供统一的多尺度索引结构，为空间信息表达提供一致的编码基础及表达模型。

空间信息剖分组织，是以地球剖分理论为基础，利用剖分面片的优良空间特性，将空间信息按照区域位置属性进行标识和组织，并建立空间信息与对应地球表面剖分面片之间的映射关系，即用"剖分面片球"来模拟真实地球，实现"糖葫芦串"模式的地球空间信息高效编目、存储与检索，从而提高全球空间信息的多源整合和综合管理能力。与传统信息组织体系相比，空间信息剖分组织体系具有全球统一组织、空时记录索引调度和球面-平面一体化表达等优势，将有效提高多源空间信息的检索、调度和分发效率。

本书是程承旗教授及其领导的科研团队近 10 年研究工作的总结。程承旗教授拟定了全书的撰写纲要，并负责各章节核心问题的凝练、梳理与终稿审定。各章节具体分工如下：王洪博士负责第 1～3 章，任伏虎博士负责第 6～8 章，濮国梁博士负责第 5、10 章，陈波博士负责第 4、9 章。北京大学航空航天信息工程研究所郑承迅研究员、史继军研究员、邓术军博士、李怡达研究员及北京大学遥感与地理信息系统研究所博士研究生关丽、宋树华、吕雪锋、郭辉、陆楠、董芳、金安、杨宇博、辛海强、席福彪，硕士研究生谭亚平、张恩东、李大鹏、刘世雄、陈润强、周玉柱、郭昕阳、周明亚、陈东等参与资料整理及部分内容的撰写和插图绘制，童晓冲博士参与全书的审校工作。另外，王洪博士、郭仕德教授、董志强研究员负责全书的统稿与组织工作。

本书的研究基础主要来源于国家 973 计划的支持，李德仁院士、陶平研究员、杨长风研究员、黄卫东研究员、尹秋岩研究员自始至终对本书涉及的研究工作给予悉心支持与指导，李德仁院士在百忙中为本书写序，在此深表感谢。在本书相关研究过程中，得到李济生院士、叶培建院士、童庆禧院士、杨元喜院士和龚健雅院士的大力支持与指导，得到艾长春研究员、卜国良研究员、周志鑫研究员、程洪玮研究员、胡莘研究员、李秉秋研究员、张小义研究员、孙向东研究员、莫晓宇研究员、李纪东研究员、柏杰研究员、张永生教授、范一大研究员、秦其明教授、孙敏教授及鲁学军研究员等专家的鼎力帮助和支持。同时，感谢北京遥感信息研究所、武汉大学、国防科学技术大学、解放军信息工程大学、中国科学技术大学、吉林大学、电子科技大学、第二炮兵装备研究院、中国电子科技集团公司第二十八研究所和成都国腾电子集团等合作单位对研究工作的大力支持和协助，国腾研究院为本书第 10 章提供重要的技术设计案例。在本书写作过程中，还借鉴和参考国内外同行的研究成果及有益经验，引用大量的参考文献，谨在此表示诚挚的敬意。

由于作者学术视野、专业水平和研究深度有限，难免挂一漏万。对于书中错漏和不当之处，敬请广大读者批评、指正。

作 者

2011 年 8 月

目　　录

第1章 绪 论

随着现代科学技术的高速发展，人类正在从信息社会迈向知识社会，空间信息资源的获取与应用日益受到广泛重视。目前各国空间信息资源的特点是数量大、种类多、来源广，特别是随着航空航天对地观测系统的普遍应用，现代信息环境所提供的数据复制便利及信息传输能力的加强，使得人们面对的空间信息资源急剧增加。但是空间信息量的海量增长并不意味着人们获得有效空间信息的必然增长。恰恰相反，无序的空间信息资源不仅无助于空间信息资源的应用，反而会加剧信息增长与有效应用之间的矛盾，这就是所谓的"信息超载，知识匮乏"。要有效地应用这些海量空间信息资源，首先必须采用相应的方法对其加以有效管理和整合，最有效的措施之一就是对空间信息进行高效组织。

为了便于知识、文化的传承与传播，人类建立起图书馆、档案馆及博物馆等机构，将图书、资料、文物等按照一定的组织方式进行有效的存放与索引。同样的道理，为了更好地检索并利用空间信息，我们需要对各种来源、格式与时间的空间信息进行组织。空间信息组织的概念贯穿于空间信息采集、编目、处理、存储、索引、检索、分析及应用等各个流程中，其主要任务有三个方面：一是依据空间信息特征，设计清晰、完整的数据组织结构与模型，实现对空间信息的记录与存储；二是应用高效的索引方式和丰富的用户检索模型，增强空间信息的获取与整合效率；三是通过有效的模型和方法，提高空间信息的表达与应用能力。

本章首先从空间信息的定义和特征出发，阐明空间信息组织的必要性及常用的空间信息组织方法。其次，为了了解空间信息组织的历史脉络，针对古代、近代及现代等各个阶段，梳理空间信息组织概念、理论与方法等方面的发展与进步。最后，从全球信息化、信息爆炸、信息大众化及卫星时代等方面，简要分析当代空间信息组织正面临的诸多问题与挑战。

1.1 空间信息组织

1.1.1 什么是空间信息？

在现代信息科学中，信息是表征事物特征的一个基础语汇。据统计，地球上80％的信息都与空间位置相关。自古以来，人类一直都在致力于认知我们所处的这个真实地球世界，空间信息即代表了人类认知地球的内容与成果。那么，究竟什么是空间信息呢？首先，空间信息是与人类生存的地球环境及地球外空间相关，且能够被人类利用并产生实际效益的有用信息。其次，空间信息反映了地球系统内部及表层空间物质流、能量流和人流的运动状态和方式。因此，表征地球空间环境、特征、状态和关系的所有具有空间位置属性的可利用信息，包括地图、影像、声音、视频及与位置有关的模型、文字等，都可视为空间信息。地球空间信息所覆盖的空间范围以地球为中心，上至外层空间，下至地球地层内部，所触及的范围包括人类生产、生活及科技探索能够达到的最大界域。

1. 空间信息的特征

空间信息的特征由其本体及其表达对象的性质与表征决定，体现了真实世界的时空本质与规律，反映了人类认知地球空间的知识与观念。空间信息的特征包括：空间区域性特征、点面二相性尺度特征、时空/空时关联性特征、粒子性特征、唯一性特征等。

1) 空间区域性特征

空间信息是对地理现象特征的描述与表达，地理现象必然具有空间区域性分布特征。对于绝大多数自然地理现象来说，虽然它们的覆盖边界可能是不明确的，但是基本上都能够被抽象为面状的目标单元，如土壤、植被等，其区域性分布特征不言自明。对于某些人工空间设施，如电线杆、污水篦子等，虽然往往被抽象为点目标，然而在实际空间分布上它仍旧覆盖一定的面积，只是这个区域在地理意义上仅有位置特性而已。

2) 点面二相性尺度特征

由于人们观察、认知地球空间的尺度选择不同，空间信息就表现出点面二相性的尺度特征。地理实体的位置、度量与关系等特征，本质上可以认为是恒定不变的；但在信息采集和应用中，我们往往需要从不同的尺度空间表述地理现象的空间特征；不同的尺度包含不同的细节内容，也就反映了空间信息的不同抽象程度。因此，对于同一个地理实体，在宏观大尺度上表达为点，而在局部小尺度上表达为面，这是空间信息点面二相性尺度特征的直观体现。

3) 时空/空时关联性特征

地球是一个时空演变的巨系统，是一个人与自然相互密切关联的"开放、复杂的巨系统"。在不同空间、时间粒度上，地理环境按照自然界的潜在规律演进与变异。空间信息的时空/空时关联特征是对地球系统中潜藏的时空变化特征、规律及关系等的表述与记录，是对地球发展、演变的多维动态描述与表征。

4) 粒子性特征

地理现象的分布区域本身具有连续性，但描述或表达空间特征的空间信息却是离散的，具有粒子性特征。在数字化空间中，通常是用多尺度的离散单元来表达真实地理世界。粒子化的空间信息是数字地球的表达基元，通过空间、时间、尺度等维度方向的粒子聚合，从而形成不同粒度特征的空间信息形态。

5) 唯一性特征

在哲学上，客观世界的任何实体都具有客观实在性，世界上并不存在两个完全相同、没有丝毫差别的事物，也就是说每个具体事物都具有区别于其他事物的自身特点，这就决定了客观事物的唯一性。空间信息本身并不属于物质，它可以被复制、传播，然而当一个空间信息对象产生后，如果不对其进行任何加工和处理，那么该信息对象不管被复制拷贝多少个样本，仍然可以认为它在客观信息世界中是唯一的，这就是空间信息的唯一性特征。

2. 空间信息的分类

空间信息来源广泛、类型较多，根据表现形式、信息维数、空间特征、表达内容等可以对其进行简要分类，具体如下。

1）根据表现形式分类

按照表现形式的不同，空间信息可以分为地图信息、影像信息、文字信息及音视频信息等类型。

2）根据维数分类

按照信息维数的不同，空间信息可以分为二维信息、三维信息、多维信息等类型。

3）根据空间特征分类

按照空间特征的不同，空间信息可以分为点信息、线信息、面信息、场信息等类型。

4）根据表达内容分类

按照表达内容的不同，空间信息可以分为基础地理信息、资源与环境信息、社会经济信息等类型。

1.1.2 什么是空间信息组织？

地球空间信息科学（Geo-Spatial Information Science，Geomatics）以全球定位系统（Global Positioning System，GPS）、地理信息系统（Geographic Information System，GIS）、遥感（Remote Sensing，RS）为主要内容，并以计算机和通信技术为主要技术支撑，用于采集、量测、分析、存储、管理、显示、传播、应用与地球和空间分布有关的数据，是一门综合和集成的信息科学和技术（李德仁，李清泉，1998）。纵观上述定义，空间信息组织贯穿于地球空间数据采集、存储、管理、显示、传播和应用的全过程，从这个意义上说空间信息组织是地球空间信息科学的核心问题。

所谓空间信息组织，就是针对应用的需要，以影像、地图等各类空间信息资源为对象，根据其空间、时间及属性特征，将杂乱无序的空间信息组织为有序集合，并进行高效存储和快速检索的技术体系。

1. 空间信息组织的目的

空间信息组织的需求，主要来自于对空间数据的高效存储、统一索引、集成管理、无缝显示、安全访问以及统一分发等领域的应用需求。空间信息组织实质上就是对一定空间范围内的所有数据进行有序化管理。同时，空间信息组织系统可以根据用户需要，以宏观、中观、微观等多种方式提供空间信息的查询、可视化及分发等服务。如果把比例尺当做纵坐标，把空间范围当做横坐标，那么空间信息组织的目的可概括为：纵向上，实现空间信息的多尺度有序组织及尺度变换；横向上，打破空间信息分景、分幅界限，形成数据的无缝拼接；时间上，实现空间信息的时空关联与时态顺序化组织。

2. 空间信息组织的任务

空间信息组织贯穿空间信息的获取、处理、存储和分发应用等整个流程，其主要任务包括空间信息分类、空间信息编码、空间信息存储、空间信息索引等；同时为了信息展示与应用服务，空间信息组织的任务还包括表达结构设计和应用体系创建等。

首先，对于各种不同类型、来源、精度、尺度的空间信息资源，需要进行分类、编号等工作。为了空间信息的规范化采集与生产，常常还需要确定空间信息的产品规格、质量标准及产品样式等，如地形图标准、正射影像制作规范等。

其次，对纳入空间信息组织系统进行管理的空间信息，需要进行规范化建模和标准化编目，还可能包括数据模型、坐标体系、数据范围、存储格式等的转换与变更等存档前的规范化处理工作。

再次，在集群存储、分布式存储等广为应用的今天，空间信息数据存储位置的选择也应属于空间信息组织的任务体系，合理的存储资源组织体系、高效的数据存储与调度模型也是空间信息组织的关键之一。

最后，空间信息应用包括空间信息表现、空间数据分发、空间数据分析等内容，因此，空间信息的索引机制、检索方法、表现样式、分发模型与应用机制等，也是空间信息组织任务中必不可少的内容。

1.1.3　空间信息组织的类型

1. 按组织基准划分

按照组织基准的不同，空间信息组织可以分为空间基准组织、时间基准组织、时空混合基准组织等类型。

2. 按组织体系专题划分

按照组织体系专题不同，空间信息组织可以分为遥感数据组织、测绘数据组织、土地信息组织、综合信息组织等类型。

3. 按组织区域范围划分

按照组织区域范围的不同，空间信息组织可以分为县市级空间数据组织、省级空间数据组织、国家级空间数据组织、全球级空间数据组织等类型。

4. 按应用主体性质划分

按照应用主体性质的不同，空间信息组织可以分为个人应用空间数据组织、企业应用空间数据组织、政府应用空间数据组织等类型。

5. 按部署方式划分

按照部署方式不同，空间信息组织可以分为集中式空间信息组织、分布式空间信息组织等类型。

1.1.4 空间信息组织的基本方法

不同于一般纯属性数据信息的组织，空间信息是带有空间位置特征的数据集合，空间位置、空间尺度、空间表达样式、空间操作方式、数据类型、数据格式等内容，是空间信息组织需要重点关注的内容。因此，空间信息组织的基本方法可以从微观和宏观两个方面来探讨。

微观上，空间信息组织是对空间环境、空间特征的模型化过程，这一过程随着历史发展而不断更新组织的内涵与技术。微观上的空间信息组织概念贯穿了人类认识并表达地球空间的整个历史，从古代的城邑、土地符号，到现代的空间数据模型，正是人类自身对地球空间的认知习惯、能力与技术的体现与集成。具体来讲，现有的空间数据模型，包括最基本的实体矢量模型、栅格模型、网络模型等，都是对空间环境的数字化建模与表达。通过这些各种形式的空间数据模型，空间对象被格式化、规范化，从而形成了空间信息的微观数字组织结构。

宏观上，空间信息组织包括影像、地图等规则有序化存档、索引与编目等工作，它是影像、地图和其他空间数据积累到一定数量、扩展到更大空间范围后，空间信息组织的新需求。当然，相比较于人类书籍、物品等的组织管理来说，空间信息不管是纸质的地图作品、图件，还是现在的空间数据库，除了具有一般事物组织的常规属性外，其更关注空间位置、空间尺度等特征。在古代，地图资料作品不够丰富时，地图集将相关主题内容集成、编撰到一起，便于保存与使用，是早期空间信息组织的一种较好方式。随着数字地图技术的出现，空间信息主要以数据文件、图片、视频、音频等形式存储于计算机磁性或光性介质中，空间数据库成为空间信息组织管理的基本形式。而当大量空间数据库被建立起来后，空间数据库分散部署在不同位置，有的甚至分布在世界上不同国家和地区，这样空间信息的分布式互联、互通组织成为一个全新的内容，而空间数据的共享与互操作又对空间信息组织提出了更高的要求。

在数字地球时代背景下，随着数字化社会、经济和生活的快速发展，人们不仅希望获取指定区域、指定时间的空间信息，还希望快速获取现势性强，甚至是实时动态更新的空间信息。因此，全球、海量、高动态空间数据的存储、索引、检索与服务是当前空间信息组织理论与方法研究的重点内容。除此之外，无缝拼接镶嵌、多尺度空间信息管理、全球球面-平面一体化表达、多源信息共享与互操作及元数据标识编目等也是空间信息组织的关键理论和方法。

1.2 空间信息组织的历史脉络

从苏美尔人绘制黏土地图到计算机出现之前，人类探索并描绘地球真实面貌的努力已经持续了6000多年了。在此漫长的人类历史中，或借助某些观测工具，或只是根据目力所及，甚至很多时候仅仅凭借想象，人们将地理空间中的城邦、耕地、山脉、河流、海洋等，绘制到黏土、树皮、丝绸及纸张上，进而形成了人类丰富多彩的地图作品与地图历史文化。20世纪40年代计算机出现以后，人们很自然地想到将地图、影像等信息数字化，并存放到计算机中进行管理和表达，这样承载空间信息的载体就由纸张逐渐过渡到磁盘、磁带、光盘等。地理信息系统（GIS）正是在地图、影像数字化的历史进程及沿革中快速发展，并逐渐创出了学科和产业发展的繁荣局面。

回顾人类地图发展史不难发现，采用投影及各种数学描述方法，表征地球表面地理特征的基本思路与原则，至今没有发生根本性的改变。人们发明的地球空间度量方法，如经纬度、方里网等，已得到逐步完善并仍旧有效，人们构建的各种地图投影方法，如墨卡托投影、高斯-克吕格投影等，仍旧是我们从复杂的地球球面空间转换到平面直角坐标空间进行数据组织的主要方法。

19 世纪以来，伴随着人类远洋航海、航空技术能力的逐步提高，世界各国之间的人流量、物流量迅猛增加，人类活动已经遍及地球的每个角落，从南极到北极、从东半球到西半球已不再是遥不可及的事情，地球已经成为名副其实的"地球村"。在这样的背景下，全球尺度的空间信息统一组织需求日渐凸显，传统体系下空间信息组织的数学基础、数据存储、数据表达方式等方面，正在受到越来越多的挑战。

随着飞机、卫星等航空航天遥感平台的出现，空间信息获取能力快速提高，遥感信息资源日益丰富，人类认识地球的尺度与视角发生了重要突破，地球的全貌与细节正在以更加清晰、完整、准确的方式为我们所掌握。从另一个角度来看，随着航空航天遥感的飞速发展，有关全球空间信息组织，特别是空天（遥感）信息组织的新理论、新方法的研究与技术发展已受到广泛关注。

人类对空间信息组织脉络大致可以划分为纸质地图组织阶段、数字地图组织阶段、数据库组织阶段和全球信息一体化组织阶段。

1.2.1　纸质地图组织阶段

地图是空间信息的载体，人类对空间信息的组织是从绘制地图开始的。4500 多年前，苏美尔人用烧制的黏土绘制了美索不达米亚平原两河流域地图，包括城廓、山地、河流等空间环境内容，这是迄今为止发现的人类地图绘制的最早实物，如图 1-1 所示。我国有记载的最古老地图绘制在 4000 年前夏禹时期的九鼎上，鼎上除了铸有各种图画外，还有表示山川的原始地图。可以认为，在史前文明阶段，人类的祖先已经学会了应用简单的象形记

图 1-1　苏美尔人绘制的黏土地图

号，组织他们头脑里的原始空间环境概念，这是人类组织空间信息的发端。

公元前 6 世纪至 4 世纪，古希腊在自然科学方面获得了很大发展，当时已认识到地球是个椭球体，有了经度、纬度划分的概念，并开始把经纬线绘到地图上作为定向、定位的基础。我国古代也绘制了具有较高准确性和整饰水平的地图，自西晋地图学家裴秀

总结出"制图六体"① 之后，我国的地图制图普遍运用了"计里画方"的原则，这成为中国古代和近代地图制图的基本方法。

文艺复兴之后，人类历史进入大航海时代，即地理大发现时代，全球航运、商贸、战争等因素极大地促进了地图制图的发展。航海制图技术首先得到了快速发展，墨卡托设计了等角正轴圆柱投影（通常称为墨卡托投影），第一次把东、西半球的已知范围展现在一幅地图上。应用这种投影绘制的地图能为航海者标示直线等角航线，到目前一直为航海图及赤道低纬度地形图设计所普遍采用。

16 世纪以后，随着资本主义贸易、军事、殖民掠夺以及工程建设等的发展，精度更高、更详细的大比例尺地图越来越重要。罗盘、望远镜、象限仪、水银气压计、平板仪等各种测绘仪器相继发明，测绘的精度大大提高，尤其是荷兰人斯涅耳（W. Snell）发明大地三角测量方法后，欧洲很多国家都开展了大规模的全国性三角测量，开始编绘以军事为目的的大比例尺地图。到 19 世纪末，随着地形图工程应用以及战争中投掷武器——大炮的出现，要求地图在小范围内保持角度、距离测量的高准确性，满足正形投影条件的高斯投影在第一次世界大战后得到了蓬勃发展（胡鹏，胡毓钜，2002），现在很多国家也是一直采用高斯系列投影作为基本比例尺地形图的生产与空间数据的建库标准。

1891 年在瑞士伯尔尼召开的第五届国际地理学会议上，维也纳大学地理系教授阿·彭克（Albrecht Penck）建议由各国共同编制国际百万分之一世界地图。1909 年在伦敦召开第一次国际百万分之一世界地图会议，讨论了地图投影、分幅、编号和地图整饰内容等问题。在 1913 年巴黎召开的第二次国际百万分之一世界地图会议上通过了《国际百万分之一世界地图编绘细则》，各国正式开展编图活动。百万分之一世界地图标准的确定，第一次在全球范围内规范了世界各国标准地形图的制作与生产，甚至影响了各航空、航海、地质、气候、水文、地貌、土壤及植被等专题应用地图的编绘与生产。直到现在，各国依据百万分之一地图标准制定的系列地形图分幅与编号标准，仍旧是各国基础地形图数据生产与建库的基本标准，甚至很多国家，如美国、英国、澳大利亚等依据该标准建立起了各自的空间信息基础设施及服务网格系统。

综上所述，在纸质地图阶段，空间信息组织的主要工作就是地图绘制问题，信息组织就是单个地图图幅内空间要素的描绘组织问题。随着国际百万分之一制图计划的出现，各国基本比例尺地形图的生产与管理是空间信息组织的主要内容，此时"接图表"（图 1-2）成为空间信息无缝组织的"鼻祖"。

1.2.2 数字地图组织阶段

随着计算机科学与技术的发展，人们考虑应用计算机辅助地图的生产与制作，最终出现了计算机辅助制图系统（Computer Assisted Cartography，CAC）。数字地图产生于 CAC 系统，是以数字形式记录和存储的地图，相对于纸质地图来说，属于"虚地图"（高俊，1999）。数字地图是地图的数字化形式，具有便于存储、传输、复制、更新

---

① 制图六体：分率、准望、道里、高下、方邪、迂直

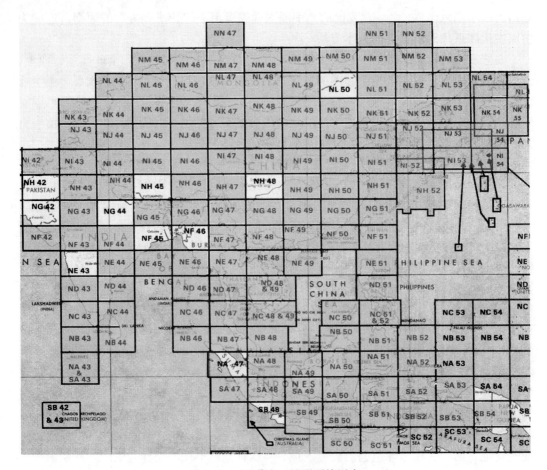

图 1-2　百万分之一地形图接图表

和显示等优点；同时，数字地图还可以方便地输出为纸质地图。

对于数字地图本身来说，数字化地图产品生产是其根本目的，早期大多数 CAC 系统并不涉及空间信息组织及其应用。通常情况下数字地图从业人员并不太关注空间信息的集成、分析与应用，数字地图产品经常以独立的文件形式存储在各种介质上，数据之间物理与逻辑关联关系较弱，一般不存在类似支持 GIS 应用的空间数据库，或者仅仅拥有满足地图生产管理目的的地图要素字典。

在数字地图阶段，空间信息组织首次实现了数字化组织，但其信息组织还仅仅体现在数字地图内容的索引管理上，组织的内容还比较有限；同时，在此阶段空间信息组织的基本单位还是地图图幅，其范围还主要限于局部区域。

1.2.3　数据库组织阶段

地理信息系统最早发端于 20 世纪 60 年代加拿大测量学家罗杰·汤姆林森（Roger Tomlinson）提出的观点："把地图变成数字形式的地图，便于计算机处理与分析。"空间信息组织在 GIS 中主要是指图形及其属性数据统一存储、索引、表达等，重点解决如何对现实世界中的复杂空间实体进行抽象与概括，并在计算机系统中高效存储、管理及应用等问题，空间数据组织模型是其中最重要的理论与技术基础。

数据库是 GIS 数据管理的支撑技术之一，因此 GIS 技术与数据库技术紧密结合，形成了颇具特色的空间数据库技术体系。50 多年来，空间数据库大致经历了文件型地图数据库、关系型空间数据库、对象型空间数据引擎和分布式空间数据库等阶段。

文件型地图数据库。文件型地图数据库主要应用顺序表、链表、倒排表等索引组织形式管理空间目标的图形与属性信息，或者以关联 ID 的形式借助关系型数据库存储属性数据，如最早的 ArcInfo 桌面及工作站系统等。在这种"文件＋关系数据库"的文件型地图数据库中，除 ID 关联之外，图形、属性数据独立地组织、存储与检索，数据的安全性、一致性、完整性、并发控制等均存在较多问题。

关系型空间数据库。在关系型空间数据库中，图形、属性数据都采用关系数据库进行管理。由于空间图形数据并不满足关系数据库第一范式的结构化要求，空间目标的记录无法以定长字段表达，因此，一般采用适合二进制块数据记录的 Block 字段构建空间目标的数据模型。关系型空间数据库将图形、属性数据都集成到关系型数据库中，数据的存储、检索等凭借商业化关系数据库（如 Oracle、SQL Server、Informix、DB2 等）的强大管理能力，数据的安全性、并发性及一致性等都有了较好的保障。

对象型空间数据引擎。对于非结构化的空间数据来说，直接采用通用关系数据库管理的效率并不高，因此，很多关系数据库都拓展了对象管理能力，形成了对象关系型数据库系统。对象关系型数据库能够直接存储、管理非结构化数据，据此各大数据库厂商（如 Ingres、Informix 和 Oracle 等）定义了点、线、面、圆、长方形等空间对象模型，并采用专用空间数据库 API 函数，实现了空间数据库专用管理模块。在对象型空间数据库基础上，增加空间数据的组织、管理及控制管理等功能，并设计用户操作数据库的功能接口，就实现了空间数据引擎系统，如美国环境系统研究所公司（Environmental System Research Institute Inc.，ESRI 公司）的 ArcSDE 等。

分布式空间数据库。随着各种 GIS 系统建设及空间信息应用的发展，各个地区、专业部门都建立了各自的地理空间数据库，并且各个管理或应用部门已经积累了大量的 GIS 信息资源，但由于各应用部门通常都是根据自身的情况和需求搭建自己的 GIS 平台，因而空间数据的来源、结构、模型、格式及精度等都存在较大差异，数据难以共享使用，造成很多烟囱式的"信息孤岛"存在。所谓分布式空间数据库，就是利用计算机网络将各个"烟囱式"的空间数据库连接在一起，并按照某种特定的通信协议实现各数据库的分布式存储、计算与检索等功能，参与分布式管理的空间数据库能够实现数据、功能的集成与分片管理。全局空间索引、空间查询、异构系统互联与互操作、事务管理及并发控制等是分布式空间数据库系统的主要研究内容。

综上所述，在空间信息数据库组织阶段，空间数据库建立了空间信息中实体、要素、属性等数据之间的关联和交互关系，提高了空间信息的集成与统一表达能力；同时，分布式空间数据库的快速发展一定程度上解决了大规模海量空间信息的分散组织、存储与索引等问题，并为解决空间信息在各业务部门之间的共享与互操作提供了思路。

1.2.4　全球信息一体化组织阶段

GIS 发展初期，系统处理的区域范围一般较小，随着 GIS 应用的发展，GIS 需要处理的区域越来越大，涉及国家和全球尺度的 GIS 应用需求越来越多，如航海、航空、气象、海洋等领域，GIS 管理的区域范围通常需要大、中、小等多种比例尺空间信息。随着空间对地观测技术、遥感技术的迅猛发展，人类获取信息的能力越来越强，获取数据的周期越来越短，获取数据的种类和数量也越来越多，需要处理的数据量也越来越大，从最初的 MB 级已经发展到 GB 级、TB 级，甚至 PB 级，尤其是全球性的空间数据已经达到了超大规模的程度，这对空间信息组织的数据量和尺度范围都提出了全新的要求。

Google 在全球空间信息管理方面获得了巨大的成功，采用 Google 文件系统 (Google File System，GFS)、Bigtable 和 MapReduce 等全新的核心组织技术，有效地管理了全球 PB 级别的数据，成功地支持了 Google Search、Google Map 和 Google Earth 等多种应用。Google 的数据组织体系较好解决了全球数据的显示与查询问题，但全球尺度的数据产品管理、数据处理、数据相互印证与融合等重大问题并没有解决，这个方向的发展除了解决爆炸式海量数据增长带来的存储和索引问题外，还需要对传统空间数据组织体系的组织基准、组织框架、信息编码、信息表达、信息计算和信息分析等方面的理论和方法提出更新的要求。因此，需要发展更高效的全球空间信息组织理论与技术体系，以应对蓬勃发展的应用需求。

1.3　当代空间信息组织面临的问题与挑战

1.3.1　全球信息化带来的挑战

20 世纪 80 年代以来，以经济活动为核心，世界各国、各地区在经济、政治、文化、科技、军事、安全、生活等方面，出现了全方位、多层次联系，相互制约、共同发展的新现象，"全球化"（Globalization）成为了这个时代的基本特征。"全球化"背景下，在科技、经济、政治、法治、管理、组织、文化、思想观念、人际交往、国际关系等方面，国与国、人与人之间的联系越来越紧密，物质、知识、思想、信息等呈现全球跨境、跨区域流动的态势。在现代卫星、通信、互联网等的支持下，全球范围内的远程、实时通信瞬间即达，信息的全球化传播、交流、融合更加迅速和便捷，"信息全球化"或者"全球化信息"俨然促使我们生活的地球正在成为一个"地球村"。

然而，随着全球空间信息获取与应用的快速推进，缺乏全球统一空间信息组织框架带来的弊端日益凸显。早先，各国、各地区、各部门都是根据各自业务应用的需要，构建了适合于自己的区域性空间信息组织框架，较少考虑全球一体化组织的问题。在局部范围应用时，这些区域性空间信息组织框架能较好地满足应用需要；但在开展全球尺度的应用时，这些区域性空间信息组织框架就会带来坐标系不一致、兼容性差、可拼接性差等问题，难以实现全球空间信息的一体化组织，无法满足全球空间信息应用的需要。

因此，全球信息化给空间信息组织提出的新命题是需要建立全球尺度的统一空间信息组织框架。

1.3.2 信息大众化带来的挑战

从 20 世纪 60 年代以来，地理信息系统技术已经在经济、军事等专业应用领域取得了巨大的成功。随着信息科学技术的快速发展，个人导航、定位及地图热点搜索等空间信息服务逐渐进入大众的日常生活。如在空间信息系统中寻找餐馆、旅店、娱乐中心、购物中心、银行、旅游景点，以及规划最佳行车路线等，已经成为空间信息大众化应用的新兴方向。地理空间信息服务正朝着大信息量、高精度、可视化和可量测方向发展，这对空间信息的组织、分发及服务等提出了自动化、实时化和智能化的更高要求（李德仁等，2010）。

在信息大众化时代，人们对空间信息服务的精确性、时效性和综合性提出了很高的要求，期望在"合适的地点，合适的时间，得到合适的信息"，且信息需求种类趋向多元化，图像、图形、文字、声音甚至视频等都可能是用户所需的服务产品样式。然而，由于空间信息组织模式的滞后，往往导致无用垃圾信息过多、信息重复存储过多、信息检索效率低下等诸多问题，给用户带来的直接影响是"有用信息被淹没在信息海洋中，难以检索"，无法为用户提供高效快捷的空间信息服务。为了满足用户随时随地多元化信息服务的需求，服务后台的空间信息组织至关重要。因此，在大众化空间信息服务时代，空间信息组织需要优化空间信息存储模式、构建高效索引模型、设计新型数据分发方法，着力提升空间信息分发与服务的效率，从而为用户提供更方便、更快捷的大众化空间信息服务。

1.3.3 卫星时代的问题与挑战

随着国家重大科技专项高分辨率对地观测系统的启动，我国的空间信息技术即将全面进入卫星时代。根据规划，未来 10 年我国将陆续发射几十颗对地观测卫星，加上现有的在轨运行遥感卫星，将构成一个完善的天基对地观测网络。仅以中巴地球资源卫星（China-Brazil Earth Resources Satellite）02B 星（代号 CBERS-02B）为例做理论计算，其高分辨率相机（HR）的空间分辨率为 2.36m，单景影像覆盖范围为 27km×27km（面积约为 729km^2），单景影像的数据量即达到 131MB（每像元按 8bit 计算）。如果按照影像实际覆盖地面面积计算，CBERS-02 高分辨率相机覆盖每万平方公里的影像数据量约为 1.8GB，中国陆地面积约 960 万 km^2，则数据量约为 1.7TB；全球总面积约为 5.1 亿 km^2，数据量即达到 90TB 左右。如果考虑历史数据存储，CBERS-02B 星高分辨率相机重访时间为 104 天，即 104 天左右可重复覆盖一次，那么一年内，中国范围的数据量可达到 6TB，全球范围的数据量将超过 316TB。以上仅仅只考虑了 CBERS-02B 星的高分辨率相机，如果把具有 4 个多光谱波段、1 个全色波段 26 天重访周期的 CCD 相机和具有 2 个波段 5 天重访周期的宽视场成像仪（WFI）也计算在内的话，这个数据量还将增加几倍；如果考虑其他卫星的更高分辨率传感器，数据量还将几十、上百倍的增长。依此推算，未来我国几十颗对地观测卫星每天的数据采集量将达上百 TB，甚至 PB 级。

因此，在卫星时代，对地观测空间信息数据量的爆炸式增长，已经成为空间信息科学领域的一大难题。具体而言，解决该难题主要包括三个方面：①如何有效地存储与管理海量空间遥感信息，即如何解决把所有空间信息都有效存储下来的问题；②随着对地遥感数据量的爆炸式增长，如何在浩瀚的空间信息库中帮助用户高效地找到他们所需要的任何信息，并且快速地将信息分发给用户；③随着空间遥感信息存储与管理规模的发展，如何更高效、更低耗地存储与管理所有空间遥感信息。

1.4 空间信息组织为剖分理论的发展提供了新的契机

随着人类空间认知能力的提高，以及空间知识逐渐丰富，针对全球空间信息的组织问题，地球空间剖分组织理论与方法获得了越来越多的关注与发展。地球空间剖分是指把地球表面剖分成面积和形状相似、既无缝隙也不重叠的多层次离散面片体系，并采用一定的编码规则对不同层次的面片进行地理时空统一编码，从而实现，大到整个地球，小到厘米级面片，均可获得全球唯一的地理标识。地球剖分组织理论的思想旨在通过建立多层次、嵌套及连续剖分的地球空间剖分框架，为全球空间信息提供统一的多尺度索引结构，为空间信息表达提供一致的定位基础及表现结构。

理论上全球范围内任何空间信息都可以与相应尺度大小的面片建立起关联，由此，可以实现全球多尺度、多源、多时相空间数据统一按剖分面片进行编目、存储与检索，从而提高全球空间信息的多源整合与综合管理能力，提高全球大规模海量空间数据的存储、索引与综合应用服务等能力，解决全球信息的空间关联与内容快速检索等问题，实现全球空间信息的统一组织、管理和应用。

为了应对当前地球大尺度空间信息组织理论、方法与技术正面临的问题与挑战，地球剖分组织理论提出一套全新的应对思路，主要包括以下几个方面的内容：

（1）建立全球空间信息的统一组织框架，形成全球统一的多尺度位置标识系统，解决空间数据组织框架多、标准不一致的问题；

（2）利用点面二相性的空间剖分结构，解决球面-平面一体化、多尺度表达的问题；

（3）建立全球多源空间数据快速整合体系，解决全球多源异构空间信息一体化共享问题；

（4）采用空时记录体系，解决海量、超大规模空间数据的存储、迁移、索引与检索等问题。

1.5 本章小结

自有文字、书籍以来，信息组织就一直是人们关注的问题，人类总是希望知识能够有序、有效地组织并索引起来，从而便于知识的查找与学习。图书馆、档案馆是书籍、文件等管理的有效手段，现代基于计算机、网络技术的信息管理、索引与搜索技术，为古老的信息组织技术带来了蓬勃的生机。空间信息是一种具有空间位置特征属性的特殊信息，因此空间信息组织具有相对复杂的组织机制。

　　空间信息具有自身的特征与分类特性，从纸质地图、数字地图到数据库发展阶段，空间信息组织具有不同的技术特征。在当前空间信息海量爆炸式增长、全球一体化应用的背景下，空间信息组织的既有理论与方法正面临前所未有的挑战。本书紧紧围绕这一背景，研究并探讨空间信息的剖分组织理论、方法与应用技术。

第 2 章　地球剖分与空间信息剖分组织

过去 100 年，基于飞机、卫星等空天平台的远距离、高精度对地观测设备相继出现，人类观察地球的视角大幅提高，获取空间信息的手段更加丰富与快捷。随着掌握的空间知识，以及积累的空间信息越来越多，人类需要一种纵横全球、包罗万象的空间信息组织管理机制与能力。因此，满足全球海量空间信息统一组织管理的地球剖分思想应运而生。地球剖分理论主要研究地球空间的多层次、离散化区域划分方法和标识方法，并以此为基础形成地球空间的多尺度位置标识与空间索引体系，最终为全球空间信息组织提供基础支撑。

2.1 节从地球剖分的思想出发，总结并提出地球剖分的基本概念；2.2 节针对全球海量空间信息的组织问题，探讨地球剖分思想用于空间信息剖分组织的思路与优势；2.3 节分析空间信息剖分组织的基本原理；2.4 节论述空间信息剖分组织的基本特性；2.5 节从地球空间剖分框架、剖分标识、剖分索引、剖分存储、剖分表达、剖分计算及剖分地理空间关系与分析等方面，讨论空间信息剖分组织的技术体系；2.6 节探讨空间信息剖分组织的相关应用方向；2.7 节是我们对空间信息剖分组织中相关重要问题的科学思考。

2.1　地球剖分的基本概念

空间地理剖分的思想早已有之，古代中国对地球的认知是"天圆地方"的思想，在遗存的古代地图作品中，土地、城邑、邦国等的绘制，就体现了最初的原始平面空间划分思想，如夏商周时期出现的"井田制"，以及由此衍生出的地图"计里画方"体系等。井田制是我国古代奴隶社会的土地管理制度，即根据道路、渠道的纵横交错，把土地分隔成方块（图 2-1），因形状像"井"字，故称为"井田"。"井田制"是古代农业社会对重要生产资料土地的管理制度，这种管理领主和庶民公田、私田的权属与耕作关系的方式，体现了古老的空间剖分思想，应是现在城市网格划分思想的鼻祖。

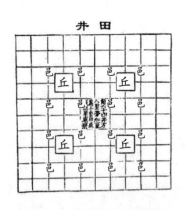

图 2-1　"井田制"示意图

关于对地球形状的认知，我国汉代之前就有"浑天"学说，东汉科学家张衡发展了系统完整的"浑天"学说，提出"浑天如鸡子，天体圆如弹丸，地如鸡中黄，孤居于内"思想。张衡改进了"浑象（浑天仪）"，在赤道和黄道上刻划 24 节气，并从冬至点起，刻分为三百六十五又四分之一度，每度再分为四格，这是我国古代基于天文观测的地球球体认知成果。西晋地图学家裴秀（公元 224～271）

提出"制图六体"，并根据"计里画方"方格转绘的方法缩制天下大图——方丈地图（曹婉如，1983），为后世地图编制提供了数学精度控制的基本方法，这在一定程度体现了地图网格化编绘的空间剖分思想。我国古代地图学家绘制的《禹迹图》（图 2-2），大约成图于 1100 年，1137 年刻于陕西西安某县的石碑上，是现存最早出现方里网格的地图。《禹迹图》的图框范围内有水平方格 70 格，垂直方格 73 格，全图共计 5110 格，每个方格长约 1.1cm，图名下方注有"每方折地百里"，即每格长代表 100 里（合 50km），比例尺约为 1：500 万，全图所涵盖的地方总面积约 1278 万 km²。《禹迹图》的出现体现了我国古代对大地进行方里网格化分，并进行方格化制图与量算的基本思想。

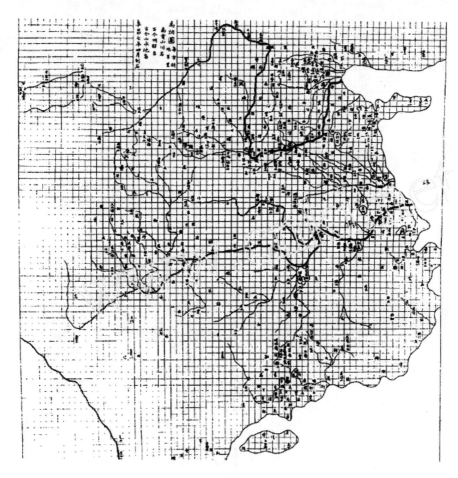

图 2-2　《禹迹图》墨线图

　　古代希腊是典型的海洋文明国家，古希腊人在观察从远方驶来的帆船时，因为首先看到船帆再看到船身，因此古希腊人很早就有地球球形的认识。约公元前 500 年，著名哲学家毕达哥拉斯（Pythagoras，约公元前 572～前 497）坚信圆形是最完美的几何图形，根据这一理念，他们认为地球就是一个圆球形，这可以说是最早的地球球形学说。公元前 3 世纪，古希腊天文学家埃拉托色尼（Eratosthenes，公元前 275～前 193）根据正午射向地球的太阳光和两观测地的距离，第一次算出地球周长（萧如珀，杨信男，

2008)。地球球形的认知与测量是地球形状、位置描述的前提。依巴谷（Hipparchus，约公元前 190～前 125）设计了经纬线体系来描述地球球面，这可以认为是现代地球经纬网度量与剖分系统的发端。

以上是古代中国、西方地球认知、空间剖分原始思想的萌芽与发展，如图 2-3 所示。随着人类空间认知能力逐渐提高，空间知识日益丰富，针对全球空间信息的组织出现了较清晰的地球空间剖分思想。地球空间剖分把地球表面剖分成面积和形状相似、既无缝隙也不重叠的多层次离散面片体系，形成空间的层次性递归划分以及剖分面片在地球空间中的多尺度嵌套关系。

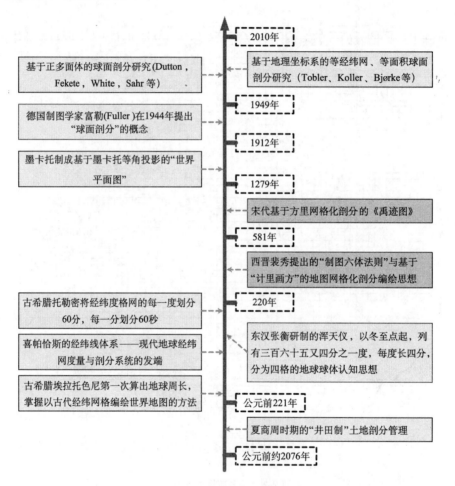

图 2-3　地球剖分思想发展过程

地球剖分理论研究的目的就是为全球空间信息提供统一的多尺度索引结构，为空间信息表达提供一致的定位基础及表现结构。由于全球范围内任何空间信息都可以与相应尺度大小的面片建立起关联，由此，可以实现各类空间信息的高效编目、存储与检索，从而提高全球空间信息的多源整合与综合管理能力。

2.2 空间信息剖分组织的思路与优势

2.2.1 空间信息剖分组织的思路

全球空间信息组织可解决海量空间数据的高效存储与索引、球面-平面一体化表达、高性能并行计算等诸多基础理论问题，同时也可解决多源、多尺度、多时相空间信息的集成组织、开放共享、互操作及快速分发等实际应用问题。

空间信息剖分组织的基本思路（图2-4）是：基于地球空间剖分理论，根据地球空间剖分框架中离散剖分面片的结构体系，实现全球空间信息的统一标识编码，构建空间数据共享与互操作的基础；设计地球空间剖分数据模型，实现空间信息的球面-平面一体化表达机制；设计大到整个地球，小到厘米精度的全球空间信息索引体系，实现海量空间数据空时存储组织与快速检索；以地球空间剖分框架为基础，实现存储资源、计算资源及服务资源的合理配置和调度。

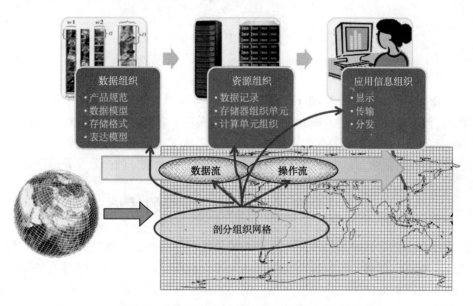

图 2-4　全球空间信息剖分组织基本思路示意图

空间信息剖分组织理论的学科基础是几何学、测绘学、计算机科学及系统科学等，主要研究全球海量空间信息的多尺度组织、调度与表达问题。对于空间信息剖分组织理论来说，可以从真实地球世界、概念世界、数据世界、信息世界和用户世界等五个认知世界来考虑，地球、剖分框架、剖分数据、剖分集群、剖分编目等是剖分理论的认知或物化客体，如图2-5所示。我们居住的地球是剖分组织理论研究的客体，基于数学抽象与测绘学空间定位基础的支撑，可以建立全球空间信息剖分组织框架，并构建剖分编码、标识与索引体系。运用传感器或其他设备与方法，可以获取真实地球空间的地理特征信息，进而形成剖分化的空间数据。基于剖分框架，按照地球空间的剖分特征组织空间数据的集群存储与管理，需要建立基于地理空间位置的数据存储单元网络寻址协议

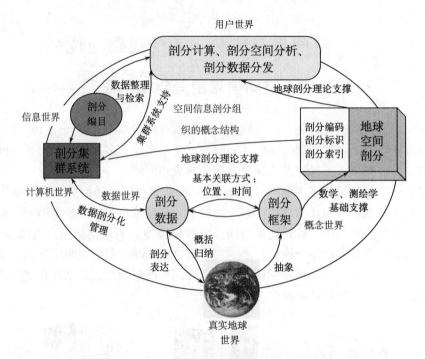

图 2-5 空间信息剖分组织理论的认知世界

（GeoIP）和空时记录理论，根据这些理论可以构建拥有大规模海量数据存储、调度与计算等能力的剖分集群系统。按照数据的类型、空间范围、获取时间等信息对空间数据进行统一编码标识，并构建剖分数据的元数据信息，就形成了剖分编目体系或机制。针对用户的应用需求，剖分系统可以提供剖分计算、剖分空间分析及剖分数据分发等用户服务。

2.2.2　空间信息剖分组织的优势

目前，空间数据组织多基于传统的平面数据模型组织方式，缺乏对全球多尺度空间信息的组织机制，很难实现空间信息的全球一体化组织。同时，海量空间数据的存储与索引、多源空间数据快速整合与共享等，也是当前空间数据组织面临的重要问题。为了有效地存储、提取与分析持续更新的全球海量空间数据，从根本上弥补传统空间数据模型的局限性，保证地球空间表达具备全球性、连续性、层次性和动态性特点，需要重新构建一个基于球面的动态数据模型（Goodchild，Yang，1992）。空间信息剖分组织理论强调以地球空间剖分组织框架为基础，按照球面、平面连续剖分的方式，将空间数据组织为多层次、离散分布的剖分数据，从而实现空间信息的剖分化组织与应用。空间信息剖分组织的优势主要体现在空间信息的全球统一组织、球面-平面一体化表达、多源空间数据快速整合及空时记录体系等方面。

1. 全球空间信息无缝拼接统一组织

目前，大量空间数据库的应用范围基本都限定在局部区域内，它们采用的平面坐标系统很难直接扩展到全球，而对于全球空间数据库来说，需要对所有信息进行重新存储和组织，代价高昂。只有在统一的数学基础上，才能进行大区域、全球及地球椭球体上欧氏或非欧氏空间的地理分析，并做到全球数据覆盖的无缝无叠。

地球空间剖分框架是空间位置表达方式的变革，是未来空间信息离散化组织发展的重要方向。基于地球空间剖分框架的编码模型，可为地球上不同尺度的全球区域位置提供唯一的地理标识，进而形成一套全球统一的多尺度位置标识系统。该体系为全球空间信息提供了离散、嵌套、多尺度的定位基础，将有可能统一多源、异构空间信息的坐标框架与定位方式，实现全球空间信息的无缝拼接统一组织。

全球无缝拼接统一组织的空间信息，可以提高全球空间信息组织和管理的效率，并为空间信息的开放、共享及互操作提供空间数学基础。同时，结合空间信息的语义与时间信息，全球无缝拼接统一组织的剖分空间位置编码，可以扩展为空间数据、空间目标、空间资源等的统一信息标识。进一步讲，通过对空间信息标识的序化处理，可以实现复杂无序信息流的有序化存储、索引组织，最终将提高空间信息的查询、分析与表达效率，并提升空间信息的共享与整合水平。

2. 全球球面-平面多尺度覆盖表达

空间信息的现有数据模型、表达形式及空间分析方法等，通常是以平面投影为基础，从本质上看是单一尺度的数据组织方式，很难满足数字地球从宏观到微观或从微观到宏观的尺度变化，以及空间信息的球面-平面多尺度建模、索引、计算与分析等应用。另一方面，不同比例尺、不同来源的空间数据一般采用不同的地图投影方式。例如，我国小比例尺地图采用 Lambert 投影，大中比例尺地图采用高斯-克吕格投影，而大比例尺地图还有 6 度带和 3 度带投影分带的区别。因此，由于地图投影不同，地球椭球体三维曲面向二维平面映射的模型、算法与参数也不尽相同，使得多尺度数据的统一存储、索引、分析与可视化都比较困难。

空间信息剖分组织理论基于球面度量空间，建立空间信息的多尺度组织框架，剖分尺度跨越球面-平面表达的多个尺度范围，为空间信息的球面-平面一体化表达提供了空间定位的数学基础。地球剖分框架主要研究基于地球剖分理论的空间位置标识体系、投影模型、坐标映射方法、全球变形分布等问题，通过建立空间信息的球面表达数学基础，可以克服传统高斯-克吕格、墨卡托等地图投影无法直接应用于球面模型的问题，实现空间信息球面-平面的多尺度表达。

基于地球剖分框架的空间信息组织方法兼容现有的空间信息组织体制，集成分幅地图、分景影像的表达基础与方法，是一种适合全球空间信息球面-平面一体化综合表达与分析的框架体系。如图 2-6 所示，球面-平面一体化表达以全球视角无缝表达多尺度空间信息，以统一的多尺度表达机制避免分带割裂和海陆不连续等多种问题。

3. 全球海量空间信息的层次关联

空间信息剖分组织理论提出了一套空间区域位置的定位方法，创建了空间多尺度的组织模型，规范了空间信息的标识编码体系等，基于地球空间剖分组织理论生成的空间信息数据记录，可以较大幅度提高海量多源空间信息数据的整合效率。经过剖分化处理，空间数据本身即拥有了内涵丰富的位置与尺度信息，因此，在数据记录的过程中，

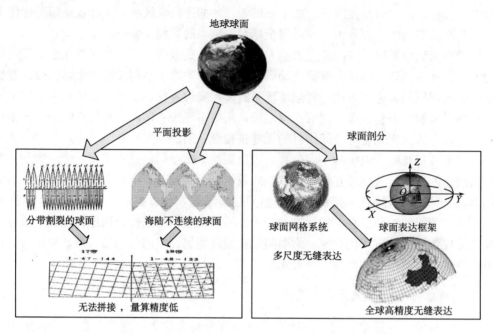

图 2-6 全球空间信息球面-平面一体化表达示意图

可以通过空间信息的统一标识编码，判断数据的空间位置与尺度层级。剖分数据记录在横向上可建立与相邻面片所辖数据的空间关联关系，在纵向尺度上可建立与嵌套面片所辖数据的空间层级关系，在时间轴上可建立空间数据的时态顺序关系。基于地球空间剖分组织理论的多源数据整合方法，不但可以用于栅格数据与栅格数据间的整合，也可以用于不同类型数据（矢量、栅格）之间的整合处理，还可根据面片的大小控制数据的精度。

不同层级的剖分数据有不同尺度关心的信息内容，不同数据源整合时，在同一面片上各类空间信息有着空间位置一致的关系。在属性整合上，可以将低层次的属性聚合到高层次面片上统一记录，只需在高层次面片上附加非几何的属性参数即可，这样数据整合简化为尺度上的聚合问题。在整合精度上，空间数据本身由不同尺度的剖分面片关联到一起，数据整合以剖分面片为基础，数据整合精度直接受剖分面片尺度影响，数据匹配的精度小于一个面片的大小，当剖分粒度足够小到像素尺寸时，数据整合的精度可达到像素级别。

4. 全球空间信息统一编码记录体系

以地球空间剖分组织框架为基础，利用全球剖分面片的离散性与空间关联性以及以空间剖分位置为基础、以时间为属性的空间数据存储记录方法，可以实现全球空间信息的统一编码记录，进而形成全球空间信息的空时记录体系。在空间信息剖分组织理论中，空时记录体系以空间位置为基础，对空间信息进行全球统一编码，按区域位置记录空间数据。

由于剖分面片具有多尺度特性，全球统一编码的空时记录体系对全球多源空间数据进行记录具有明显优势。例如，不同传感器获取的同一区域数据，分辨率基本上都不相同，空时记录方法可以将同一区域、不同分辨率、不同来源的影像直接记录到指定层级的特定面片存储单元。因此，空间数据在存储资源内的物理分布直接以空间区域聚集，这样就便于感兴趣区域、重点区域影像数据的组织、管理与应用。其次，由于采用统一的空间剖分组织框架，数据之间空间关系清晰、索引方便，时态信息组织为顺序索引关系，空时记录体系可形象地称为"糖葫芦串"记录体系，有利于海量数据的快速存储与索引。

2.3 空间信息剖分组织的基本原理

空间信息剖分组织理论的思想源于对全球多源、多尺度、多时相空间信息组织管理的认知与思考，反映了我们对空间信息产生、处理和应用过程的宏观考虑。空间信息剖分组织理论包含地球球面空间的可剖分性原理，以及剖分空间的可标识性、可定位性、可索引性、多尺度性、空间关联性等基本原理。

2.3.1 地球球面空间的可剖分性原理

地球是一个两极略扁的梨形球体，表面具有极不规则的自然地形，很难用简单的数学函数来准确描述真实地球球面。在实际研究时，一般采用具有基本稳定形状、大小、定位与定向等参数的参考椭球体近似表达。从几何学的角度讲，任何一个几何体，都可以剖分为更小形状的几何体组合，并用一定的数学表达式解析，从而形成更为复杂的微分几何结构。地球既然被定义为一个规则的几何体，选用一定的剖分方法，球面空间就可以剖分为各种规则或不规则的几何单元，剖分后的几何单元进一步递归剖分后，就形成了多层次嵌套的几何结构体系，这就是地球的可剖分性原理。

2.3.2 剖分面片及关联信息的可标识性原理

根据地球球面空间的可剖分性原理，在地球空间坐标体系支撑下，依据一定的数学规则，地球球面空间可以剖分为一个嵌套、无重叠、无缝隙的多层次剖分面片集合。在地球剖分体系中，地球表面可认为由一个个剖分面片组成，不管尺度如何，每个面片都有各自的空间位置与范围，在尺度空间中具有客观实在的唯一性。建立一定的编码规则，就可以对剖分面片进行全球唯一性的标识。

理论上，地球上的所有空间信息都会落在某一个面片或某几个面片集合内，而对于单个面片来说，面片内承载的空间信息总是有限的，当面片小到一定程度时，给定一个适当编码位数，面片内的空间信息就能够进行唯一标识。用剖分面片编码标识和组织空间信息，这就是剖分面片的可标识性原理。

2.3.3 剖分面片的可定位性原理

地球空间剖分组织框架基于通用的空间坐标参考体系设计，具有较为稳定的空间基准，剖分面片按一定的数学规则剖分生成，具有明确的空间位置与范围边界。限定一定的空间精度与误差范围，采用 GPS、全站仪等测绘工具等，剖分面片的空间位置、范围描述参数就能真正地落实到相应的地球表面空间区域。如果剖分面片的编码标识了其具体的空间位置，那么通过面片编码与经纬度、XY 坐标转换，任意尺度剖分面片的空间位置都是可以解析的，也就是说剖分面片可以用于空间定位，这就是剖分面片的可定位性原理。

2.3.4　剖分面片的可索引性原理

地球空间剖分组织框架具有严谨的数学基础，剖分面片具有可定位性的特点，根据面片的几何结构与拓扑特征，可以建立基于剖分面片编码的地球空间位置索引体系。剖分面片的规则有序编码，具有较强的空间结构特征，可以反映剖分面片的层次特征与空间覆盖特征，并可以形成由嵌套层次面片组成的金字塔式结构。这样，不同层次面片、同层次面片之间，就能通过面片编码进行空间位置的纵向、横向快速索引，这就是剖分面片的可索引性原理。

2.3.5　剖分面片的多尺度性原理

根据地球剖分理论，剖分面片可以由粗到细划分为多个层级，上一级层次的面片包含下级的 n 个次一级面片，因此，剖分面片具有天然的多尺度特性。空间信息一般具有区域性特点，上级面片包含的信息可由次一级面片的信息聚合而成。空间表达与尺度密切相关，在微观尺度上表现为面，在宏观尺度上可能就表现为点，因此，空间信息在不同的层面上存在点面二相性。地球空间剖分组织的多尺度性以及空间信息的点面二相性特征，就是剖分面片的多尺度性原理。

2.3.6　剖分面片的空间关联性原理

根据地球剖分理论，剖分面片是一个个离散的面状单元，无缝覆盖全球，剖分面片编码具有层次性、唯一性，可以与地球的空间区域建立直接的映射关系。同时，通过面片编码，剖分面片可以与空间数据、空间信息及存储资源等，建立基于区域位置、范围的空间关联关系，这就是剖分面片的空间关联性原理。

2.4　空间信息剖分组织的基本特性

空间信息剖分组织构建于地球空间剖分组织框架基础之上，通过应用剖分框架的空间可标识性、可定位性、可索引性、多尺度性及空间关联性等基本原理，建立空间区域剖分面片与空间数据、信息、资源等的映射关系，实现多源空间信息的有序组织与高效整合，以及空间信息的多尺度球面-平面一体化表达等功能。对于解决全球空间信息组织问题来说，空间信息剖分组织理论具有剖分层次性与空间尺度一致、空间位置标识全球唯一、空间位置标识包含空间尺度信息、空间数据组织与表达统一、离散性与并行计算统一等特点。

2.4.1 剖分层次性与空间尺度一致

地球剖分框架具有分层嵌套结构，不同层次的剖分面片代表地理空间上不同面积大小的区域，对应于不同的空间尺度。剖分面片尺度与影像分辨率关联，可以实现空间面片层次与尺度表达的一致，因此，利用剖分面片的层次性，就能组织管理多尺度的空间数据。同时，根据剖分层次性与空间尺度一致的特征，将同一区域、不同分辨率的空间数据，记录到剖分存储集群系统中指定节点，并根据重要性、数据量等参数设置存储节点的层数，可以实现空间数据的集群分层管理。

2.4.2 空间位置标识全球唯一

地球剖分框架中剖分面片具有全球唯一性，基于剖分面片的空间标识体系，能够形成对地球表面空间区域位置的全球唯一标识。基于统一的全球位置标识体系，可以建立全球统一的剖分空间信息表达数据模型，有助于解决空间数据的整合、尺度转换和快速检索等问题。全球唯一的空间位置标识体系可以作为空间数据唯一标识的基础，从而为多源空间数据的共享与互操作提供支撑，并有助于建立全球空间信息的统一编目机制。

2.4.3 空间位置标识包含空间与尺度信息

采用层次性递归剖分方法，地球剖分框架建立了剖分面片的空间多尺度嵌套结构，剖分面片则形成自上而下的剖分树结构，通常有四叉树、九叉树等。按照剖分面片的剖分层次及嵌套关系，应用从上至下的嵌套面片编码方式，就可以实现对所有剖分面片的编码标识。剖分面片编码直接定义了空间区域的位置，而面片编码中的嵌套关系即反映了空间尺度的信息，编码越长表示空间尺度越小，表达的空间位置精度就越高。

2.4.4 空间数据组织与表达统一

地球空间剖分组织框架定义了多层次的嵌套剖分面片结构，该结构可以唯一表达多尺度的地球空间位置。以剖分框架为基础，可以定义多尺度的空间信息表达数据模型，分割多尺度剖分数据，建立多尺度剖分空间目标模型。基于剖分框架，可以按照空间区域的空间特征，将剖分面片映射到对应的存储、计算资源或设备上，进而形成全球空间信息的集群存储体系。总而言之，空间数据的存储、索引、表达、分发等，都可以以地球剖分框架为基础，从而实现数据组织与表达的统一。

2.4.5 离散性与并行计算统一

空间信息剖分组织理论中，地球表面空间的剖分过程就是球面空间的面片离散化过程。同级剖分面片大小、面积、形状等几何特征相近，面片之间具有关联关系，面片对应的空间区域具有独立性。基于剖分组织框架，空间数据被分割为大小相似、没有相互依赖及顺序关系的数据集合。同一剖分深度面片对应的数据具有相对独立性，存在空间离散特点，在空间运算、分析中，就可以实现并行计算机制。

2.5 空间信息剖分组织的技术体系

空间信息剖分组织理论依托于全球空间信息应用背景，主要应对超大规模地球空间数据的存储、索引、计算及分析等应用需求，解决多源、多尺度、多时相空间数据管理、整合与表达等问题。空间信息剖分组织理论以地球空间的离散化剖分规则为基础，实现对地球空间、信息、资源等的编码、索引、表达、计算、分析等功能，并最终形成全球空间信息的统一组织与并行处理机制。因此，自下而上，空间信息剖分组织的技术体系大致可以分为基础理论、组织机制、技术方法和应用模型等四个层次，主要涵盖地球空间剖分框架，空间信息的剖分标识、剖分索引、剖分存储、剖分表达、剖分计算及剖分地理空间关系与分析等方面（图2-7）。

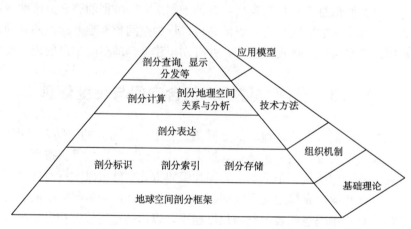

图 2-7　空间信息剖分组织的技术体系

2.5.1　地球空间剖分框架

地球空间剖分框架是空间信息剖分组织理论的基础，主要研究地球标准椭球面上空间面片的划分规则与方法，剖分面片的几何结构、空间特征、空间关系，编码规则、算法以及查找、定位方法等。地球作为一个复杂的不规则几何体，本身难以用数学方法描述和处理，基于标准参考椭球体及空间坐标系统，剖分模型就具有了精确的空间定位基准依据。地球椭球面是一个光滑连续、处处可微的几何面，采用多层次的递归剖分方式，就可以将地球划分为性质相近的微分面元。连续微分面元之间形成嵌套结构，所有面元的集合构成一个从球面到平面的多尺度面元嵌套集，这个集合体系即地球空间剖分组织的框架，如图2-8所示。

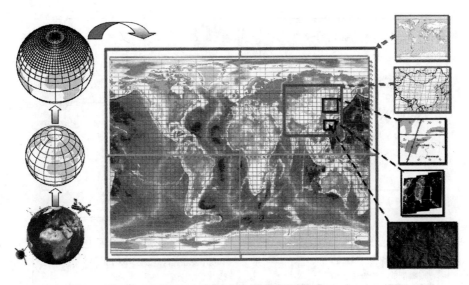

图 2-8　地球空间剖分框架示意图

　　地球空间剖分框架是建立在稳定地球空间定位基准之上的球面区域划分规范，能够对地理多尺度空间进行有效模拟。基于地球空间剖分框架可以形成空间位置的标识体系，进而为地球空间信息表达提供定位基础及表现结构，为空间信息组织提供统一的多尺度索引结构。地球空间剖分框架从地球空间球面-平面一体化表达的角度出发，建立全球统一的多尺度剖分索引组织模型，避免了传统空间数据模型的尺度与平面局限性，从而有助于提高全球空间数据管理、表达与服务的全球性、连续性、多尺度性和动态性。

2.5.2　剖 分 标 识

　　剖分标识理论主要探讨地球空间剖分框架基础上地球空间剖分位置、剖分数据、剖分目标及剖分软硬件资源等空间对象的标识模型以及标识编码的规则、计算与分析等相关的理论问题。空间对象都具有自身的空间特征、属性特征和时间特征，根据空间对象类属不同，以上的三大特征均可以体现在空间对象的标识模型中，如图 2-9 所示。空间特征可以由剖分位置决定其空间唯一性，由剖分面片编码定义，加上属性与时间的界定，空间对象的唯一性也能够较容易地确定。

　　在地球空间剖分框架中，剖分面片编码表达地理空间中的一个固定空间区域，不管剖分区域如何细分，面片编码都不是一个抽象的质点信息，而是一个区域的信息。剖分编码与传统空间坐标不同之处在于剖分编码具有空间多尺度性，由剖分面片地址层次码构成，通过面片编码的层次即可确定空间尺度。地球空间剖分框架具有层次性，上下层之间具有递归性，剖分面片编码本身也具有递归性。另外，剖分面片编码具有继承性，即一个剖分编码内包含了由大尺度到小尺度的各级编码，编码的继承性是由剖分框架的层次特性而来。由于剖分面片均由完整地球剖分而来，任何一个面片均可看成是地球为"根"的"剖分树"的子节点，因此，任何两个剖分面片编码间就存在天然的内在空间

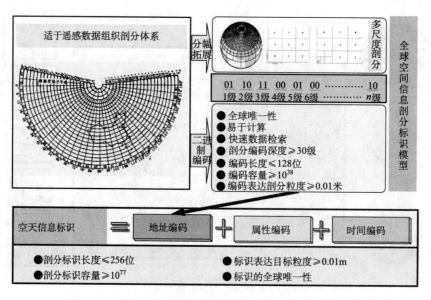

图 2-9　空间信息剖分标识模型示意图

关联关系。

剖分面片编码总是按照一定顺序进行排列，如 Z-Curve、Hilbert 序等，这些规则顺序又被称为编码曲线。编码相邻的面片，在空间上也是邻近的；反过来说，空间上越相邻的面片，其编码也越趋于一致。这个特性使得基于剖分位置编码的空间查询具备了较高的效率。同时，连续性也可被用来进行空间数据的高效存储，一般来说，位置越临近的空间数据，被同时访问的可能性也越大。这样，将编码临近的空间数据存储在临近的磁盘位置中，将有效地提高数据的访问速度。

2.5.3　剖分索引

在空间信息剖分组织理论体系中，全球空间信息按照地球空间剖分框架的空间结构组织，剖分面片是空间信息组织的基本单元，也是空间信息检索的直接对象和空间关联关系基础。对存储在剖分系统中的数据进行检索时，根据尺度要求确定对应的剖分层级或最高、最低层级范围，并计算出该层级内被检索区域包含的所有剖分面片编码，再根据面片编码找到相应的存储单元位置，就可以查找并访问实体数据。

剖分索引应包含两个方面的信息，空间范围索引用于检索某区域内的数据或目标，存储地址索引用于检索各面片对应的存储地址，这两类索引可以通过统一的剖分索引表进行记录和管理，如图 2-10 所示。首先，在剖分系统中，数据、资源等按照剖分面片编码对相应的区域、数据位置以及存储位置等进行索引与检索，这是剖分索引最重要的特点。其次，剖分面片分割的数据，可以直接存储在相应的剖分面片上，可以通过剖分面片编码查找存储位置。

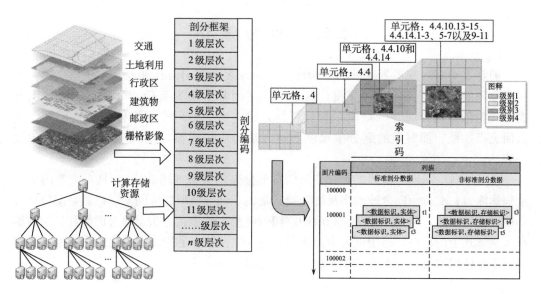

图 2-10　空间信息剖分索引模型示意图

2.5.4　剖　分　存　储

依据地球空间剖分框架,空间信息剖分存储理论主要研究将地球划分成一系列具有唯一地理标识的剖分面片,并为每个剖分面片分配相应的存储单元,从而建立全球统一地理标识的虚拟存储空间,如图 2-11 所示。空间信息剖分存储理论的目的是为空间信息存储提供统一的组织基础、统一的调度模型以及统一的资源标识等。依据空间信息剖分存储理论,通过管理剖分面片对应的存储单元即可实现存储资源的虚拟全在线、按需动态扩展、即插即用及高效节能调度等。

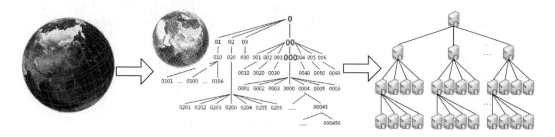

图 2-11　空间信息剖分存储理论示意图

在空间信息剖分存储理论中,地球表面的每一个剖分区域都对应一个唯一的存储地址,每一个存储地址与相应的存储单元或单元组相互映射,这样就形成了一套具有地理定位涵义的存储单元寻址协议。这套协议体系可以为空间信息剖分集群存储系统、剖分计算系统及剖分分发服务系统等的建设提供技术支撑。

2.5.5 剖分表达

　　随着人类对客观世界理解的不断深入，地球表面空间信息进入人类认知空间，不仅需要理解，还需要传播和交流。以地球空间剖分框架为基础，全球空间信息剖分表达理论依据剖分面片的点面二相性特性，建立面向地理空间实体的表达模型，重点研究点、线、面对象的剖分多尺度表达方法与应用模型，实现全球多源信息的统一表达。

　　基于地球空间剖分框架的全球空间信息剖分表达模型（图 2-12），具有天然的多尺度表达能力，支持面向全球的多尺度变换，集成了剖分框架的空间索引机制，支持位置不确定性的表达，是一种无缝、开放的空间信息层次性表达方法。综合影像和矢量数据在表达形式上的特点，运用剖分面片编码，建立空间信息的影像结构化数据模型，为实现基于影像的空间信息管理应用系统提供了可能。

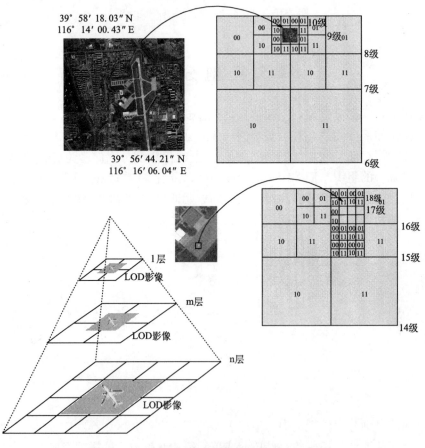

图 2-12　全球空间信息影像结构化表达示意图

2.5.6 剖分计算

剖分计算充分利用剖分数据组织的天然地域分割特性，实现全球多面片数据的并行处理机制。剖分数据的内部结构是地球空间剖分框架在具体数据文件中的进一步延伸，与剖分数据的组织体系一同构成了完整的剖分数据模型。利用剖分数据格式，可方便地取出文件内部对应于任意大小面片的数据块，从而实现对单个数据文件的并行处理。基于剖分数据的多尺度特性，在计算过程中实现空间尺度由大到小的多尺度调度，通过对大尺度、低分辨率空间信息的计算，将计算范围聚焦到多个目标区域内，进而调用相应尺度高分辨率空间信息完成计算任务（图 2-13）。

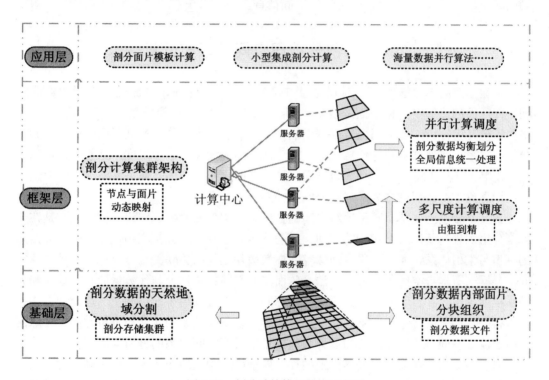

图 2-13　剖分计算体系结构示意图

影像剖分模板计算是剖分计算的一个重要应用方向。影像剖分模板是依托于地球空间剖分框架，为剖分面片并行处理量身设计的特征数据集（图 2-14）。剖分影像模板库由多分辨率、多传感器、全球无缝覆盖的剖分影像模板组成。基本思想是：在适当的剖分层级、适当的范围内以每个面片为单元建立基准影像、控制点等模板当处理某区域的数据时，即可从模板库中提取相应的影像模板用于计算，从而实现影像的快速剖分化并行处理，为相关应用提供支持。

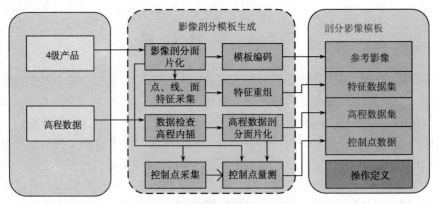

图 2-14　影像剖分模板内容与生成示意图

2.5.7　剖分地理空间关系与分析

在地球空间剖分框架下，剖分地理空间关系构建于球面、平面两个不同的数值空间，即球面的流形空间和平面的线形空间。传统 GIS 中，空间关系与分析方法定义在平面笛卡儿坐标中，在空间信息剖分组织理论中我们认为这是小尺度平面区域的狭义剖分空间关系。在地球空间的任意尺度，从球面空间的大尺度、中尺度，到忽略地球球面曲率影响的小尺度空间，这种涵盖球面流形、平面线形空间的空间关系，在空间信息剖分组织理论中，我们称之为广义剖分空间关系（图 2-15）。

狭义剖分空间关系，基于地球空间剖分框架与剖分面片标识编码进行定义，是在全球剖分组织理论基础之上对传统空间关系的发展。空间关系分析应用地球空间剖分面片的标识与索引体系，通过多尺度地球空间离散面片之间的关联关系，改进并设计地球空间剖分框架下地理空间关系分析方法。球面流形空间在拓扑上与代数球面、椭球面和大地水准面等价，和笛卡儿平面的子集拓扑不同胚，直接套用平面空间上的理论和方法是不可行的。广义剖分空间关系，在平面上兼容传统空间关系的定义与分析方法，在球面上按照流形空间进行重新定义与设计，适用于大尺度空间关系的分析与应用。

对于地球椭球体而言，椭球面上的尺度度量应采用大地线。大地线是椭球面上两点间的最短路程线，在椭球面上是一条三维曲线，过曲线上每点的密切面均垂直于椭球面过该点的法线。对球面空间而言，若采用欧氏空间度量，小范围内近似表达有精度保证，大范围时则不行。在椭球球面空间，应采用大地主题解算公式，如贝塞尔（Bessel）公式等，进行球面距离的计算与量测。

在地球空间剖分框架中，地球上的任何两个面片或两个空间区域，都存在着空间关联性，主要表现为区域之间的相邻、相离和相交关系等。同一范围不同等级的区域之间存在着层次性关系，即包含与被包含关系，如北京市与海淀区这两个空间区域的内在关联即体现在其包含关系上。另一方面，任何一个区域都是整体层次性结构中的一部分，如海淀区是北京市的一部分，同时又可被划分为多个街道或乡。球面拓扑关系可采用球面剖分面片 Voronoi 结构进行定义和分析，主要处理海洋、大陆、国家、地区等大尺度空间对象的拓扑关系问题。

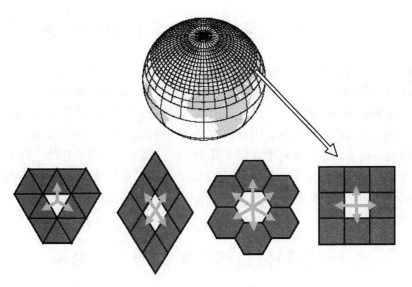

图 2-15　地理空间剖分关系与分析示意图

2.6　空间信息剖分组织的应用方向

2.6.1　全球空间信息共享组织的应用方向

当前，全球空间信息数据海量增长，行业部门的专业数据也越来越丰富，空间信息应用"信息孤岛、烟囱林立"现象比较严重，产生这种现象的重要原因是空间信息管理缺少统一的组织标准与规范。因此，在实际应用中，在全球空间信息的共享应用方面，空间信息剖分组织的理论、技术与方法将可能在以下几个方向取得重要发展：①为全球空间信息建立统一的区域标识标准；②为全球空间信息无缝组织建立统一的分割与编码标准；③为分布式存储的海量空间数据提供统一的 ID 编码标准；④为全球遥感数据产品规格提供统一的划分标准；⑤为全球空间信息编目提供统一的区位标识标准。

2.6.2　全球空间信息存储组织的应用方向

空间信息存储组织正朝着集群化、专用化、定制化、一体化、低能耗及虚拟存储的方向发展，全球空间信息存储组织将面临空间信息全球化、存储数据海量化、数据服务高效个性化等问题。因此，在实际应用中，在全球空间信息的存储组织应用方面，空间信息剖分组织的理论、技术与方法将可能在以下几个方向取得重要发展：①为全球海量空间信息提供具有位置特征的调度协议；②为全球海量空间信息提供具有位置特征的空时记录标准；③为海量遥感数据的存储提供基于位置的备份、迁移与防灾机制；④为海量空间数据提供逻辑上全球统一、部署上区域分布管理的资源配置机制。

2.6.3 全球空间信息服务组织的应用方向

以空间位置为基础的即时、连续及个性化空间信息服务是空间信息应用服务发展的主要趋势，未来空间信息应用服务将具有 5W（Whoever、Whenever、Wherever、Whomever 及 Whatever）特征，"随时随地"、快速应急响应等服务方式将成为全球空间信息应用服务发展的主要方向。因此，在全球空间信息的应用服务方面，空间信息剖分组织的理论、技术与方法将可能在以下几个方向取得重要发展：①为空间数据提供具有多尺度性的全球索引与分发机制；②为全球空间数据提供统一的影像结构化表达框架；③为全球空间信息提供数据请领与分发的统一空间编码；④为全球空间信息模板计算提供统一的并发机制。

2.7 空间信息剖分组织的科学思考

自从加拿大测量学家汤姆林森设计世界上第一个投入实际应用的地理信息系统 CGIS（Canadian GIS）以来，GIS 发展的历史已经将近 50 年，而摄影测量与遥感、地图制图的历史，则还要追溯到 19 世纪及更久远的人类文明早期。然而，不管科学、技术及工具如何发展，空间信息表达的客体还是这个近似椭圆的梨形球体。因此，客观地理世界的粒子性问题、地球球面与平面的一体化问题、地球空间的多尺度问题等，一直以来仍旧是地球空间信息理论与技术讨论的重要问题。另外，空间信息科学中的基础问题，即空间数据模型是矢量还是栅格更优的争论，一直是空间信息科学、教育及应用中讨论最多的议题。经纬度表达地球空间位置历史悠久，那么，在全球空间信息应用蓬勃发展的当代，剖分组织的编码理论能否实现辅助经纬度的空间位置表达呢？这是值得我们重点思考的崭新命题。地球剖分组织编码理论是否能用于建立地球空间信息的唯一性标识，也是需要思考的问题之一。

空间信息剖分组织理论的提出，需要我们从空间信息组织的哲学本源出发，思考新理论技术体系下问题的解决之道。以下是我们关于空间信息剖分组织理论科学思考的初步阐释。

2.7.1 剖分组织是否能解决世界的粒子性表达问题？

近代物理学已经证明，物质世界由各种不同层次的粒子组成，微观世界的粒子可以逐次细分为分子、原子、原子核、电子、中子、质子、夸克等。物理世界的粒子特性，决定了地球空间信息表征的基础也是粒子性的，而且是可以无限逐层分割的。在地理世界中，地理对象也是由各种层次的"粒子"成分组成的，如地球由陆地和海洋组成，陆地由森林、农田、城市、水体等组成，而森林又由乔木、灌木等树木组成。

在空间信息科学中，对于真实地理空间而言，面积为零的点、线是不存在的。空间信息系统中的点只是对较小尺度上面的"浓缩"表达，线只是狭长的面与面分界位置的表达，抽象的点与线，在现实世界实际上是不存在的。所以，空间信息的基本组成，本质上可以认为是具有一定面积的面的"聚合"形态，即地理空间信息粒子的"聚合"形态。

反之，人类对大区域空间的管理，则习惯于网格式的"粒子化"分割管理方式，相对于粒子的"聚合"形态，这可以认为是地理空间信息的粒子"分裂"形态。具体来说，各种典型的信息管理网格即体现了这种"粒子化"管理的特征，例如：

（1）行政管理网格：通过各级行政区划管理社会。

（2）邮政网格：通过分区邮政编码管理邮件递送。

（3）空间信息网格：通过对地球空间按照某种规则进行划分，用来标示、存储和管理空间信息，如全球信息网格（Global Information Grid，GIG）、美国国家网格（United States National Grid）等。

（4）环境监测管理网格：用来分地域监测地球环境。

（5）数字城市管理网格：将城市区域划分为小地块，对各地块的城市设施进行编码、监控、管理和维护。

（6）战场网格：将战区划分为区块进行编码，用于战场信息采集、管理和作战指挥。

（7）有限元计算网格：在地球物理学和地震学中，将地球划分为力学单元，进行模拟计算。

作为新型的空间信息管理方式，空间网格化管理技术主要支持地理数据的共享，满足应用的需求，方便多源、多尺度地理空间信息的整合与应用分析。空间网格化分析与管理的发展，也印证了人类对空间位置相关信息粒子化、离散化的认知与管理需要。

1. 地球剖分的网格化与遥感影像的粒子性特征

地球剖分就是一种网格划分的方法，即按照一定的规则，将地球表面划分为更小的空间地域单元（面片或面片单元）的方法。地球剖分规则要求剖分面片的大小尽量均匀、形状相近，并且要求剖分面片具有准确的空间位置、范围，面片之间需要没有重叠，可以用全部面片覆盖整个地球，各级面片之间还可以按照统一的规则形成嵌套、隶属结构。

遥感影像是记录地球表层的信息图像，在地球剖分网格中，任何影像像元都可以对应到相应的剖分面片上。遥感影像是通过卫星、航空平台搭载的光学镜头或电子信号接收器，将地面上某个范围发射或反射的电磁信号，逐点扫描或通过传感器阵列采集，按空间排列顺序记录，形成的一种数据结构。每个像元记录了地面相应位置一定大小区域的电磁波信号，该区域的大小取决于影像的空间分辨率。遥感影像的像元数据结构决定了遥感影像的粒子性，以及空间的可分性。

2. 地球剖分组织的影像粒子化组织思考

自然世界的粒子特性和网格化管理应用的需要，客观上要求信息粒子化表达和管理，剖分组织结构的网格化特征，使其成为现实世界中信息粒子化表达、分析和管理的最佳方式。以剖分面片为基础的空间信息管理方式，本身具有多尺度、网格化的特征，非常适合大范围信息的共享与整合，以及基于空间位置分区的业务应用，这符合空间信息管理、应用的发展趋势。

　　地球剖分结构中的面片可以无缝地覆盖地球表面，按照统一的规则，可以对剖分面片进行多层次的编码、定位和索引。而且，地球剖分面片具有可标识的代码，空间目标的位置、形状、范围等通过面片编码与剖分面片关联，就可以将空间目标对应到相应的遥感影像像元，从而实现遥感影像的空间目标可视化表达。依据地球剖分体系，对空间信息进行规则分割，形成与剖分面片的对应关系，实现全球各种类型的海量空间信息（特别是遥感影像和地图）有序存储、管理与应用。不同于按传感器类型和卫星轨道的常规存储方式，将空间位置相近，但获取时间不同的遥感影像数据，存储在计算机网络集群中的同一台或同一组服务器上，可以实现基于空间位置的高效数据检索、处理和访问。这种全新的剖分存储思路，也便于针对不同的地域优先级，采取不同的管理策略，实现服务器在线状态的动态调整，从而达到动态虚拟全在线的效果。

2.7.2　剖分组织是否可以解决地球球面与平面一体化问题？

　　地球球面-平面的一体化组织一直是测绘、空间信息领域的难题，根本原因在于，球面流形空间与平面线形空间不同的度量体系导致空间测量、空间表达及空间展示等方面都出现了原理、方法及技术等层面的明显分异，从而很难实现一体化的信息统一组织。整体上，地球的真实表面可以看作一个球面，局部小范围内可以近似地当作一个平面，局部平面可以方便地进行空间测量、数据处理和制图等工作，但是对于地区、国家甚至地球的大尺度区域来说，我们无法将平面直接扩展、拼接为球面。

　　地球剖分组织思想：首先，把地球划分为一些小的球面（比如按照经纬度分带），使之充满整个地球球面；其次，把每个小球面近似作为平面，进一步划分为更小的平面面片。因为每个面片的编码包含所在小球面面片的空间位置，同时也包含进一步划分的平面空间位置，这样，就可以将球面、平面的空间位置表达在统一的面片编码中。因此，空间数据按照小范围的平面面片存储，但又不丢失地球球面上的位置与空间特性，这就相当于将篮子（小球面）摆满地球表面，再在篮子内分格（划分为平面网格），按格子来存放数据（图 2-16）。

图 2-16　地球球面通过小球面和平面近似划分示意图

按照上述思想设计的地球剖分组织结构中，剖分面片的编码包含多级分层编码信息，上层编码反映了球面特性，下层编码反映了近似平面特性，这样，通过一个统一编码，即可以表达地球上任何范围的球面和平面两个方面的空间信息，进而也便于计算机程序按需进行处理。另一方面，在一定误差允许条件下，类似于一条曲线可以由若干小直线积分而成一样，大范围球面也可以由一系列小平面聚合而成，形成剖分面片的球面-平面一体化组织体系。

2.7.3 剖分组织是否可以解决地球空间的多尺度问题？

地球是一个统一的巨系统，自然现象（包括地物）分布范围的跨度和尺度不同，有些现象是全球性的，如全球土地利用、气候分带等；有些是国家或区域性的，如江河、气象情况等；有些是城市或局部的，如城市街道、城市土地利用等，这就构成了地球空间的多尺度性。地球系统内，不同类型信息具有层次性，不同层次的信息具有不同的尺度表现，上层的信息是下层信息的综合，下层信息是上层信息的具体化，如行政区划不同级别（国家、省、市、区县、街道、村镇等）的构成。另外，不同层次信息之间形成组合构成关系，如地球由陆地和海洋构成，陆地又是由森林、农田、城市、水体等构成，城市由各种建筑、道路、绿地等构成，水体由湖泊和河流等构成。

1. 空间信息的多尺度与多相性

不仅仅是地球空间本身具有尺度性，人类在认识、观察地球自然现象的形状、分布以及自然现象间的空间关系时，对自然现象总体和细节的关注程度不同，人类的认知视阈与认知结果具有明显的尺度性。例如，经济规划、区域规划、气候变化、土地利用、环境管理、流域管理等，需要在大尺度上进行大区域观察研究；而城市管理、交通管理、城市应急、企业管理、水库管理等，需要在较小尺度上进行局部的观察研究。地图比例尺就是针对人类对地球的不同观察尺度而设计的。在空间信息应用中，人类认知地球的空间尺度性，就直接体现为对不同尺度空间信息表达、检索和分发的实际需要。不同尺度的空间信息，尽管信息表现不同，但是，它们是相互关联并可进行尺度转换的，在实际应用中应该具有统一性。当然，不同的观察尺度，通常有不同的技术手段和表达内容要求。

除此之外，人类在查找信息时习惯于先整体后局部，这样易于迅速定位、集中于所关注的信息，这就需要建立不同尺度的检索关联关系。从检索效率上讲，从所有信息中逐个检索某条信息，比逐层细化检索方式花费的时间成本要高得多。例如，目前中国有600多个城市，逐个比对平均为300多次；然而，如果先对30个省进行检索，省级平均比对15次，省内平均比对10次，共25次。因此，可以认为具有多尺度特性的空间信息，应该按照层次性结构组织与索引，这样能够大大提高空间信息组织的效率。

点、线、面是空间对象的基本相性，空间信息的多尺度性与空间对象的多相性具有高度的相关性。零面积的点只是几何上的抽象定义，自然界并不存在，所有点都是有面积的小面。中心点、交叉点、位置点等都只是抽象的位置，真正对应到自然界，仍然是某个小到一定程度的区域。例如，一个城市在小比例尺地图上表现为一个点，而在大比例尺地图上则是一片区域。自然界也不存在物理上的线，线只是面与面之间的分界带，小比例尺地图上的分界线，在大比例尺地图上可能成为面。例如，城市与乡村的分界，在国家尺度上可能是一条边界，而到了城市级别则是一个城乡过渡带；同样在小比例尺地图上的森林边界线，在大比例尺地图上则表现为最外围的树木过渡带。所以，由于尺度不同，同一个地物的表现形式可能在点与面、线与面之间转换，因此，空间信息具有点面（或线面）二相性。

2. 剖分组织体系表达空间信息的多尺度和多相性

在传统空间信息组织方式中，不同比例尺的地图有精度和内容的具体规定，相互之间没有直接关联，空间数据很难进行统一组织管理。由于地图自动综合与转换在技术上至今还没有完美的解决方案，空间数据尚无法实现不同比例尺之间的自由转换。在剖分组织体系中，剖分面片可以包含或聚合地图图幅，便于建立剖分层次与地图比例尺的关联与索引关系。在多尺度表达上具有更好的关联性和连续性。

剖分组织体系在空间上具有多层次一体化特性，下层编码与上层有继承和包含关系，可以通过聚合与分割相互转换。剖分面片编码具有点面二相性特性，上层面片编码描述与表达地球局部区域的球面特征，中下层面片编码除继承上层关联面片的球面空间特征外，主要表达局部小空间范围的平面特征。剖分体系可以通过多层次编码表达不同尺度的空间信息，实现多尺度信息的统一编码表达。因此，剖分体系的一体化多尺度特性，更适于多尺度空间信息表达、管理、检索和分发。

2.7.4　剖分组织是否能解决矢量与栅格之争的问题？

矢量与栅格，作为空间信息表达的两种最基本方式，孰优孰劣争论已久。矢量与栅格模型具有各自的优点与不足，见表 2-1。在现代空间信息组织中，是选用矢量还是栅格，一直是个重要问题。

表 2-1　矢量数据模型和栅格数据模型的空间对象标识优缺点对比表

（a）矢量数据结构优点和栅格数据结构缺点

矢量数据结构优点	栅格数据结构缺点
1. 位置明显	1. 位置隐含
2. 结构严密，数据量小	2. 数据量大
3. 能完整地描述拓扑关系	3. 缺乏拓扑关系
4. 图形数据和属性数据关联紧密	4. 难以建立网络连接关系
	5. 表达精度受栅格分辨率限制

（b）矢量数据结构缺点和栅格数据结构优点

矢量数据结构缺点	栅格数据结构优点
1. 属性隐含	1. 属性明显
2. 结构复杂，处理技术复杂	2. 结构简单
3. 图形叠置与图形组合很困难	3. 空间数据的叠置与融合方便
4. 场数学模拟困难	4. 场数学模拟方便
5. 难以分割存储	5. 易于分割存储
6. 不便按空间划分进行并行计算	6. 易于并行计算
7. 数据更新困难，成本高	7. 易于数据快速获取和更新
8. 抽象表达，不利于虚拟现实	8. 影像直观表达，利于虚拟现实
9. 不同比例尺综合困难	9. 易于按不同尺度聚合

矢量模型强调以点、线、面抽象空间对象，定位数据紧密关联，需要在坐标链的总体顺序结构中确定空间对象的空间位置。例如，多边形以边界线进行界定，而边界线又由按照一定顺序组合的点进行表达。矢量结构的空间对象抽象与记录方式，决定了空间对象全局信息的不完整性，以及细节表达困难等问题。栅格模型以规则的矩阵方式表示空间要素与地理现象，空间位置通常采用行列号表示。栅格模型建立的初衷是为了解决连续分布空间对象的表达问题，与矢量模型空间对象抽象方式不同，它以不同的栅格单元编码区分不同的空间对象。栅格结构中不包含空间对象的结构信息，无法直接索引与处理空间对象，也无法将属性与空间对象直接关联，使得这种结构在实际应用中只能用于显示或作为地理信息系统的参考底图，很难直接建立基于影像的地理信息系统。对于全球多尺度的空间对象来讲，影像行列号已经失去了全球的空间定位意义，无法解决大尺度和全球的空间信息管理问题。

数字地图是矢量模型的应用结果，可以表达各类地理对象的精确位置，实现以地理对象边界、范围和位置为基础的地图分析与处理。矢量数字地图具有精准、数据量小等特点，同时也存在算法复杂、不够形象直观的缺点。人们曾经试图用栅格模型表达地图，但是，这种方式却难以达到矢量地图要求的精度。遥感影像是栅格模型应用的最好体现，因为基于像元传感器件的采集方法，决定了遥感影像数据的格式只能采用栅格模型。遥感影像分辨率的迅速提高以及遥感信息应用的快速发展，对栅格数据模型提出了更高的应用要求，全球空间信息剖分组织体系的提出，是否能够为空间数据模型的矢栅之争提出新的解决思路呢？

剖分面片编码表达技术，通过影像目标多层次剖分表达模型，突破了影像在位置表达上的局限，为影像赋予了结构和拓扑关系。基于剖分面片编码的结构化影像表达技术，可以融合栅格和矢量两种数据结构的优点，成为新型影像地理信息系统的基础数据格式。遥感影像是自然世界景观的最佳表达方式，矢量地图是专家思维模型的有效表达方法，基于剖分影像的新型地理信息系统，有可能结合遥感影像和地图两者的优点，成为自然世界景观和专家思维模型一体化表达和管理应用的有效工具。

2.7.5　剖分编码能部分替代经纬度坐标吗？

经纬度的出现迄今已有近 2000 年的历史，是目前地球空间位置最通用的表达方式。经纬度是特定坐标系统中，以原点为参照，表达一个点在地球表面空间位置的方法。理论上，经纬度坐标数值表达的是一个面积为零的绝对点位置，但零面积的点只存在于人类思维的抽象定义中，在自然世界中并不存在。

在真实世界中，任何自然现象实际上都发生在具有一定面积的区域范围内，在表达自然现象的空间位置的同时，还常常需要表达所在的区域范围，仅仅一个点的位置是无法满足实际需要的。比如战场上的军事目标和部队的部署，就经常采用分区编码来表达所在的位置和区域。另一方面，在空间数据组织中，数据存储、处理、管理、应用和服务也主要是针对特定区域范围的，地图通常以图幅或某种分区为单位，遥感影像通常以分幅或数据块为单位，即便是到最小的单个遥感影像像元，也是代表由像元空间分辨率决定的地面小区域。

如前所述，一个经纬度坐标逻辑上代表的是一个面积为零的点，无法同时准确表达该点附近一定范围的区域。要表达一个区域，需要用一串边界点的坐标序列，造成管理和处理上的繁琐，如图 2-17 所示。

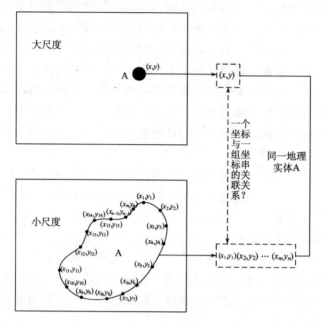

图 2-17　经纬度空间位置与空间范围表达方式示意（关丽，2010）

剖分面片编码是对剖分面片的唯一标识，既代表面片的空间位置，又可以根据面片所在层级确定面片的大小和范围，也就是说，面片编码隐含了面片所在位置的区域信息，可以代表面片对应的空间区域。在大尺度上一个面片可以代表一个点，在小尺度上一个面片又可以代表一个面片区域，面片编码具有点面二相性。通过剖分面片编码有可能建立一套新型空间区位标识体系，每个编码既代表空间位置，又同时代表一个面片区域。

剖分面片编码体系与经纬度坐标体系都是针对地球表面的位置表达，它们具有统一的空间表达客体。已知剖分面片的编码，就可以计算出相应的经纬度，而给定任意点的经纬度坐标，也可以计算出所在剖分面片的编码。根据剖分规则，将地球表面逐层细分，每个面片代表该层上特定的位置区域，划分层次越深，面片的区域越小，划分到一定层次后，就可以精确表达空间位置。所以在表达点的位置时，剖分面片编码与经纬度坐标可以是等价的。

通过剖分面片编码建立点面一体化的全球位置标识体系，有助于简洁地表达自然现象的实际位置和范围，根据需要按照点或面的方式灵活地进行处理，同时有利于空间数据的高效组织、检索、分析、分发和应用。另外，通过剖分面片编码对空间目标进行编码表达，直接与遥感影像数据建立结构化关联，可以作为影像地理信息系统的位置标识体系基础。

2.7.6　剖分编码是否可以建立地球空间信息的唯一标识?

标识是对特定对象赋予的可识别的代码,是关于标识对象的信息存储组织、查询检索、信息提取、关联集成、生命周期管理等的基础。在地球信息组织管理系统中,数据、目标、资源、模型、系统等都必须被赋予唯一标识,才能有效地进行管理。

目前,空间信息尚缺乏统一的标识标准,其他类型信息标识的国际标准,如 RFID-UID、UUID 和 GUID 等,并不适用于空间信息的标识。RFID 主要是针对物品的标识。UUID 和 GUID 对信息的标识,是为了用于在小范围内控制重复概率,在系统中采用随机数产生,没有空间位置含义,并不适合于空间信息的标识和有效管理。

空间信息来源广泛、数量巨大、更新频繁。由不同遥感影像上采集的信息,或通过不同比例尺地图表达的信息,已有的标识通常没有关联性,新产生的信息与原有信息之间也没有联系,这就造成自然界中同一个地物,在信息世界被赋予不同标识的现象。特别在地理信息系统中一般都是系统内部自定义各自的标识规范,有必要构建一个全球通用的空间信息标识编码体系。

剖分面片可以将地球表面规则地划分为多层次的面片单元,空间信息表达的地物或现象,都可以与某个级别的剖分面片在空间上关联起来。随着地球空间剖分层次的不断细化,剖分面片的面积范围越小,每个面片中关联空间信息的数量就越少。因此,根据空间信息的实际分布特征,采用不同级别的剖分面片,通过剖分面片编码结合地物属性和时间等信息的方法,就可能实现含有空间位置信息的全球统一标识标准。

2.8　本　章　小　结

随着空间信息获取手段的进步,人类获取、储存的空间数据急剧膨胀,如何高效组织、管理及应用这些海量的数据,是现在及将来空间信息组织理论与技术重点关注的问题。作为全书内容的架构与引导性章节,本章从地球剖分的基本概念谈起,重点论述以地球剖分思想进行空间信息剖分组织的思路、优势、原理等基本问题。同时,本章也是空间信息剖分组织理论的总体性概述章节,作为理论体系的架构设计,空间信息剖分组织的基本特性、技术体系及应用方向等,在本书的相关章节都有较为详细的阐述。

当然,在空间信息剖分组织理论体系中,我们面临的不仅仅是技术发展的瓶颈问题,对于 GIS 科学中的历史性问题、未来发展的问题等,剖分理论是否能为古老而年轻的地理信息科学带来有益的探索和思考? 2.7 节从世界的粒子性表达、地球球面与平面一体化、地球空间的多尺度、矢量与栅格之争、剖分编码的空间坐标标识、空间信息标识等方面对地理信息科学中诸如此类的命题进行有意义的思考。

第 3 章　空间信息剖分组织框架设计原理与方法

空间信息剖分组织框架将地球表面空间划分为形状相近、大小规则的多层次面片集合，为全球空间信息、遥感影像数据组织中的编码、存储、索引、计算、表达及服务等提供空间划分结构依据。空间信息剖分组织框架是地球空间剖分组织理论体系的核心与基础，具备一定的地理坐标定位功能，可以直接索引多尺度空间、表达空间关系，并支持基于空间离散思想的并行计算，从而为空间数据的存储、管理、表达与分析提供一套数据组织的基础框架。

本章主要探讨空间信息剖分组织框架设计的原理与方法。3.1 节讨论剖分的相关基本概念，包括空间信息剖分组织框架、剖分面片和面片编码等的内涵与定义；3.2 节从经纬度剖分网格体系、国家标准网格体系、全球离散网格系统三个方面回顾地球空间剖分研究历史；3.3 节主要介绍空间信息剖分组织框架的测绘学基础，包括地球椭球体的几何定义、高程基准、大地地理坐标系、空间直角坐标系、球面投影与平面大地直角坐标、全球剖分面片的变形规律等方面的内容；3.4 节主要阐述空间信息剖分组织框架的空间特性，包括空间离散性、空间层次性、空间聚合性、空间关联性、空间点面二相性及球面-平面一体性等；3.5 节分析空间信息剖分组织框架空间剖分结构与几何性质，包括剖分结构与孔径、空间剖分的几何性质和空间定位特征与精度分析等内容；3.6 节以全球空间信息剖分组织框架（Global Aerospace Information Subdivision Organization Framework，GAISOF）为例，介绍空间信息剖分组织框架的设计与应用。

3.1　什么是空间信息剖分组织框架？

地球作为一个复杂的不规则几何体，本身难以用单一数学函数来精确描述和处理，因此，地球空间剖分需要建立在高精度、高动态定义的参考椭球体与空间坐标系统之上，保证地球剖分方法能够数学解析，剖分结果都能够精确表达。一方面，地球椭球面是一个光滑连续、处处可微的几何面，这是地球性质相近微分面元任意精度划分的理论依据；另一方面，当空间范围小到一定程度，可以忽略地球曲率的影响，将微分面片当做平面进行处理，这就为全球多尺度数据的球面-平面一体化组织提供了理论基础。

3.1.1　空间信息剖分组织框架

如图 3-1 所示，根据约定的几何规则，可将地球表面空间划分为形状近似、空间无缝无叠、尺度连续的离散面状单元，并按一定的顺序规则进行编码，这些离散单元组成的集合即构成空间信息剖分组织框架。

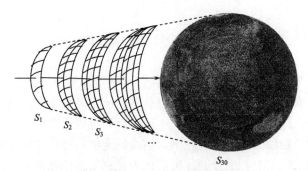

图 3-1　空间信息剖分组织框架示意图

　　根据上述原理，空间信息剖分组织框架的数学模型可定义如下：假设 E 是地球空间，S 是 E 的一个界限子集，R 是地球剖分规则，则 $\{E, S, R\}$ 可以认为是地球空间的一个剖分框架。其中，E 可以是标准椭球表面，也可以是标准椭球表面一定高程范围内的 3 维空间，以下只讨论前者，称为 2 维剖分；S 可以用解析式给出，也可以用非解析方式给出，以下只讨论解析式给出的情况；S_0，S_1，⋯ 都是 E 的界线子集，并且形成嵌套，则称 $\{E, S_0, S_1, \cdots, R\}$ 是一个以 R 作为剖分规则的剖分框架，其包含的剖分称为 0 级，1 级，⋯，n 级剖分。

　　定义 3-1　经纬网剖分框架。设 E 是标准椭球体表面，R 是经纬度自然数剖分的规则，S_0 是经纬网整数"度"线，即纬线 $\varphi \in [-90°, 90°]$，经线 $\lambda \in [-180°, 180°]$ 组成的界线，定义 S_1 是经纬网整数"分"线组成的界线，S_2 是经纬度网整数"秒"数组成的界线，S_3 是 S_2 经纬网 1/10 划分的界线，以下分解照此类推。则 $\{E, S_0, S_1, S_2, S_3, \cdots, R\}$ 称为自然经纬网剖分框架，也可以表达为 $\{E, S_度, S_分, S_秒, \cdots, R\}$。$\{E, S_0, S_1, S_2, S_3, \cdots, S_n, R\}$ 为 n 级有限精度的经纬网剖分框架。

　　定义 3-2　平面网格剖分框架。如果 E 是经地图投影后展开的地球平面空间，R 是平面坐标按 10 进位数剖分的规则，S_0 是平面坐标 100km 整数值，S_1 是 10km 整数值，S_2 是 1km 整数值，S_3 是 100m 整数值，照此类推。这样，$\{E, S_0, S_1, S_2, S_3, \cdots, R\}$ 可以称为正方形平面网格剖分框架，也可以表达为 $\{E, S_{100km}, S_{10km}, S_{1km}, S_{100m}, S_{10m}, S_{1m}, \cdots, R\}$。$\{E, S_0, S_1, S_2, S_3, \cdots, S_n, R\}$ 称为 n 级有限精度的正方形平面网格剖分框架。

　　定义 3-3　瓦片剖分框架。如果 E 是标准椭球体表面，根据 NASA World Wind 系统的瓦片（Tile）划分规则[①]，$\{E, S_{36°}, S_{18°}, S_{9°}, S_{4°30'}, S_{2°15'}, \cdots, R\}$ 是其全球空间数据管理的剖分组织框架。

　　空间信息剖分组织框架建立了稳定的球面区域划分规范与区域位置标识体系，实现了对地理空间的有效模拟，为地球空间信息组织与表达提供了定位基础及表现结构。从地球空间球面-平面一体化表达的角度出发，空间信息剖分组织框架建立起全球统一的多尺度剖分索引机制，避免了传统空间数据模型平面尺度的局限性，为全球空间信息的检索、计算与应用奠定了空间基础。总之，空间信息剖分组织框架的建立，有助于提高全球空间数据管理、表达与服务的全球性、连续性、多尺度性和动态性。

---

　　① 详见：http://www.riacs.edu/research/projects/worldwind

3.1.2 剖 分 面 片

剖分面片是剖分组织框架中的多尺度离散分割单元，可以从狭义、广义两个方面理解。狭义上，剖分面片指由空间信息剖分组织框架所定义的地理空间剖分单元，可被看做全球多尺度离散坐标网格中的一个单元。剖分面片可以用全球唯一的数字或字符编码表示，用以表达一个抽象的地理位置范围，该编码能够与各种常用坐标系，如经纬度坐标等进行相互转换。广义上，剖分面片可以认为是真实地球球面空间经过剖分化处理后的地块，表示全球多尺度空间中的一个客观存在的地理区域，这是剖分理论应用于全球空间数据索引、存储、调度和表达的基础。地球剖分面片具有离散性、嵌套性、面域性、球面-平面一体性等特性，是地球表面多尺度空间定位的基础，也是人们对全球任意位置进行多尺度直观认知、交流及描述的基础。地球剖分组织理论体系下剖分面片的主要特征如下：

（1）完整连续覆盖地球的表面空间；

（2）具有准确的地理空间位置范围；

（3）具有规则的几何形态，如矩形、正方形、三角形、六边形等；

（4）具有层级结构，层级之间面片具有嵌套关系；

（5）每个剖分面片都有唯一的编码标识；

（6）每个剖分面片都有一个内点及若干角点作为定位点。

另外，作为地球剖分组织理论的重要组成内容，剖分面片还具有边长、球面面积、方向、关联关系等属性。为了描述剖分面片的球面变形规律，还需要剖分面片的曲率、投影面积、面积比、边长比、冠高、平移变换精度、仿射变换精度、布尔纱变换精度等参数，具体含义见表 3-1 。

表 3-1 剖分面片参数表

内容	面片属性	含义	示例
基本特性	ID	面片编号	11
	剖分层次	所在剖分层次	2
	参考椭球	面片采用的参考椭球	CGCS2000
	角点坐标	浮点链表表示的面片角点坐标	116.00，40.00 116.00，41.00 117.50，40.00 117.50，41.00
	定位点坐标	浮点表示的面片定位点坐标	116.75，40.50
	面积	面片面积（km^2）	3523.25
	边长	浮点链表表示的面片边长（km）	125.8，127.7 111.1，111.1
	地理位置	内陆、海洋、海陆接边区	内陆

内容	面片属性	含义	示例
形变特性	曲率	面片的平均曲率	0.000 157
	投影面积	投影后的面片平面面积（km²）	14 263.5
	面积比	投影面积与面片面积之比	0.99
	边长比	面片最小边长与最大边长之比	0.99
	冠高	曲面中心到投影平面的距离（m）	4.2
	平移变换精度	能够采用相对量进行坐标转换的面积与总面积的比率	0.09
	仿射变换精度	能够采用仿射变换进行坐标转换的面积与总面积的比率	0.12
	布尔纱变换精度	能够采用布尔纱变换进行坐标转换的面积与总面积的比率	1.0

3.1.3 面片编码

空间信息剖分组织框架按照剖分规则，将地球表面划分为形状相似、层次嵌套的剖分面片集合，剖分面片编码就是为每一个剖分面片赋予一个全球唯一的编码。剖分面片本身具有明确的区域位置和尺度特征，将面片的空间特征信息隐含于面片编码中，可以实现剖分面片的全球唯一编码，从而每个剖分面片就可以拥有一个全球唯一的标识值。每个面片编码都表达地理空间中的一个固定空间区域。一般来说，编码越短，表达的空间区域范围越大；编码越长，表达的空间区域范围越小。原则上，地球表面区域可以无限细分，但无论如何细分，剖分编码都不是表达一个抽象质点，而是一个区域范围。

从另一个角度看，从成万上亿的海量面片中快速查找、检索某个面片，是面片编码方法需要重点考虑的问题。通常的办法是，按照一定的编码曲线对规则分布的面片进行顺序编码，并结合相应的算法建立面片的索引机制。编码曲线可以将二维或多维空间降维表达为一维的线性空间顺序，并保持高维空间的几何形态与空间邻近关系，因此非常适用于空间数据的串行化组织及空间关系管理。当然，不同编码曲线的空间聚合性质不同，其空间索引效率也不尽相同。在空间信息剖分组织框架中，作为多层次剖分面片顺序组织的方法，常见的面片编码曲线有行序、Peano、Hilbert（H 序）、Gray 和 Morton（Z-Curve、Z 序）码等（图 3-2）。

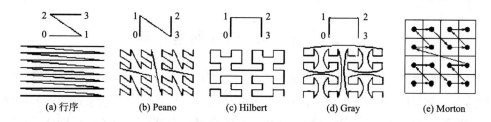

(a) 行序　　(b) Peano　　(c) Hilbert　　(d) Gray　　(e) Morton

图 3-2　空间填充曲线的类型（Jagadish，1990）

面片层次关系可以通过多尺度嵌套面片编码的继承关系来表达。单一层次内面片的编码主要顾及面片之间的邻近关系。因为不同空间区域邻近关系具有相似性与可复制性，所以可以通过编码模板实现面片的自动编码。针对 Hilbert 和 Morton 编码曲线，可以设计如图 3-3 所示的编码模板，即可实现单一层次内整个剖分区域内面片编码的快速生成。

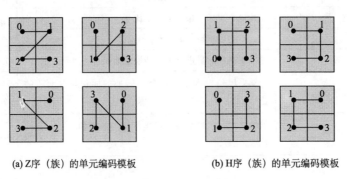

(a) Z序（族）的单元编码模板　　　　　　(b) H序（族）的单元编码模板

图 3-3　剖分面片的编码模板单元

完整性、唯一性和层次性是剖分面片编码的三项基本要求：①完整性，是指编码方案应该无一遗漏地记录剖分框架中的每个面片单元；②唯一性，是指剖分面片单元集合与编码集合之间保持一一对应的映射关系；③层次性，是要求面片编码内嵌不同层次剖分面片单元之间的关联或从属关系，能体现剖分面片的递归剖分结构、嵌套关系与继承性以及空间的多尺度特性。一个面片编码内包含了上层各级大尺度面片的编码信息，大尺度面片编码和小尺度面片编码具有被继承与继承关系，即 n 级剖分编码中继承了从第 1 级至第 $n-1$ 级的尺度信息。

3.2　地球空间剖分研究回顾

空间信息组织方式的变化反映了人类认知、理解与表达地球空间的能力与科技的进步，从"井田制"、方里网、经纬网到现代的全球离散网格，空间信息剖分组织框架的思想与原理正是基于这些人类千百年来积累的知识与技术成果。现代航空航天对地观测技术与应用正蓬勃发展，地球剖分组织理论应运而生，全球空间信息统一应用正是地球剖分组织理论产生的催化剂。本节从经纬度剖分网格体系、国家标准网格体系和全球离散网格系统等方面，简要回顾地球空间剖分组织研究的历史脉络。

3.2.1　经纬度剖分网格体系

经纬度网格系统是按固定的经线、纬线间隔递归划分的多层次网格，是一种简捷、实用的空间剖分网格。传统的经纬度剖分网格体系主要用于粗略表达地球表面的空间位置，一般精度要求不高，网格的划分层次不多。典型的全球空间位置定位网格系统有美国斯坦福研究所（Stanford Research Institute，SRI）的 GeoWeb、美国国家地理空间情报局（National Geospatial-Intelligence Agency，NGA）的世界地理参考系统（World Geographic Reference System，Georef）与全球区域参考系统（Global Area Reference System，GARS）、业余无线电采用的梅登黑德矩形网格（Maidenhead Grid Squares）以及加拿大 NAC 地理信息产品公司的自然区域编码（Natural Area Code，NAC）等。这些网格系统来源于不同的应用背景，基本上以经纬度坐标系统为划分基础，剖分层次一般为 3~4 个层级，各个层级都有较完整的编码体系，但是通常难以满足更精确的地理定位。

1. GeoWeb

1998 年美国副总统戈尔提出"数字地球"概念后，美国斯坦福研究所实施了一个为期三年的数字地球研究项目，目的是发展一个开放、分布式、多尺度并能够进行 3 维真实地球表现的基础框架，从而可以将地理位置关联的海量信息嵌入该架构中（Leclerc et al.，2001，2002）。作为该框架中最重要的模块，GeoWeb 仿照因特网的域名服务机制（Domain Name Service，DNS），将地球空间按照经纬度的位数取整方式划分为多个层级，并按照层次划分建立地球空间的位置标识层次编码体系（图 3-4）。每个域名对应一个特定地理经纬度格子，称为网格单元（cell），基本格式为 minutes. degreees. tendegrees. geo。例如，20e30n. geo 表示西南角为（20°E，30°N）、大小为 10°×10°的 cell，2e4n. 10e50n. geo 表示西南角为（12°E，54°N）、大小为 1°×1°的 Cell，而 11e21n. 3e7n. 30e10n. geo 则表示西南角为（33°11'E，17°21'N）、大小为 1'×1'的 Cell。2001 年，SRI 向国际顶级域名管理机构提出申请增加 geo 顶级域名，因为涉及隐私、安全等问题，最后没有得到批准。不过，对于数字地球应用来说，GeoWeb 提出的信息空间发布框架仍具有积极意义。

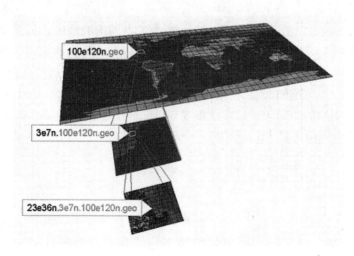

图 3-4　GeoWeb 的三层 geo 域名结构（SRI，2001）

对于地球空间信息组织来说，GeoWeb 体系主要存在以下几个方面的问题：①多分辨率表达有限，只支持三个层级的地理域名；②系统框架比较简单，没有深入探讨信息组织的模式和模型。

2. Georef

Georef 由 NGA 提出，是一个基于经纬度坐标的地球表面位置描述系统，主要用于飞行导航，特别是空军各作战单元之间的位置报告。Georef 的网格层级划分方式如下（图 3-5）：①第一级网格尺寸为 15°×15°，经度方向划分为 24 个带，纬度方向划分为 12 个带。经度方向网格从 180°E 开始向东顺序编码，从 A 到 Z（跳过 I 和 O）。纬度方向从南极开始向北依次编码，从 A 到 M（跳过 I）。②每个 15°×15° 一级网格进一步划分为 1°×1° 的第二级网格。③每个 1°×1° 的面片划分为 $1'×1'$ 的第三级网格。④每个 $1'×1'$ 的网格在经度和纬度方向上可以划分为 10 个或 100 个区域，这样就可以得到 $0.1'×0.1'$ 或 $0.01'×0.01'$ 两级网格。

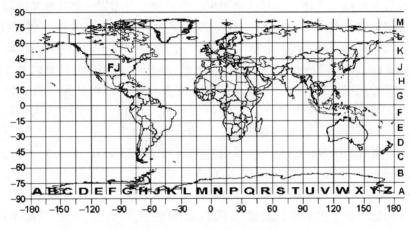

图 3-5　Georef 示意图（NGA）

通过扩展，Georef 编码可以用来指定一个参考点周围的地区，如图 3-6 所示。S 表示指定区域是一个矩形（用字母 X 隔开矩形的长和宽），R 表示指定区域是一个圆形，这两种情况下坐标单位均为海里。还可以通过字母 H 表示参考点的高程，此时 H 坐标的单位是 1000ft[①]。例如，参考坐标 GJQJ0207S6X8 表示了一个以 Deal Island（GJQJ0207）为中心的矩形区域，东西跨度 6n mile[②]，南北跨度 8n mile。GJPJ4103R5 表示 GJPJ4103 点周围半径 5n mile 的一个圆形区域。GJPJ3716H17 表示点 GJPJ3716 的高程为 17 000ft。

3. GARS

GARS 最早由 NGA 提出，目的是为美军发展一套适合于空地坐标表达的标准全球地理位置编码系统，满足美国国国防部提出作战系统与指挥机构协同运作的需要。GARS 提出的目的并不是代替已有的 Georef、MGRS 等网格系统，而是作为以上这些系统的补充，在空中、空地联合应用中，简化、统一空间位置的标识与量测体系。

---

① 1ft＝3.048×10⁻¹m

② 1n mile＝1.852km

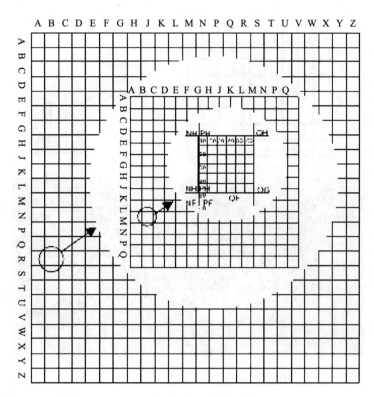

图 3-6　Georef 地理位置表达示意图

如图 3-7 所示，GARS 将地球表面划分为 $30'\times30'$ 的格子，一个格子为一个 Cell，每个 Cell 的位置由一串长度为 5 的字符串定义，如"006AG"。前三个字符定义经度跨度为 $30'$ 的纵向条带，从 180°E 开始向东全球被划分为 720 个条带，分别赋予编号 001～720，即 180°E～179°30′E 为 001 条带，179°30′E～179°E 为 002 条带，照此类推。第四、五字符制定了纬度间隔为 $30'$ 的横向条带，从南极点开始向北，条带代码从 AA 到 QZ（忽略 I 和 O），因此，90°S～89°30′S 为 AA 条带，89°30′S～89°S 为 AB 条带，照此类推。每个 $30'\times30'$ 的 Cell 被划分为 4 个 $15'\times15'$ 的 Cell，每个 $15'\times15'$ 的 Cell 又被划分为 9 个 $5'\times5'$ 的区域。

4. Maidenhead Grid Squares

Maidenhead Grid Squares 是业余无线电领域使用的一个地理网格坐标系统，最初由 John Morris 博士设计。在无线电通信中，为了限制通过声音、莫尔斯电码或者其他方式传输信息的数据量，位置信息的精度会受到限制。Maidenhead Grid Squares 将经度和纬度压缩编码为短字符串，如"BL11bh16"。其中，第一位为经度编码，第二位为纬度编码。为了避免输入负数，坐标系统规定纬度的测量从南极点开始到北极点，经度的测量从本初子午线向东。定义本初子午线为 180°，赤道为 90°。为了简化手工编码，第一组的编码基数被规定为 18，即将纬度方向划分为 18 个条带，每个条带跨度为 10°，经度方向同样划分为 18 个条带，每个条带跨度为 20°，这些条带的编码均为 A～R。

为了提高编码精度，Grid Square 还可以被进一步划分为 Subsquare，Subsquare 的

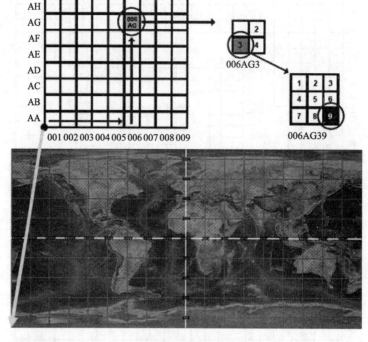

图 3-7 GARS 网格划分示意图（NGA）

坐标由第二组字母确定，每一个 Subsquare 的纬度跨度为 2.5′，经度跨度为 5′，编码所用字母为 A～X。这样，处于同一个 Subsquare 中的两个点的距离一般不大于 12km。这表明 Maidenhead Grid Squares 中的 Subsquare 理论定位精度能够达到 6km。

5. Natural Area Code

Natural Area Code 是由加拿大 NAC 地理信息产品公司设计的一套全球空间位置标识编码系统，可以用于手持终端设备、邮政区位等的位置编码显示、表达与交流，Natural Area Coding System™ 是该产品的商标。考虑到通过数字经纬度认知、理解和传播地球空间位置的困难，NAC 编码采用通用字符统一表达地球上的点、线、面及三维区域。NAC 编码系统基于 WGS84 空间基准，将全球划分为 30 行 30 列，行列使用 0～9 的数字与 20 个英文字母编码，顺序为经度方向自西向东，纬度方向由南向北，如图 3-8 所示。

每个 NAC 代表地球上的一个区域，编码越长表示区域的范围越小，理论上一个长度为 8 或者 10 位的 NAC 可以唯一地确定一座建筑、房屋或者地球上固定的物体。一个 8 位 NAC 可以表示一个不大于 25m×50m 的区域；对于 10 位 NAC 来说，这一范围可以缩小到 0.8m×1.6m。根据计算，如果用该编码表达地球上的点，编码长度上可以节省大约 50% 的存储空间；当表达线状目标时，可以节省大约 75% 的空间；当表达面域目标时，可以节省大约 87% 的空间。

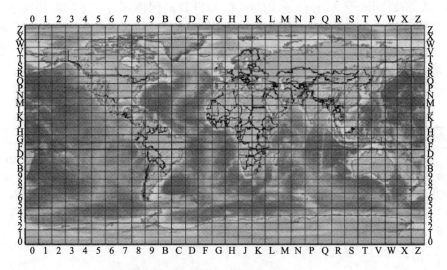

图 3-8　NAC 地球位置编码网格划分示意图（NAC Geographic Products Inc.）

6. DEM 经纬度网格

全球 DEM 数据产品组织是经纬度网格应用的一个方面，因为 DEM 数据模型本身的栅格化特性，针对 DEM 的网格系统都具有一定的球面等面积特征。常见的 DEM 产品网格有，美国国家图像与制图局（National Imagery and Mapping Agency，NIMA，NGA 前身）提供的数字地形高程数据（Digital Terrain Elevation Data，DTED）产品网络（图 3-9）、美国地质调查局（United States Geological Survey，USGS）提供的全球DEM 模型 GTOPO30 数据产品网络、美国国家海洋和大气治理署（National Oceanic and Atmospheric Administration，NOAA）2008 年推出的弧度分级全球地形数据模型（Global Relief Model，GRM）ETOPO1 数据产品网络等，为了达到近似的球面等面积特性，这些网格通常会针对高纬、低纬采用不同的经度划分方式。

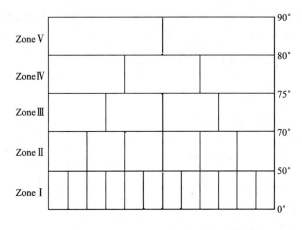

图 3-9　DTED 网格的划分方式示意图

挪威专家 Bjørke 等（2003）采用与类似 DTED 的网格划分方法，但其划分方法更细，全球分为 18 个区域，进一步保证了网格单元面积的相等，每个区域的划分规则如表 3-2 所示。这种经过改进的变经纬度网格，保持了网格单元面积的大致相等，在一定程度上减少了数据冗余，但其网格划分仍然不均匀。

表 3-2 Bjørke 的网格划分规则

边界编码	相对大小	分解因子	网格数/扇数	条带高度	纬度
0		$2^3 3^2 5^2$	1800（225）	2216（277）	0°00′
1	4/5	$2^5 3^2 5^1$	1440（180）	680（85）	36°56′
2	5/6	$2^4 3^1 5^2$	1200（150）	576（72）	48°16′
3	4/5	$2^6 3^1 5^1$	960（120）	352（44）	57°52′
4	5/6	$2^5 5^2$	800（100）	328（41）	63°44′
5	4/5	$2^7 5^1$	640（80）	256（32）	69°12′
6	4/5	2^9	512（64）	256（32）	73°28′
7	3/4	$2^7 3^1$	384（48）	248（31）	77°44′
8	2/3	2^8	256（32）	120（15）	81°52′
9	3/4	$2^6 3^1$	192（24）	128（16）	83°52′
10	2/3	2^7	128（16）	120（15）	86°00′
11	1/2	2^6	64（8）	56（7）	88°00′
12	1/2	2^5	32（4）	32（4）	88°56′
13	1/2	2^4	16（2）	16（2）	89°28′
14	1/2	2^3	8（1）	8（1）	89°44′
15	1/2	2^2	4	4	89°52′
16	1/2	2^1	2	2	89°56′
17	1/2		1	1	89°58′
18	1/3		1/3	1	89°59′

资料来源：Bjørke et al.，2003

为了保持经纬网格划分的等面积性，Ottoson 和 Hauska（2002）提出椭球体四叉树（Ellipsoidal Quadtrees，EQT）方法，并以此为基础实现了全球空间数据的索引机制。为了实现经纬网格面积的近似相等，Ottoson 讨论了两种椭球体四叉树的建立方法（图 3-10）：①Δλ 变化，Δφ 为常数；②Δφ 变化，Δλ 为常数。在第一种方法中，由于上

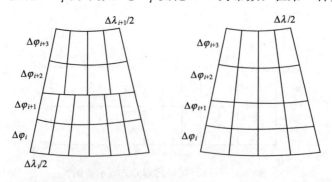

图 3-10 EQT 两种等积剖分方法（Ottoson，Hauska，2002）

下相邻四边形的角点不重合，所以建立四叉树的过程复杂，不方便。第二种方法能产生规则的网格，支持空间数据的细节层次结构。

经纬度球面网格具有定义清晰、计算简单的特点，为了进行空间信息的表达与空间数据的有效组织与管理，球面经纬网格单元的等面积性特征是该类网格系统关注的主要内容，因此，中高纬地区网格面积、形状变形巨大正是影响该类网格实用化的桎梏。

7. GeoSOT 网格

从遥感数据获取、生产到服务的整个组织流程出发，本书作者带领的北京大学研究团队提出了 2^n 一维整型数组全球经纬剖分网格 GeoSOT（Geographic coordinate Subdividing grid with One dimension integral coding on 2^n-Tree），该网格与现有主要的空间信息网格都有较好的聚合与关联关系，遥感数据按 GeoSOT 进行逻辑或物理剖分，可以方便地生成各种遥感数据应用产品，并与其他空间信息产品形成较好的区位关联关系。GeoSOT 网格按照空间剖分区位对遥感数据进行逻辑剖分索引或物理切分管理，在对已有数据组织网格保持继承性的前提下，为空间信息用户提供全球一致的区位剖分面片集合框架，实现全球统一的空间信息区位索引机制与区位编码体系。

GeoSOT 剖分网格系统支持 4 项基本操作：① 利用 GeoSOT 基础剖分面片生成各种应用剖分网格的"聚合操作"；② 由剖分面片编码查找含有 GeoSOT 面片集合的"检索操作"；③ 不同剖分体系之间通过 GeoSOT 基础面片实现的"空间索引操作"；④ 不同剖分体系之间通过 GeoSOT 基础面片实现的"面片映射操作"。

GeoSOT 网格属于等经纬度的四叉树剖分网格体系，GeoSOT 剖分 0 级网格定义为以赤道与本初子午线交点为中心点的 512°×512°方格，0 级网格编码为 G，含义为全球（Globe）。GeoSOT 剖分 1 级网格在 0 级网格基础上平均分为四份，每个 1 级网格大小为 256°×256°，网格编码为 Gd。其中，d 为 0、1、2 或 3，见图 3-11（a）。

GeoSOT 剖分 2 级网格在 1 级网格基础上平均分为四份，每个 2 级网格大小 128°×128°，网格编码为 Gdd。其中，d 为 0、1、2 或 3。部分 2 级网格没有实际地理意义，不再向下划分，如 G02、G03，如图 3-11（b）所示。其他 2 级网格虽然有部分区域落在实际地理区域范围之外，仍然可以作为一个整体进行下一级网格划分，这种原则同样

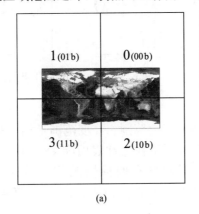
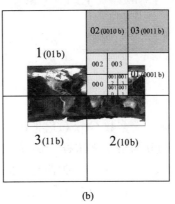

图 3-11　GeoSOT 剖分网格示意图

适用于以下其他层级网格的划分。GeoSOT 剖分 3 级网格在 2 级网格基础上平均分为 4 份，每个 3 级网格大小为 64°×64°，网格编码为 Gddd，其中 d 为 0、1、2 或 3，以下剖分层次按照四叉树剖分原则以此类推。

GeoSOT 剖分 9 级网格大小为 1°×1°，9 级以上网格为 GeoSOT "度"级网格，第 10～15 级网格为"分"级网格、第 16～21 级为"秒"级网格。"分"级面片起始点为 9 级网格的 1′面片（或 60′面片），编号连续，网格的起始数值空间大小由 60′外延到 64′，GeoSOT 10 级剖分网格以 64′×64′大小平均分为四份，每个 10 级网格大小为 32′×32′，网格编码为 Gdddddddddd-m，其中 d，m 为取值 0、1、2 或 3 的四进制数。10～15 级网格为"分"级网格，剖分大小和编码形式按照上述规则递归，如图 3-12 所示。

16～21 级为"秒"级网格，"秒"级网格剖分方式参照分级网格，即 15 级 1′×1′面片的值域范围外延为 64″×64″，上述各级面片均按照四分法进行剖分。秒以下 22～32 级网格严格按照四分方法进行剖分和编码。32 级网格大小为 1/2048″×1/2048″，网格编码为 Gdddddddddd-mmmmmm-ssssss. uuuuuuuuuuu。其中，d，m、s、u 分别为取值 0、1、2、3 的四进制数。

示例 3-1 如图 3-13 所示，黑色方块是 GeoSOT 21 级网格（1″网格），为北京世纪坛所在大致 16m 见方区域，经纬度位置：（39°54′37″N，116°18′54″E）。该网格编码为 G001310322-230230-310312；网格大小：1″。

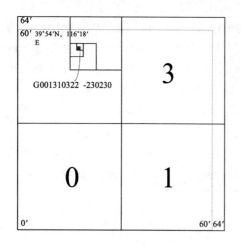

图 3-12 GeoSOT 剖分 10、11、
12、13、14、15 级网格

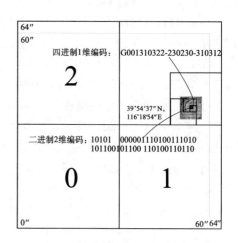

图 3-13 北京世纪坛 21 级剖分网格编码

在地球表面，大多数 GeoSOT 剖分网格的纬度范围、经度范围是相等的，但有一部分 GeoSOT 剖分网格不是这样。例如，0 级网格在地球表面为 180°×360°，2 级网格有 90°×128°、90°×52°两种情况，而 32′网格有四种情况等。不过，7～9 级、13～15 级、19 级以下的网格在地球表面的形状只存在一种情况。GeoSOT 可能的网格形状如表 3-3 所示。

表 3-3 GeoSOT 剖分网格形状一览表

层级	网格大小	GeoSOT 剖分网格在球面上可能的网格形状
G	512°网格	180°×360°
1	256°网格	90°×180°
2	128°网格	90°×128°、90°×52°
3	64°网格	64°×64°、26°×64°、64°×52°、26°×52°
4	32°网格	32°×32°、26°×32°、32°×20°、26°×20°
5	16°网格	16°×16°、10°×16°、16°×4°、10°×4°
6	8°网格	8°×8°、8°×4° *
7	4°网格	4°×4°
8	2°网格	2°×2°
9	1°网格	1°×1°
10	32′网格	32′×32′、28′×32′、32′×28′、28′×28′
11	16′网格	16′×16′、12′×16′、16′×12′、12′×12′
12	8′网格	8′×8′、4′×8′、8′×4′、4′×4′
13	4′网格	4′×4′
14	2′网格	2′×2′
15	1′网格	1′×1′
16	32″网格	32″×32″、28″×32″、32″×28″、28″×28″
17	16″网格	16″×16″、12″×16″、16″×12″、12″×12″
18	8″网格	8″×8″、4″×8″、8″×4″、4″×4″
19	4″网格	4″×4″
20	2″网格	2″×2″
21	1″网格	1″×1″
22	1/2″网格	1/2″×1/2″
23	1/4″网格	1/4″×1/4″
24	1/8″网格	1/8″×1/8″
25	1/16″网格	1/16″×1/16″
26	1/32″网格	1/32″×1/32″
27	1/64″网格	1/64″×1/64″
28	1/128″网格	1/128″×1/128″
29	1/256″网格	1/256″×1/256″
30	1/512″网格	1/512″×1/512″
31	1/1024″网格	1/1024″×1/1024″
32	1/2048″网格	1/2048″×1/2048″

* 从 8°网格开始为南纬 88°～北纬 88°之间可能的网格形状

```
(层级编码)
┌──┬──┬──┬──┬──┐
│ L │ L │ L │ L │ L │
└──┴──┴──┴──┴──┘
```

```
           (整数度)                                    (整数分)
┌──┬──┬──┬──┬──┬──┬──┬──┬──┬──┬──┬──┬──┬──┬──┬──┐
│dd│dd│dd│dd│dd│dd│dd│dd│dd│mm│mm│mm│mm│mm│mm│ss│
└──┴──┴──┴──┴──┴──┴──┴──┴──┴──┴──┴──┴──┴──┴──┴──┘
```

```
        (整数秒)                        (秒小数，精确到1/2048秒)
┌──┬──┬──┬──┬──┬──┬──┬──┬──┬──┬──┬──┬──┬──┬──┬──┐
│ss│ss│ss│ss│ss│uu│uu│uu│uu│uu│uu│uu│uu│uu│uu│uu│
└──┴──┴──┴──┴──┴──┴──┴──┴──┴──┴──┴──┴──┴──┴──┴──┘
```

图 3-14　GeoSOT 的二进制一维编码

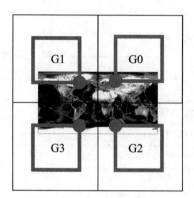

图 3-15　GeoSOT 网格定位
角点与所在区域的关系

实际上，GeoSOT 网格的二进制一维编码可以转换为剖分面片的定位角点的经纬度，定位角点的定义与网格所在区域有关。当面片位于东北半球时，定位角点是面片的西南角点；当面片位于东南半球时，定位角点是面片的西北角点；当面片位于西北半球时，定位角点是面片的东南角点；当面片位于西南半球时，定位角点是面片的东北角点（图 3-15）。

示例 3-2　在 GeoSOT 21 级网格中，如图 3-13 所示，北京世纪坛中心（39°54′37″N，116°18′54″E）的 21 级二进制一维编码是：10101000001110100111010101100101100110100110110。

3.2.2　国家标准网格体系

为了便于位置标识和信息管理，除上述经纬度网格体系外，很多国家都制定了自己的国家标准网格体系，如美国国家网格（United States National Grid，USNG，在美国范围 USNG 与 MGRS 完全一致）、英国国家网格（British National Grid Reference，BNGR）和中国国家地理网格等。这些国家标准网格体系都是以经纬度坐标为基准，可以看作是经纬度剖分网格体系的特例。

1. USNG

USNG 是由美国联邦地理数据委员会（Federal Geographic Data Committee，FGDC）提出的一个平面位置参考网格系统，主要是设计了一套美国国家的空间位置描述编码。FGDC 认为需要有一个全国性的格网系统来打破行政界线和区域操作权限的约束，让所有人都用同一个格网参考系统，避免不同坐标系统之间转换的困难和地图制图的混乱。因此，FGDC 提出 USNG 的目的主要是为基于位置的服务（Location-Based Service，LBS）创造一套能够协作使用、交互操作的空间位置描述基础国家空间信息网格，进而为国家空间数据基础设施（National Spatial Data Infrastructure，NSDI）提供应用支撑。

如果采用 WGS84 和 NAD83 作为空间基准，USNG 在美国范围内与军事网格参考系统（Military Grid Reference System，MGRS）基本保持一致。在 80°S～84°N 之间，

MGRS 基于通用横轴墨卡托（Universal Transverse Mercator，UTM）投影平面基准，80°S 以南和 84°N 以北的两极地区基于通用极球面投影（Universal Polar Stereographic Projection，UPS）平面基准。在 80°S~84°N 之间，将地球表面分为纬差 8°、经差 6°的若干"带区"。从 180°W 开始，向东以每隔经差为 6°的带形区域作为基础，用 1~60 编号，则 180°W~174°W 为第 1 带，174°W~168°W 为第 2 带，照此类推。从 80°S 开始，向北以每隔 8°纬差用字母顺序 C~X 标识（去掉 I 和 O）。因此，在 80°S~84°N 之间的任何一个区域都可用带号 1~60 和区号 C~X（去掉 I 和 O）组成唯一的网格区域标识（Grid Zone Designator，GZD）来表示，如图 3-16 所示。对于两极，北极地区分别用字母 Y、Z 表示本初子午线以西、以东区域的网格分区名称，南极地区分别用字母 A、B 表示本初子午线以西、以东区域的网格分区名称。

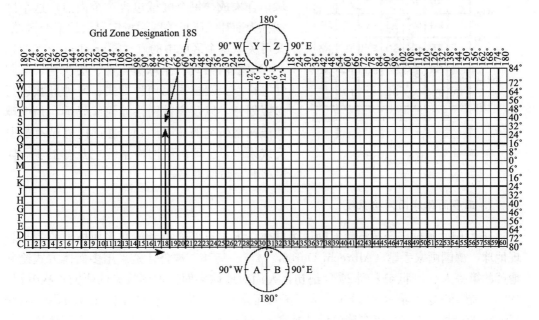

图 3-16　USNG 带区划分与网格区域标识

2. BNGR

BNGR 最早主要用于国土测量与地图生产，由英国陆军测量局（Ordnance Survey）设计，有时称作陆军测量局国家网格（Ordnance Survey National Grid，OSNG）。BNGR 基于英国地形测量（Ordnance Survey Great Britain 1936，OSGB 36）空间基准，采用 Airy 1830 椭球，以横轴墨卡托（Transverse Mercator，TM）投影为平面基准，原点位于（2°W，49°N）。经投影后建立 100km×100km 网格，并以大写字母表示（图 3-17），往下再划分为 10km×10km 网格等。

3. 中国国家地理网格

中国国家地理网格采用经纬度与高斯-克吕格投影平面直角坐标两种方式定义，两类网格间具有较严密的数学关系，可相互转换。网格层级由不同间隔的网格构成，层级

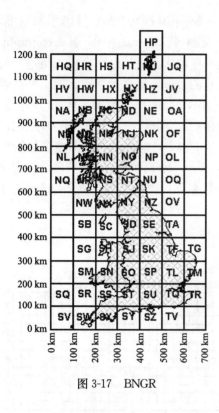

图 3-17　BNGR

间可实现信息的合并或细分。经纬坐标网格面向大范围的全球或全国定义，适于较概略表示信息的颁布及粗略定位等应用，直角坐标网格面向较小范围省区或城乡定义，适于较详尽信息的发布及相对定位等应用，具体定义见《地理格网》（GB 12409—90）。

3.2.3　全球离散网格系统

全球离散网格是由一组覆盖全球的剖分区域集合构成，每个区域包含一个内点，这个区域称为面片，既可关联到特定层次的某个区域，又可关联这个区域中的点（Sahr et al.，2003）。全球离散网格具有全球覆盖性、层次性、递归性等特点。网格采用何种方式、何种形状进行多级划分，以及离散网格如何编码等，是全球离散网格研究的核心问题。在国内外已有的研究成果中，全球离散网格系统主要有正多面体网格和自适应网格等。

1. 正多面体球面网格系统

16 世纪，地球已经被清楚地确认为球体，人类已经开始考虑在多面体上绘制与表现地球，德国画家丢勒（Albrecht Dürer，1471～1528）被公认是采用多面体方式绘制地球的第一人。19 世纪末到 20 世纪初，人们对地球多面体地图投影的研究再次升温，1909 年制图学家卡希尔（Cahill）基于正八面体设计了蝴蝶世界地图（Butterfly World Map）；20 世纪 40 年代著名建筑设计师富勒（Fuller）深入研究了利用正多面体进行全球地图投影的理论和方法，提出了著名的 Dymaxion 投影方法（图 3-18）。

对于基于正多面体的地球网格划分方式，很多研究人员已经进行广泛、深入的研究，证明主要有正四面体、正六面体、正八面体、正十二面体和正二十面体等五种柏拉图立体（Plato Polyhedron）（图 3-19），可以应用于建立全球离散网格模型（Fisher，1944）。正多面体全球离散网格建立的基本原理是，将正多面体嵌入地球内作为球面划分的基础，正多面体的顶点投影到球面形成球面多边形（三角形、五边形、正六边形等），从而构成覆盖整个球面的网格。每个多边形可以按一定规则继续细分到一定的空间尺度，最终形成具有层次性、多分辨率、动态剖分、全球可寻址等特征的空间几何结构（Goodchild，Yang，1992；Dutton，1996a，b；Kimerling et al.，1999）。

总结起来，全球离散网格构建主要有三种方式（White et al.，1998；Sahr et al.，2003）：①基于柏拉图立体的球面直接剖分，如球面四叉树（Sphere Quadtrees，SQT）模型（Fekete，1990）、小圆弧剖分模型（Song，1997）等，这类方法的主要缺点是算

(a) Cahill蝴蝶世界地图　　　　　　　　(b) Fuller Dymaxion投影

图 3-18　多面体世界地图投影

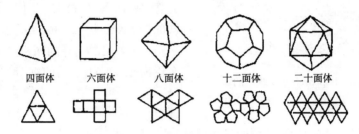

图 3-19　五类柏拉图立体

法较为复杂。②循环剖分柏拉图立体顶点映射到球面后形成的弦，最后连接顶点构成剖分网格，如 Dutton（1996a，1999）的四元三角网（Quaternary Triangular Mesh，QTM）剖分网格。QTM 网格划分的基本思想是，从正八面体的 6 个顶点开始，通过"平分经纬度"的方法确定下一层网格顶点的位置，QTM 网格存在的问题是单元顶点的定义明确，但顶点之间连线（即网格的边）的定义较模糊。③在柏拉图多面体每个表面进行格网剖分，再将剖分格网投影到球面上，通常采用的地图投影有：Cahill 提出的蝴蝶投影（Butterfly Projection），见图 3-18（a）；Snyder（1992）提出的等面积多面体投影（Snyder Equal－Area polyhedral projection，SEA）；Fuller 提出并由 Gray（1995）改进的正二十面体全球剖分数学投影模型等，见图 3-18（b）。

　　以上三种方法各有优缺点。第一种方式中，SQT 模型球面三角网格的边界采用球面大圆弧，几何意义明确，虽然不能保证完全的等角或等面积特性，但是网格的投影性质较均衡，存在的主要问题是坐标转换比较困难。第二种方式中，QTM 模型的网格边界为球面曲线，定义较模糊，几何特性不算最好，但坐标转换相对容易（Goodchild et al.，1992）。第三种直接剖分投影三角面，由于涉及到复杂的投影运算，导致运算效率较低，难以保证数据高效转换。

　　2. Voronoi 球面网格

基于球面 Voronoi 图的全球离散网格以数据的空间分布特征为导向，采用与平面

Voronoi 图相似的划分方法，是一种自适应的全球网格系统，因此，有时候又被称为自适应网格模型。Voronoi 图具有动态稳定性特征，网格区域内所有点到网格中心点的距离最短，在处理局部数据动态更新等方面，Voronoi 图具有独特的价值。

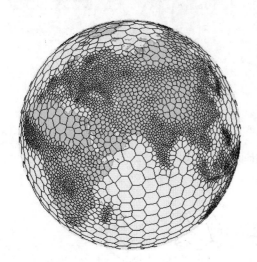

图 3-20　Hipparchus 系统中的
Voronoi 球面网格（Lukatela，2000）

Voronoi 球面网格以球面上实体要素为基础，并按实体的空间分布特征划分球面 Voronoi 网格单元。Lukatela 开发的 Hipparchus 系统（图 3-20），利用球面 Voronoi 多边形网格建立了全球地形 TIN 模型，完成了整个地球的可视化建模。Hipparchus 以 Voronoi 单元来构建网格的高效索引机制，而球面 Voronoi 生长点的分布是根据数据密度分布、系统操作类型和最大最小单元限制等条件自适应控制（Lukatela，2000）。Kolar（2004）提出一个基于 Voronoi 多层次剖分的网格系统，用于建立全球海量 DEM 数据的细节层次（Level of Detail，LOD）模型，网格索引由分布在球面单元中的一系列质心点确定。

当然，基于全球 Voronoi 图的自适应剖分网格，其划分规则并不是递归的，空间实体对象、实体关系使用显式定义的层次网格，而不是空间网格的嵌套关系来表达，因此，空间实体在特定层次上的变换操作就无法传递到邻近层次，也就很难进行多尺度海量数据的关联和操作。

3.3　空间信息剖分组织框架的测绘学基础

地球是人类赖以生存的行星，从远古到现代，人们一直都在孜孜探求它的形状和大小。从"天圆地方"到圆球，到两极略扁的椭球体，再到近似大地水准面包含的大地体，测绘学正是随着人类认识地球的不断深化而逐渐发展起来的。测绘学主要研究地球及其表面的各种形态，包括对地球及其表面各种空间实体的形状、大小、位置、方向等的测量与表达。地球剖分框架是对地球表面规划出的一组规则网格，构建对地球进行量测与表达的坐标空间，剖分框架在地球上的定位、定向等由测绘学的基础理论与成果支撑。因此，地球剖分框架的测绘学基础既包含测绘学上百年来的成果积累，也包含地球空间剖分研究的技术成果，主要内容有：①与地球球面剖分相关的地球形状、大小的量度模型，以及空间定位、定向的定义等，主要涉及地球椭球体、大地地理坐标系、空间直角坐标系、高程基准等；②空间直角坐标系、平面大地直角坐标系等，用于支持空间信息、数据、对象等的剖分化处理与表达；③地球剖分面片的变形规律，全球剖分面片的空间特征描述，用于支撑全球空间信息的球面与平面差异化表达。

3.3.1　地球椭球体的几何定义

地球是中间突出两极略扁的球体，为了从数学上定义地球，必须建立一个由地球形状决定的几何模型。大地测量中，通常取大小和形状与大地体最为接近的旋转椭球体代替大地体，经过定位、定向后的旋转椭球体，即参考椭球体。每个国家一般都采用最贴合本国大地水准面的椭球体作为处理测量成果的标准参考椭球体。例如，我国北京1954 坐标系采用的是 1940 年克拉索夫斯基（Krasovsky）椭球，西安 1980 坐标系采用国际大地测量协会推荐的 IAG-1975 椭球，等等。随着全球卫星空间定位技术的发展，参考椭球的测量精度越来越高，一些动态高精度的地心大地坐标系统被建立起来，如美国的 WGS-84 坐标系、中国的 CGCS-2000 坐标系等，这些坐标系为社会经济建设、航空、航天、航海及科学研究提供了重要的基础支撑。

地球椭球体由椭球中心 O、旋转轴 N、长半轴 a、短半轴 b、扁率 f 及偏心率 e 等几何参数定义，常见地球椭球体参数见表 3-4。

表 3-4　常见地球椭球体参数

椭球体名称	年份	长半轴/m	短半轴/m	扁率
贝塞尔（Bessel）	1841	6 377 397	6 356 079	1∶299.15
克拉克（Clarke）	1880	6 378 249	6 356 515	1∶293.5
克拉克（Clarke）	1866	6 378 206	6 356 584	1∶295.0
海福特（Hayford）	1910	6 378 388	6 356 912	1∶297
克拉索夫斯基	1940	6 378 245	6 356 863.018	1∶298.3
IUGG	1967	6 378 160	6 356 775	1∶298.25
埃维尔斯特（Everest）	1830	6 377 276	6 356 075	1∶300.8
IAG-1975	1975	6 378 140	6 356 755.288	1∶298.257
WGS-84	1984	6 378 137	6 356 752.314	1∶298.257
CGCS-2000	2000	6 378 137	6 356 752.314	1∶298.257

自 2008 年 7 月 1 日起启用的中国国家大地坐标系 CGCS2000 是地球地心坐标系统，原点在包括海洋和大气的整个地球的质量中心，Z 轴（旋转轴 N）指向国际地球自转服务（International Earth Rotation Service，IERS）参考极的方向，X 轴为 IERS 参考子午面与通过原点且同 Z 轴正交的赤道面的交线，Y 轴与 X 轴、Z 轴构成右手地心地固直角坐标系（魏子卿，2008）。CGCS2000 的参考椭球既是几何应用的参考面，又是地球表面上及空间正常重力场的参考面。CGCS2000 参考椭球由 4 个独立常数定义：长半轴 a=6 378 137.0 m、扁率 f=1/298.257 222 101、地球的地心引力常数（包含大气层）GM = 3 986 004.418×10^8 m³ · s⁻²、地球角速度 ω=7 292 115.0×10^{-11} rad · s⁻¹。CGCS2000 在厘米级水平上可以认为与国际地球参考框架（International Terrestrial Reference Frame，ITRF）、WGS84 框架是一致的。

3.3.2 高程基准

地球剖分框架中，高程基准是空间数据能够落到并表达真实地球起伏表面的基础，也是整合、组织地球表面三维空间数据的换算依据。高程是表示地球上一点空间位置的度量值之一，就地球上某点的位置来说，它与经纬度一起，组成地球真实起伏表面上点的三维空间位置描述。在测绘学中，高程值基于一定的参考面定义，参考面不同，高程的数值和意义都不同。高程参考面主要有大地水准面、似大地水准面和地球椭球面。人们通常说的高程以平均海平面为起算基准面，高程起算基准面与相对这个基准面的水准原点高程，就构成了高程基准。

地球自然表面是一个起伏不平、十分不规则的表面，这个高低不平的表面无法用数学公式表达，也无法进行运算，地球量测与制图时，需要找一个规则的曲面来替代。海洋静止时的水平面与该面上各点的重力方向（铅垂线方向）成正交，这就叫做水准面。假定存在一个静止的平均海水面，穿过大陆和岛屿形成一个闭合的曲面，这就是大地水准面（图 3-21）。大地水准面实际上是一个起伏不平的重力等位面。

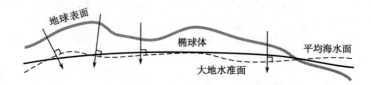

图 3-21 大地水准面示意图

高程原点就是高程的起算点。我国高程的起算面是黄海平均海水面，1956 年在青岛设立了水准原点，其他各控制点的绝对高程都是根据青岛水准原点推算的，称此为黄海高程系。黄海高程系有"1956 年黄海高程系统"、"1985 年国家高程基准"。

从地面点沿椭球法线到椭球面的距离叫大地高。大地地理坐标系中，地面点的位置用 L，B 表示。如果点不在椭球面上，表示点的位置除 L，B 外，还要附加另一参数——大地高 H，它同正常高 $H_{正常}$ 及正高 $H_{正}$ 有如下关系：

$$\begin{cases} H = H_{正常} + \zeta \text{（高程异常）} \\ H = H_{正} + N \text{（大地水准面差距）} \end{cases}$$

3.3.3 大地地理坐标系

地球表面上任一点的坐标，实质上就是对原点而言的空间方向，因此，通常用经度和纬度两个角度来确定。在地理学和测量学中，对于经纬度有三种提法，即天文经纬度、地心经纬度和大地经纬度。如图 3-22 所示，天文经纬度中，经度为本初子午面与观测点之间的面夹角，纬度为铅垂线与赤道平面间的夹角；地心经纬度中，经度为过观测点位置的子午面与本初子午面之间的夹角，纬度为观测点和椭球中心的连线与赤道平面的夹角；大地经纬度中，经度与地心经纬度的定义一致，纬度为过观测点的椭球面法线与赤道面的夹角。

地理坐标就是用经纬度来表示地面点位置的球面坐标体系，大地测量学采用大地经纬度坐标系统，因此也称大地地理坐标系统。大地地理坐标系统以大地经度 L、大地纬度 B 和大地高 H 来表达。如图 3-23 所示，P 点的子午面 NPS 与起始子午面 NGS 所构成的二面角，叫做点的大地经度。由起始子午面起算，向东为正，称为东经（0°～180°）；向西为负，称为西经（0°～180°）。点的法线与赤道面的夹角，叫做点的大地纬度。由赤道面起算，向北为正，称为北纬（0°～90°）；向南为负，称为南纬（0°～90°）。

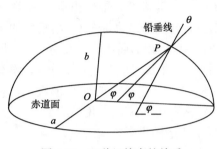

图 3-22　三种经纬度的关系

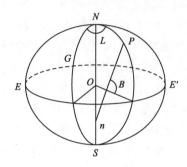

图 3-23　大地坐标系

3.3.4　空间直角坐标系

空间直角坐标系的坐标原点 O 位于参考椭球的中心，Z 轴指向参考椭球的北极，X 轴指向起始子午面与赤道的交点，Y 轴位于赤道面上且按右手系与 X 轴呈 90°夹角。某点 A 的坐标可用该点在此坐标系各坐标轴上的投影表示，即 $A(x, y, z)$，如图 3-24 所示。在地球剖分框架中，某些基于空间直角坐标系表达的地表或地下空间信息，如地质、矿藏及地下设施等，可以通过转换算法，集成到空间信息剖分组织框架中。

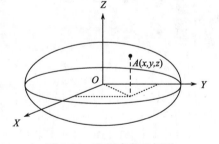

图 3-24　空间直角坐标系

3.3.5　球面投影与平面大地直角坐标系

地球椭球体表面是不规则的曲面，而地图、影像等空间信息表现的载体通常是二维平面，因此，人们根据不同的应用目的设计了各式各样的地图投影方法，据不完全统计目前已有 600 种之多。然而，从几何意义上来说，球面是不可直接展平的曲面，只能通过一定的数学方法映射到可展开为平面的规则曲面（如圆锥面、圆柱面等），或者直接映射到平面上，从而建立起球面上点位置（L, B）与平面坐标点位置（x, y）的映射关系。地图投影就是采用特定的数学模型与方法建立的大地坐标与直角坐标之间的双向映射关系，从而实现了球面各向异性的非欧空间位置与平面各向同性的欧氏空间位置的方便换算。

　　一般来说，空间数据的坐标类型包括经纬度球面坐标及平面直角坐标两种。经纬度坐标系统可以存储、管理、分析球面数据，但在局部平面表达时，无法清楚、直接地表达空间距离、形状及面积大小等特征。平面直角坐标系统一般基于某种地图投影（如高斯投影、UTM 投影等）的二维笛卡儿直角坐标系建立，适合于中小尺度空间信息的组织与管理，但是随着尺度变大，面积、长度及方向等的变形越来越大，空间量算、分析的误差越来越大。对于球面-平面一体化表现来说，随着视点高度的降低，视野范围的缩小，地球球面就会逐渐趋近于平面。理论上，地球表面半径为 27km 的局部范围内，人们基本察觉不到地球曲率的影响（陈述彭等，2004）。

　　高斯-克吕格投影是一种等角横切椭圆柱投影，19 世纪 20 年代由数学家高斯（Gauss）设计，后经德国大地测量学家克吕格（Krüger）完善。高斯-克吕格投影的中央经线和赤道为垂直相交的直线，经线为凹向对称于中央经线的曲线，纬线为凸向对称于赤道的曲线，经纬线成直角相交。该投影无角度变形，中央经线长度比等于 1，没有长度变形，最大长度、面积变形分别仅为 ＋0.14％ 和 ＋0.27％（6°带），变形极小，较好地实现了局部大地测量平面坐标系统与全球球面坐标系统的统一。我国从 1952 开始开始采用高斯-克吕格投影作为基本比例尺地形图的主要地图投影方式之一。

　　为控制面积与长度变形，高斯-克吕格投影按照经度 6°、3°将地球分成多个投影带，每个投影带单独进行投影变换，从而保证变形不超过一定的限度。我国 1：2.5 万～1：50 万地形图采用 6°带投影，1：1 万及更大比例尺地形图采用 3°带投影。6°分带法规定：从格林尼治零度经线开始，由西向东每隔 6°为一个投影带，全球共分 60 个投影带，分别用阿拉伯数字 1～60 标记。我国位于 72°E～136°E 之间，共包括 11 个投影带（13～23 带）。3°分带法规定：从 $1°30'E$ 起算，每 3°为一带，全球共分 120 带，如图 3-25 所示。

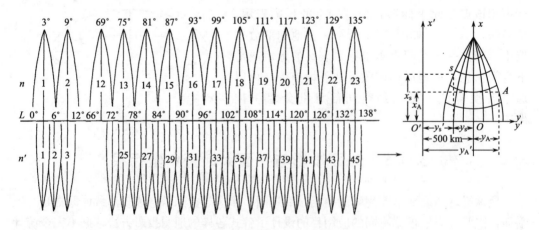

图 3-25　高斯-克吕格大地平面直角坐标系统

　　高斯平面大地直角坐标系定义为：每个投影带以中央经线为坐标纵轴即 X 轴，以赤道为坐标横轴即 Y 轴组成平面直角坐标系。为避免 Y 值出现负值，将 X 轴西移 500km 组成新的直角坐标系，即在原横坐标值上均加上 500km，因我国位处北半球，X

值均为正值。60 个投影带构成了 60 个相同的平面直角坐标系，为区分之，每个投影带内的横坐标 Y 之前加上投影带带号。如图 3-25 所示，A 点原来的横坐标为 $Y_A = 245\ 856.7\text{m}$；纵坐标轴西移 500km 后，横坐标为 $Y'_A = 745\ 856.7\text{m}$；如果 A 点位于第 20 带，加上带号，其通用坐标为 $Y''_A = 20\ 745\ 856.7\text{m}$。

3.3.6　全球剖分面片的变形规律

由于球面空间与平面空间的特征差异，剖分面片的形状、面积、边长等必然都存在变形，这种变形对空间数据的组织、表达、存储等方面的应用有极大影响。因此，基于地球剖分框架进行剖分面片空间特性研究，是剖分面片测绘学基础研究的重要部分。

基于经纬度剖分的空间特征描述模型中的特性，主要分为基本特性、形变特性、控制信息、影像信息等。其中，形变特性、控制信息和影像信息在剖分框架的应用中有着重要意义。面片形变规律具有随剖分算法不同而不尽相同的特征，无论何种剖分算法，都无法保证剖分面片的形状、面积、方向、边长等几何特征完全一致。在基于经纬度和方里网的两种剖分算法中，全球剖分面片的变形规律主要包括以下两个方面：

（1）剖分面片自身的形变：随着经纬度的变化，不同位置的剖分面片，如高纬度面片与低纬度面片等，它们自身的面积、形状、边长、方位等都会产生变形，从而给空间数据的组织、管理和表达带来困难。

（2）剖分面片到投影面的变形：经纬度剖分面片与投影后的剖分面之间，也会因为剖分方法不同，产生不同的面片变形规律，进而影响剖分系统的度量特性。

3.4　空间信息剖分组织框架的空间特性

空间信息剖分组织框架实现了地球空间的区域离散化，是对地球空间的剖分化组织过程，这一过程体现了空间信息剖分组织框架的空间离散性、空间层次性、空间聚合性、空间关联性、空间点面二相性及球面-平面一体性等空间特性。

3.4.1　空间离散性

离散化是计算机表达和处理客观世界信息的基本方式。在地学中，地球空间本身并没有离散或连续的区别，空间离散性只是人类认知、表达地球表面空间时的数字化处理方式。空间离散性概念与空间连续性对应，指空间的分离、独立、散列等状态特征。在地球剖分组织理论中，地球空间区域可以剖分离散为大小相似、独立的较小空间区域集合，每个较小的空间区域集合理论上可以继续无限分割为更小的空间区域集合。

面对大规模海量增长的空间数据，尤其是遥感影像的数据量越来越大，以较小的空间区域处理数据，能够获得更快的速度和更高的效率，可以采用多服务器、多线程、多模块的并行处理机制与算法，这样就能够处理常规方法不容易完成的存储、计算与分析任务。空间信息剖分组织框架建立的离散化多尺度面片集合，就是通过空间的分割，为空间信息的离散化并行处理构建数据组织的基础。

3.4.2 空间层次性

地球剖分框架的层次性主要通过对球面空间的递归性剖分来实现，递归性剖分有利于形成良好的空间多尺度结构。通过递归性的空间剖分，空间信息剖分组织框架建立了地球空间结构的层次性特征。递归性是剖分规则的循环执行特性，即在固定的数学规则下的嵌套操作，使得剖分框架的各级剖分层次在结构上形成从下至上的从属关联关系，从而构成统一离散单元集合整体（图3-26）。

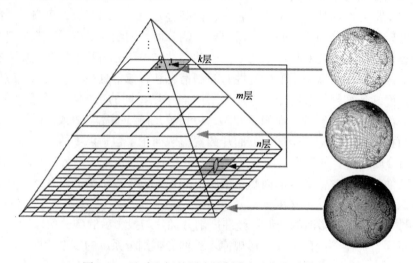

图 3-26　地球空间的层次性剖分与空间尺度特征

剖分规则决定了同级层次剖分面片的结构与布局，也决定了不同层次间剖分面片的嵌套与从属结构关系，因此，剖分规则稳定性是剖分面片层次的连续性及逻辑关系稳定的基本保证。从另一方面来说，纵向层次的稳定剖分结果形成了地球表面空间的多尺度划分体系，下一级别剖分面片在位置、形状、方向等方面天然继承了父级面片的相关属性，即形成了空间属性的剖分化层次传递规律。另外，剖分框架的层次性还决定了剖分面片之间存在空间包含与被包含的关系，这种关系随着剖分细化一直传递下去。这样不仅在相邻层级，而且在各个剖分级别之间都延续了包含与被包含关系。不管在哪个剖分级别，任一面片区域都是整体层次性结构的一部分，例如，海淀区是北京市的一部分，同时又可被划分为多个街道或乡镇，这种特性不会随着剖分级别的深入而改变。

剖分面片的层次性隐含了空间的尺度特征，剖分面片的层次、大小与空间尺度、地图比例尺以及数据分辨率等之间都存在着天然的联系。例如，按照基于地图分幅拓展（Extended Model Based on Map Division，EMD）的空间剖分方式（程承旗等，2010），从第三级面片到第十二级面片，均能建立剖分面片与地图比例尺的对应关系（表3-5）。

表 3-5　EMD 模型几何特性统计表

级数	面片数目	面片范围		面片边长			对应比例尺
		经差	纬差	赤道方向	经线方向	单位	
1	20	36°	88°	4 007 501.67	9 763 270.65	m	
2	80	18°	44°	2 003 750.84	4 881 635.33	m	
3	2 640	6°	4°	667 916.95	443 785.03	m	1：100 万
4	10 560	3°	2°	333 958.47	221 892.51	m	1：50 万
5	42 240	1°30′	1°	166 979.24	110 946.26	m	1：25 万
6	380 160	30′	20′	55 659.75	36 982.09	m	1：10 万
7	1 520 640	15′	10′	27 829.87	18 491.04	m	1：5 万
8	6 082 560	7′30″	5′	13 914.94	9 245.52	m	1：2.5 万
9	24 330 240	3′45″	2′30″	6 957.47	4 622.76	m	1：1 万
10	97 320 960	1′52.5″	1′15″	3 478.73	2 311.38	m	1：5000
11	389 283 840	56.25″	37.5″	1 739.37	1 155.69	m	1：2500
12	1 557 135 360	28.125″	18.75″	869.68	577.85	m	1：1250
13	6 228 541 440	14.063″	9.375″	434.84	288.92	m	
14	$2.491\ 4\times10^{10}$	7.031″	4.688″	217.42	144.46	m	
15	$9.965\ 7\times10^{10}$	3.515″	2.343″	108.71	72.23	m	
16	$3.986\ 3\times10^{11}$	1.757″	1.171″	54.36	36.12	m	
17	$1.594\ 5\times10^{12}$	0.878″	0.585″	27.18	18.06	m	
18	6.378×10^{12}	0.439″	0.292″	13.59	9.03	m	
19	$2.551\ 2\times10^{13}$	0.219″	0.146″	6.79	4.51	m	
20	$1.020\ 5\times10^{14}$	0.109″	0.073″	3.40	2.26	m	
21	$4.081\ 9\times10^{14}$	0.055″	0.036″	1.70	1.13	m	
22	$1.632\ 8\times10^{15}$	0.027″	0.018″	84.93	56.43	cm	
23	$6.531\ 1\times10^{15}$	0.014″	0.009″	42.47	28.22	cm	
24	$2.612\ 4\times10^{16}$	0.007″	0.0045″	21.23	14.11	cm	
25	1.045×10^{17}	0.0035″	0.0022″	10.62	7.05	cm	
26	$4.179\ 9\times10^{17}$	0.0017″	0.0011″	5.31	3.53	cm	
27	1.672×10^{18}	0.0008″	0.0005″	2.65	1.76	cm	
28	$6.687\ 8\times10^{18}$	0.0004″	0.0002″	1.33	0.88	cm	
29	$2.675\ 1\times10^{19}$	0.0002″	0.0001″	0.66	0.44	cm	
30	$1.070\ 1\times10^{20}$	0.0001″	0.00007″	0.33	0.22	cm	

3.4.3　空间聚合性

在空间信息剖分组织框架中，相对独立的较小相邻剖分面片可以聚合生成更高层次的较大面片，依次往上就能构成多层次的面片集合，这体现了剖分框架的空间聚合特性。如图 3-27 所示，剖分面片的空间聚合符合人们对地理要素综合认知与管理的需要。在地理信息认知中，人们常常将区域临近、属性相近的地物要素进行聚合归类。例如，燕园街道、清华园街道等 29 个行政单位聚合在一起就是海淀区，与海淀区并列的 18 个行政单位聚合在一起就是北京市。

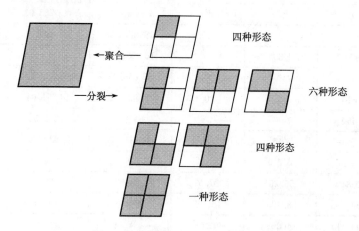

图 3-27　剖分面片的空间聚合分析

应用剖分面片的聚合功能，可以构建基于地球剖分框架的空间目标对象数据模型，形成多尺度的剖分空间表达结构，实现多尺度的剖分空间关系分析等重要功能。在集群系统中，剖分面片的聚合可以对应于数据存储、计算、服务等软硬件资源的调度需求，从而形成空间数据的聚合关联与组织能力，达到协调资源配置的目的。

3.4.4　空间关联性

空间关联性是地理世界中的客观存在，指地理事物、现象在空间上相互联系的特性。美国地理学家托布勒（Tobler）提出地理学第一定律，认为："所有地理事物和现象在空间上都是关联的。距离越近，关联程度就越强；距离越远，关联程度就越弱。"地球剖分框架将空间划分为多层次的剖分面片，同级面片之间存在邻近关联关系，不同层级面片在尺度空间中又构成隶属关联关系。因此，剖分面片的空间关联性实际上是面片空间聚合功能的基础。

广义上讲，地理世界中的事物现象均关联一定的地理区域，且剖分面片具有固定的位置。因此，按一定规则逻辑组织的剖分面片结构，便于与空间信息世界建立基于离散面片的关联关系，剖分面片就具有了地学意义的关联属性。

3.4.5　空间点面二相性

地球空间的点面二相性特征主要来源于人类认知和表达地球的尺度选择，即小尺度上视做面的空间区域，在大尺度上可当做一个面积可以忽略的点位置。空间信息剖分组织框架构造了一个多尺度的离散化空间，递归剖分规则决定了地球空间可以无限地细分为更小的剖分单元。因此，由多层次剖分面片构成的集合，正好构建了表达空间点面二相性特征的基本空间结构。可以预见，在空间对象多尺度建模、空间数据多尺度组织等方面，空间信息剖分组织框架的点面二相性空间结构将是重要的基础支撑。

3.4.6 球面-平面一体性

地球是近似梨形的球体，以参考椭球体表达的地球表面是三维空间曲面，而人类因为受制于观察视角的限制，通常情况下在肉眼目力所及的尺度范围，地表却展现出平面的特征。理论上，地球表面并不存在绝对的平面，但在人类肉眼视角的局部空间范围内，球面细微的曲面特征已可以被忽略并近似为平面。在局部空间的实际应用中，如空间量测、数据采集、空间计算及空间表达等方面，通常都是基于平面空间坐标体系。

在数学上，以平面集合表达曲面，可以看做是空间曲面采用微分化平面，逼近曲面。空间信息剖分组织框架从地球球面开始剖分，从全球曲面剖分到较小的空间曲面，再到更小区域的曲面，依此逐渐细分，达到一定层次后，面片的球面曲率趋近于零，剖分面片就过渡到平面，上层的曲面面片与下层的平面面片统一在同一个地球剖分框架中，且具有连续的编码，这就是剖分框架基本的球面-平面一体性特征。

3.5 空间剖分结构与几何性质分析

3.5.1 剖分结构与孔径

空间信息剖分组织框架的剖分结构指地球表面空间经剖分化处理后，各级剖分面片的形状及其关系特征，面片形状由剖分的几何规则决定，面片关系由剖分孔径和划分方式决定。类似于网格系统，规则的平面剖分面片主要包括三角形、正方形、六边形和菱形等（图 3-28），非规则的平面剖分面片主要有 Delaunay 三角网、Voronoi 图等类型。对于上述形状的剖分面片，在空间信息剖分组织框架中，可以分别称为三角形剖分、正方形剖分、六边形剖分和菱形剖分等。而对于经纬度球面剖分产生的剖分面片，实际上是三维空间中的近似梯形曲面，如果不经过地图投影处理，经纬度剖分面片多用于球面空间表达。

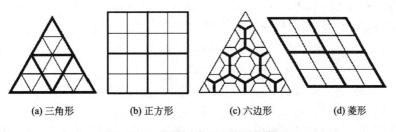

(a) 三角形　　　　(b) 正方形　　　　(c) 六边形　　　　(d) 菱形

图 3-28　规则剖分面片的形状类型

不同层级剖分单元之间规则的层次关系，对于设计高效的数据结构尤为重要（Kimerling et al.，1999；Clarke，2002）。空间信息剖分组织框架一般采用面积相近、形状近似的原则，进行次级面片剖分。空间信息剖分组织框架中，两种类型的层次关系比较常见：第一是对应关系（Congruent），即任一层次为 k 的剖分单元都由 $k+1$ 层次的剖分单元组成；第二是对准关系（Aligned），即任一层次为 k 的剖分单元的中心同时也是 $k+1$ 层次剖分单元的中心。当然，如果不具备以上两条性质，那么剖分框架（或离散网格系统）就是非对应（Incongruent）或非对准（Unaligned）的。按照以上标准，经纬度坐标网格系统是非对应、对准关系的剖分结构（图 3-29）。当然，在实际应用中，经纬网格仍然具有诸多优点。

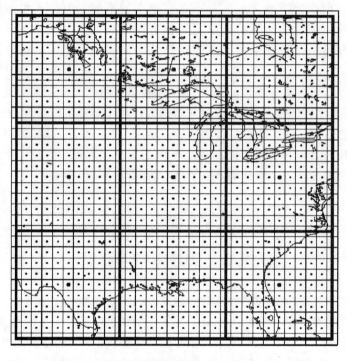

图 3-29　经纬度网格系统的非对应性与对准性（Sahr et al.，2003）

空间信息剖分组织框架由一系列相互嵌套的多层次剖分单元组成，如果剖分规则不变，剖分面片的数量呈几何级数单调增长。因此，空间信息剖分组织框架的剖分结构可以定义为一个 $(r^2)^n$ 树结构，n 表示剖分的层次，r 可以表示剖分面片边的剖分粒度，r^2 表示剖分孔径（Aperture），$(r^2)^n$ 就表示第 n 级剖分面片的数量。剖分孔径定义为，一个 k 级面片所包含的 $k+1$ 级面片的数量（Bell et al.，1983），常见的剖分孔径有 3、4 和 9 孔径等。剖分孔径越大，对于相同的剖分级别，剖分面片的剖分粒度越小，剖分面片的分辨率、表达能力越强。如图 3-28（a）（b）（d）所示，三角形、正方形、菱形剖分是 4 孔径剖分，属于对应、非对准关系剖分；图 3-28（c）所示的六边形剖分是 3 孔径剖分，属于非对应、对准关系剖分。如图 3-30 所示，三角形、正方形、菱形剖分属于 9 孔径剖分，它们都属于对应关系剖分，而正方形、菱形剖分是具有对准关系的剖分结构。

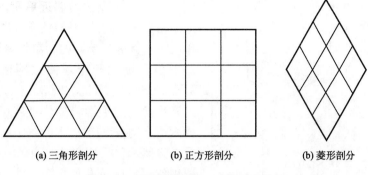

(a) 三角形剖分　　　　(b) 正方形剖分　　　　(b) 菱形剖分

图 3-30　规则剖分面片 9 孔径剖分结构

1. 三角形剖分

对于具有对应关系的三角形剖分来说，其最小的剖分孔径为 4，见图 3-28（a）。实际上，4 孔径的三角形剖分很类似于正方形网格的四叉递归剖分，很多正方形网格系统中常用的编码方法、数据结构和相关算法等稍作修改，基本都可以被移植到这种三角形网格中（Dutton，1999）。三角形剖分还可以采用 9 孔径剖分，如图 3-30（a）所示，该类型剖分属于对应、非对准剖分，每个三角形的边被三等分，连接各边上的点，即可以得到 9 孔径剖分三角形。另外，还有一种剖分孔径为 3 的不常用三角形剖分，这是一种非对应、非对准的剖分，如图 3-31 所示，每个三角形的边被分为 $n=2m$ 段（$m>0$），作该边的垂线即组成新的三角形网格。

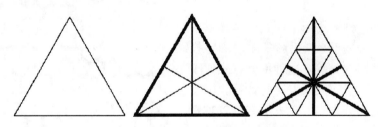

图 3-31　孔径为 3 的三角形剖分

在空间信息剖分组织框架中，采用三角形剖分存在诸多局限性：①与正方形网格相比，大多数用户的传统习惯较难接受这种三角形空间剖分的处理方式；②采用三角形面片进行位置定位，很多传统的模型、算法及数据等，很难直接从笛卡儿的直角坐标体系转换到三角形空间剖分的表达体系；③每个三角形剖分单元到三个边邻近和九个角邻近单元的距离不等，因此该类剖分网格的空间关系比较复杂；④三角形剖分单元的定向性不稳定，一些三角形向上而另外一些向下；⑤三角形剖分不能像正方形一样，直接用于点阵式输出设备处理与显示。

2. 六边形剖分

相对于三角形、正方形剖分方式来说，六边形网格具有结构最紧凑、平面覆盖效率和角度分辨率最高等特点（Conway et al.，1998）。另外，六边形网格中剖分单元不存

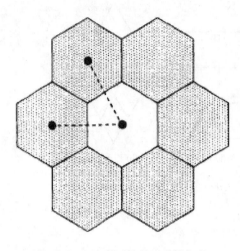

图 3-32　六边形网格的一致性相邻

在共用一个顶点的角邻近单元。因此，六边形网格具有一致相邻的性质，即每个六边形单元中心到邻近单元的距离相等(图 3-32)。六边形也已被用于全球离散网格模型中，如 ISEA（Sahr et al.，2003；贲进等，2007），这样平面六边形网格的优点就可以拓展到球面六边形网格系统中。

当然，仅采用六边形并不可能完全无缝覆盖球面，在所有理想多面体顶点都需要一个非六边形的多边形补充，个数与多面体顶点数有关。对于八面体，球面六边形网格需要 6 个正方形，二十面体需要 12 个五边形。另外，六边形剖分的另一个问题是很难构建多层次的球面六边形网格对应关系，即不可能将一个六边形分解为具有对应关系的更小六边形网格。虽然，7 个小六边形可以构成一个分辨率较低的近似六边形（图 3-33），并且采用一般化平衡三元组（Generalized Balanced Ternary，GBT）结构（Gibson，Lucas，1982）可以组成分辨率更低的近似六边形单元集合。然而，在与剖分面片编码效率、与传统空间数据兼容、多分辨率数据模型构建等方面，六边形球面网格系统尚存在诸多的困难。

3. 正方形剖分

正方形剖分一般用于平面直角坐标系中的空间划分，如基于高斯投影平面、UPS 投影平面的方里网剖分等，这种剖分方式便于空间数据建模、空间关系表达与计算。由于是基于平面的剖分方式，正方形剖分较难直接表达地球球面空间。正方形剖分一般为 4 孔径（图 3-28）和 9 孔径（图 3-30）两种剖分方式，4 孔径剖分具有对应、非对准关系，9 孔径剖分是对应、对准关系的剖分结构。正方形网格是现有空间数据库系统中常用的空间划分与数据组织方式。

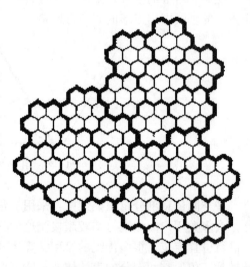

图 3-33　一般化平衡三元组

理论上，按照一定的规则将球面进行一级剖分，得到若干一级面片，然后再进行下一级剖分，得到次一级面片，照此类推，剖分下去，即可构成空间信息剖分组织框架的剖分结构，这是一个基于离散面片单元的多层次嵌套结构。然而，目前还没有一种剖分结构，能够完全支持从地球大尺度球面空间到中小尺度平面空间的一体化剖分表达。经纬度剖分框架可以较好地划分球面空间，但这种方式很难构建完全等面积的剖分面片单元，从而形成多尺度的地球空间表达基础。基于柏拉图正多面体的剖分方式，能够形成较好的地球空间剖分结构，但这些方式与传统数据模型的兼容性较差。平面的方里网格剖分系统具有很好的剖分结构，但这种网格仅仅适用于小尺度的空间表达。因此，实用、可行的空间信息剖分组织框架，应该根据具体应用目的，组合应用以上几种网格系统。

3.5.2 空间剖分的几何性质

球面剖分网格模型可以分为经纬度网格模型、正多面体网格模型和自适应网格模型三种。基于经纬度分割的球面网格模型，存在高纬度地区变形严重的缺陷。对于正多面体网格模型来说，从球面几何特征可知，没有任何一种剖分方法，能够使球面网格中每个层级，都获得如同平面网格一般的相同几何特征，包括形状、面积、长度、角度等，只能达到近似相等。自适应网格模型是不规则网格，剖分面片的几何特性差异较大。下面分别从剖分面片的紧凑性、几何相似性、等边性、等积性四个方面，对不同剖分方法中面片的几何变形特性进行比较与分析。

1. 结构紧凑性

在地球剖分框架中，紧凑性是对剖分面片形状与结构合理性的度量，可以采用无量纲的比值"紧凑度"（Compactness）度量。一般情况下，剖分框架的结构紧凑度定义为几何图形面积与周长的比值，如果圆的紧凑度确定为 1，那么紧凑度可以定义为 $C=4\pi S/P^2$。其中，C 表示紧凑度，S 表示图形面积，P 表示图形周长。根据定义，圆的紧凑度最大为 1，其他形状如正三角形、正方形、菱形和正六边形等的紧凑度均小于 1，分别为 0.605、0.785、0.589 和 0.907。当然，在实际的剖分框架中，圆形剖分是不存在的，同时由于地球表面不同位置的剖分面片形状存在变形，以及各级面片在剖分过程中实际形状也会发生变化，因此，地球剖分框架剖分面片结构的紧凑度，应该取所有剖分面片紧凑度的极值或平均值来表达。

其它度量方式，如面片中心点之间的平均距离、面片的最大最小面积比等（Kimerling et al.，1999），也可以用来度量剖分框架中剖分面片结构的紧凑性。如果是三角剖分，还可以采用三角形面片的最大、最小内角比定义。对于单个几何图形来说，圆的紧凑度最大。以三角剖分为例，对 SQT、STQIE、ISEA 和 QTM 四种剖分方式下网格的紧凑度作深入分析（袁文，2004），图 3-34（a）正是反映了剖分网格每个剖分层级最大

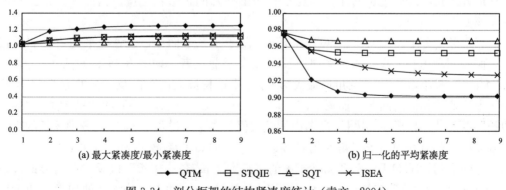

图 3-34　剖分框架的结构紧凑度统计（袁文，2004）

紧凑度/最小紧凑度的分布特征。总体来讲，四种剖分方式的最大紧凑度/最小紧凑度都是随着剖分层级的增加而趋于稳定，并且也是呈现逐渐增加的趋势。不同剖分层次，STQIE、SQT 和 ISEA 的最大紧凑度/最小紧凑度增长相对缓慢，QTM 相对增幅大。图 3-34（b）表示的是平均紧凑度除以全等三角形紧凑度得到的"归一化的平均紧凑度"，可以看出对于相同层次的剖分面片，SQT、STQIE、ISEA 和 QTM 的紧凑度依次降低。随着剖分层级的增加，每种剖分方式的面片紧凑性有所下降。其中，前三级剖分中面片紧凑性下降幅度较大，三级以后趋于平稳。

2. 几何相似性

空间信息剖分组织框架中，几何相似性是指剖分面片几何形状的相似性和近似性。面片的几何相似性是运用剖分框架进行空间分析的基础，相似的几何形状有利于进行空间方向、面积、尺度等的分析。对于大多数剖分方式而言，不仅同级剖分面片的几何形状具有相似性，由于空间的递归剖分规则，不同层级面片之间也存在几何形状上的相似性。当确定了一种地球剖分方式后，各个层级都遵循相同的剖分规则，对于保持剖分面片的几何相似性，单个层级内主要是保持剖分面片的等积性与等边性，而多个层级间则主要强调剖分面片的形状相似性。

当前，在众多剖分方案中，基于正八面体（Octahedron）和正二十面体（Icosahedron）的球面三角层次性剖分能较好地保证形状相似性，边长和面积的近似相等性（Goodchild and Yang，1992；Dutton，1996a，1999）保持较好。

3. 面片等边性

等边性主要是针对同级剖分面片而言，主要描述面片边长的均匀程度，一般采用面片集合中的最大面片边长与最小面片边长的比值来定义。剖分面片等边性可以从两个方面来度量：①剖分面片集合的等边性，度量指标为所有同级剖分面片最大边长与最小边长的比值；②单个剖分面片的等边性，以该面片的最大边长与最小边长的比值作为度量指标。

同级剖分面片的最大边长与最小边长的比值，描述了整个剖分层次中面片边长变化的程度，该值越小越接近 1，剖分框架面片的边长大小分布就越均匀。另外，对于单个剖分层次，边长标准方差与平均边长的比值表达了边长的偏离程度。如果是三角剖分，面片最大边长与最小边长的比值描述了三角形面片的正形化程度。当面片为正三角形时，该值为 1。

三角形剖分中，STQIE、SQT 和 ISEA 基于正二十面体，三者的平均边长非常接近，而 QTM 基于正八面体，平均边长明显大于前三者，如图 3-35（a）所示；另外，"最大边长/最小边长"、"三角形最大边长/最小边长最大值"以及"标准方差/平均边长"也反映了相似的问题，如图 3-35（b）、（c）、（d）所示。SQT 的"最大边长/最小边长"以及"三角形最大边长/最小边长最大值"最小，说明了 SQT 剖分中弦长的变动幅度较小，相对均匀，子三角形相对接近全等。STQIE 略微增大，但比 ISEA 小。不同剖分层次间，STQIE、SQT 和 ISEA 的"最大边长/最小边长"以及"三角形最大边长/最小边长最大值"略微增长，而 QTM 相对增幅大。随着剖分深度的加大，四者增

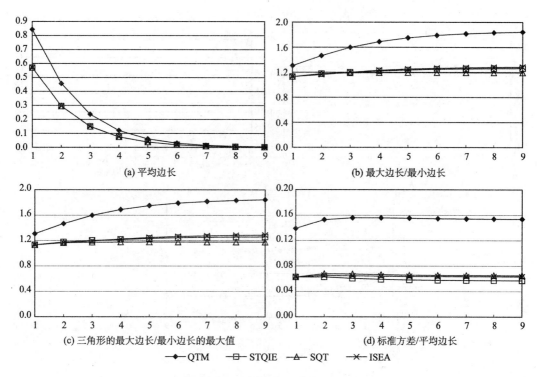

图 3-35 剖分面片的等边性统计（袁文，2004）

幅降低。STQIE 的边长"标准方差/平均边长"最小，并且随着深度加大而略微降低，其他三种先增大后逐渐减少。

4. 面片等积性

等积性主要是研究剖分面片面积的均匀程度。在进行空间距离、面积量算，以及空间数据表现时，面片的等积性具有重要意义。同级剖分面片的等积性，通常采用同一级别剖分面片中的最大面积与最小面积的比值来描述。

STQIE、SQT、ISEA 和 QTM 四种三角形剖分网格中，剖分面片"最大面积/最小面积"的变化趋势如图 3-36（a）所示。可以看出，STQIE 的"最大面积/最小面积"比值最小，说明了它的面积变动幅度最小，面积分布较为均匀，其次为 SQT，QTM 最大。另外，平均面积的变化与平均边长近似，图 3-36（b）显示了各个剖分层级面片平均面积的变化趋势。在 0～4 级剖分层次中，STQIE 的面积"标准方差/平均面积"最小，但 ISEA 的降幅趋势大，以致在第 5 剖分层级以后，ISEA 变为最小，见图 3-36（c）。

3.5.3　空间定位特征与精度分析

地球空间剖分框架是对地球表层的一种抽象，与区域位置紧密联系；空间定位是对地球空间位置的标识，是空间表达的基础，也是对地理实体空间分布、形态、空间关系

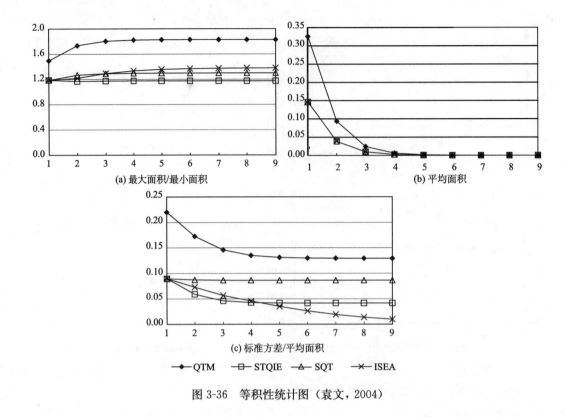

图 3-36 等积性统计图（袁文，2004）

等基本特征进行精确描述的基础。空间定位的方式有很多种，包括空间直角坐标系（三维 XYZ 坐标）、空间大地坐标系（经纬度和高程）、平面直角坐标系（平面投影坐标）、地理编码以及地名等，但主要是依据地理坐标或相对位置坐标进行空间定位。地理坐标定位系统以点坐标来表示具体的空间位置，点没有面积，通常采用经纬度或者 XY 坐标对表示，点坐标本身不含粒度信息，无法反映空间信息的区域范围及多尺度关联关系等。

1. 剖分框架的空间定位特征

空间信息剖分组织框架以地理经纬度坐标系统为基础，把地球表面剖分成一系列面积、形状相似，既无缝隙也不重叠的多层次离散空间面片体系。空间信息剖分组织框架通过对剖分面片进行全球地理空间的统一编码，建立了具有空间粒度和尺度关联性的空间区域位置定位体系，面片编码与其定位点经纬度可以相互换算，从而形成辅助经纬度的新型空间位置标识体系。

空间信息剖分组织框架采用面片定位方式，与地理经纬度坐标系统的定位功能相比（表 3-6），除了具备地理经纬度坐标系统的点定位功能外，更重要的是具有可递归性、多尺度性和精确定位性等，能够直接支持表达空间关系，可为空间数据的存储与表达提供基础支持。

表 3-6 空间定位特征比较

	空间信息剖分组织框架定位特征	地理经纬度坐标系统定位特征
唯一性定位	可以	可以
多尺度索引	多层次区域索引	
空间量算	面片	空间点
空间关系	编码直接关联	计算关联
空间目标	单一面片编码	点坐标集
数据存储	映射存储资源	

（1）可递归定位性：利用剖分框架的剖分层次性，面片位置可依据剖分编码进行递归计算，球面上的量算及空间关系算法相对较容易。

（2）多尺度定位性：剖分框架的面片编码包含了空间位置标识和尺度信息，全球范围内任何地理信息都可以与相应尺度大小的面片建立起关联。

（3）精确定位性：大到整个地球，小到厘米级面片，均可获得全球唯一地理位置编码，理论上可以达到毫米级的空间定位能力。

2. 剖分框架的空间定位精度分析

精度是描述观测值与真值之间的偏离程度的衡量，是对事物或现象详细程度的描述。空间定位的精度表示空间坐标与目标真实位置的接近程度。地理坐标系统是点定位，需要附加一个误差量 ε 才能准确描述其定位精度。虽然，地理坐标数位也能大致表示空间位置的精度，但由于不具备层次性与粒度性，其并不包含明确的定位区域概念与精度级别。剖分框架可以采用"面片定位"方式标识空间区域位置，剖分层次决定了定位区域的面积大小。因此，面片可被看做一个带有精度阈值的点，面片大小即其精度范围。

不同剖分层级的面片编码具有不同的编码长度，而不同的编码长度隐含着剖分框架的空间定位精度。在不同的剖分层级上，面片的编码规则都是一致的，通过编码长度即可知道面片的层级，进而得到面片粒度大小，也即得到面片编码的位置标识精度。剖分层次越深，面片粒度越小，空间定位精度就越高。具备相同编码长度的位置标识可被认为是具有相同的精度。因此，剖分框架的多级剖分层次可满足不同精度的空间定位要求。

另外，剖分框架的空间定位精度与面片几何形状有关，可采用 4 项指标加以分析，即每个面片的最大边长/最小边长、每个剖分层级的最大边长/最小边长、每个剖分层级平均边长和各级剖分面片边长。以 EMD 地球剖分框架为例（关丽，2010），每个面片的最大边长/最小边长指标在各层级表现为：0°～48°纬度范围内，面片最大边长/最小边长随着纬度升高而降低；48°～88°纬度范围内，面片最大边长/最小边长随着纬度升高而升高。造成这种分段局面的主要原因是，在两段纬度带内每个面片的边长变化规律不同，0°～48°纬度范围内，最大边长为低纬度纬线圈所在的面片边长，最小边长为经线方向的面片边长；48°～88°纬度范围内，最大边长为低纬度纬线圈所在的面片边长，最大边长为高纬度纬线圈所在的面片边长，因此，两段面片最大边长/最小边长变化规律不同。每个剖分层级的平均边长随着剖分层级增加而逐渐减小，各级剖分面片边长随着剖分深度增加而逐渐减小，具体参数见表 3-4 。

根据以上分析，剖分面片编码是一种具有层次性、动态扩展的空间位置标识方式，分析 EMD 的面片编码模型（图 3-37），72 位二进制数即能表达球面厘米级大小的面片地址，具有厘米级的定位精度。

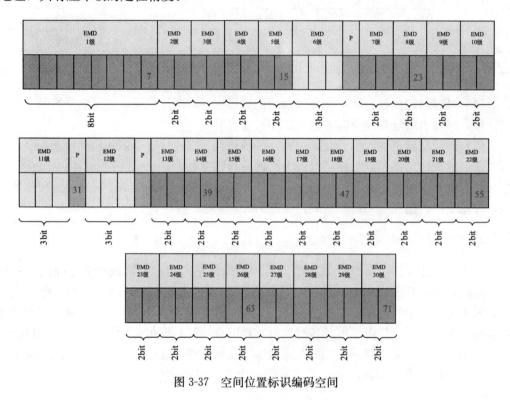

图 3-37　空间位置标识编码空间

3.6　空间信息剖分组织框架的设计与应用

3.6.1　空间信息剖分组织框架分析与评判

关于地球表面如何划分，并构建全球离散网格或空间信息剖分组织框架，国内外已经有较多研究成果。那么，究竟什么样的空间信息剖分组织框架才能满足全球空间信息的组织、表达与应用需求呢？针对离散网格，Goodchild（1994）提出一系列评价标准：

- 网格能以任意分辨率无缝无叠地覆盖全球；
- 不同分辨率的网格能够形成一个高度一致的层次结构；
- 网格系统对应一套有效的编码方案；
- 网格系统与地理坐标之间的转换关系较为简单；
- 单元形状与结构完全一致。

在 Goodchild 准则基础上，Kimerling 等（1997）提出的 14 条准则更加理想或更加严格：
- 剖分网格对全球形成完全的覆盖，不存在重叠；
- 理想网格具有相同的面积；
- 剖分网格具有相同的拓扑结构；
- 剖分网格具有相同的几何形状；
- 剖分网格是紧致的（compact）；
- 剖分网格的边在某些投影中是直线；
- 任何两个邻近格网的边是连接这两格网中心的大弧平分线；
- 组成网格系统的不同分辨率的格网形成了一个高度规则的层次结构；
- 一个格网有且只有一个对应点；
- 点到邻近格网是等距的；
- 点和网格是规则的，且对应一套有效的编码系统；
- 网格系统与传统的地理坐标具有一个简单的对应关系（转换关系）；
- 网格系统的格网具有任意分辨率；
- 每一个格网是其所包含的中心点的 Voronoi 单元。

目前，空间信息剖分组织框架主要存在三种类型，即基于柏拉图多面体的离散网格、经纬度剖分网格和基于地图投影的平面剖分网格。

柏拉图多面体的离散网格的优点是：①具有规则的球面几何形状，可以实现无限层次的递归剖分；②具有严密的数学剖分规则，能够实现较为均匀的地球球面空间剖分，表达球面多尺度空间。缺点是：①与现有测绘、遥感数据进行集成困难；②很难继承测绘、地理信息系统等学科已有的理论及技术成果。

经纬度剖分网格的优点是：①可以根据实际应用需要划分，如等经差、等纬差等；②与现有基于地形图分幅的空间数据组织方式兼容性好；③按照经纬度范围组织空间数据，索引结构简洁，算法设计简单。缺点是：经纬度网格同一层级面片的形变很大，剖分面片较难保持等面积性。

基于地图投影的平面剖分网格的优点是：①基于地图投影剖分，空间数学基础明晰，剖分规则清楚；②能够方便地实现正方形剖分，较好地满足中小尺度下空间信息的处理、表达与分析需求；③与现有空间信息组织方式兼容，空间坐标基础、数据模型、技术手段与流程等环节可以较容易地实现移植。缺点是：①难以表达、分析与组织大尺度球面数据；②地图投影平面与真实地球表面存在变形，平面的正方形面片在球面很难解析；③平面正方形面片在球面上存在缝隙和压盖现象。

综上所述，空间信息剖分组织框架设计的目标首先应满足多源、多尺度海量空间信息的组织管理与存储索引需求，其次应满足地球空间的球面-平面一体化表达需求。

3.6.2　空间信息剖分组织框架的设计原则

剖分框架提出的最初目的是为了规范、统一各类空间信息的定位基准，从而保证各类数据采集、存储、统计、分析和交换的一致性，并提供多源、多尺度地理空间信息整合的规范和定位框架。由于地球的椭球面几何属性以及应用需求不同，任何一个网格系统都不可能做到完美无缺。因此，空间信息剖分组织框架应该根据应用需要，综合平衡各方面的设计与评判标准。同时，空间数据管理与应用各个方面的内容，如存储、表达、索引、服务、计算等，都是地球空间剖分组织框架设计时需要考虑的因素。借鉴美国、英国国家网格标准的成功经验，我国的空间信息剖分组织框架设计应该遵循以下原则。

1. 有利于空间信息存储

首先，剖分框架中各级不同大小的面片单元应该能够较好地呼应现有的地形图图幅，能兼容或成为地图分幅的有机部分，便于数据整合。其次，空间划分应具有唯一性，能够实现存储节点与空间区域的一一对应，形成地球空间存储集群单元与地球表面空间的映射。

2. 有利于空间信息表达

剖分框架中同一层级单元的形状与结构尽可能保持对应关系，可以按照剖分面片的最大最小面积比、最大最小边长比、单元形状变形率等来定量地评价某一种剖分框架的变形。由于当前遥感影像像元的形状都是正方形，因此剖分框架中低层次面片单元的形状最好为正方形，这样便能够与影像像元对应，从而便于影像的多尺度剖分表达。

3. 有利于空间信息索引

剖分框架具有严密的多层次结构，大到全球小到厘米级面片都有编码。因此，空间信息检索时，可以根据应用尺度的要求确定对应的剖分层级，计算被检索区域包含的所有剖分面片，然后再根据面片编码查找存储单元、访问实体数据。

4. 有利于空间信息计算

剖分框架能够较好地支撑并行计算调度，包括基于面片编码的数据分割、并行处理、负载均衡控制等。面片的空间位置越临近，空间信息的相关性越大，适合于被分配到同一处理器上，这样就能够减少载入数据时的 I/O 负担，提高 I/O 并发性。其次，利用剖分框架的多尺度特性，在并行计算过程中能够实现空间数据由大到小的多尺度调度，通过对大尺度空间信息的初步计算，将计算范围聚焦到某个目标区域内，进而调用相应小尺度空间信息完成计算任务。

5. 有利于空间信息服务

剖分框架与地理坐标之间的转换关系应该简单，便于连接公众信息，完成基于位置服务的数据检索与分发应用等。剖分框架中的各级不同大小的面片单元，呼应现有的地形图图幅与影像分景模式，可以便于兼容现有空间信息管理体制的全球空间信息组织与服务，包括数据的分析、传输、分发与应用等。

3.6.3　空间信息剖分组织框架设计实例

基于上述原则，本书作者提出了一套新型的全球空间信息剖分组织框架（Global Aerospace Information Subdivision Organization Framework，GAISOF）。在 GAISOF 剖分框架中，剖分体系划分为全球剖分、局部剖分和应用专题剖分三种类型，如图 3-38 所示。全球剖分是为解决全球定位和全球应用问题而设计的剖分体系；局部剖分是为解决局部平面应用问题而设计的剖分体系；而应用专题剖分则包括地图分幅、遥感影像分景、行政区划网格、气象网格等，主要是为满足应用而设计的各种剖分体系。

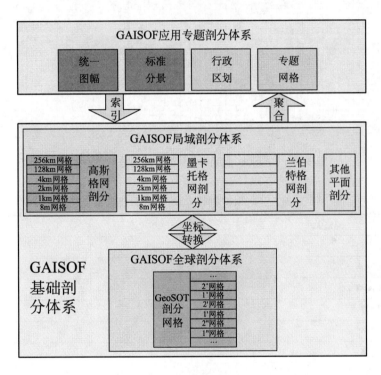

图 3-38　GAISOF 框架剖分体系结构

GAISOF 框架中采用 GeoSOT 网格作为全球剖分体系的基础，见图 3-33。GeoSOT 网格属于扩展等经纬度的四叉树剖分网格体系，经纬度数值空间均定义在 [−256°，256°] 上。地球整体属于 G0 网格，按照 256°纬差和 256°经差划分为 4 个 1 级格网，以下层级按照四分法形成 GeoSOT 剖分体系中的各级网格，具体生成方法见 3.2.1 节。图 3-39 是 GeoSOT 第 7 级网格的示意图。如表 3-7 所示，第一级网格以下继续分为 2°，1°，2′，1′，2″，1″，…网格，这样就构建了一个多层次的经纬度剖分网格体系。

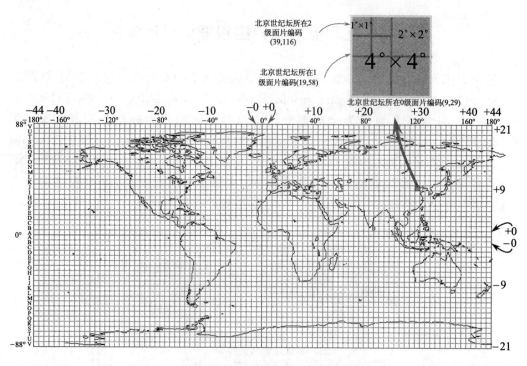

图 3-39　GAISOF 框架 GeoSOT 7 级剖分网格示意图

表 3-7　GAISOF 框架 GeoSOT 剖分层级特征

层级	网格大小	赤道附近大致尺度	数量
G	512°网格	全球	1
1	256°网格	1/4 地球	4
2	128°网格		8
3	64°网格		24
4	32°网格		72
5	16°网格		288
6	8°网格	1024 公里网格	1012[①]
7	4°网格	512 公里网格	3960
8	2°网格	256 公里网格	15840
9	1°网格	128 公里网格	63360[②]
10	32′网格	64 公里网格	253440
11	16′网格	32 公里网格	1013760
12	8′网格	16 公里网格	4055040
13	4′网格	8 公里网格	14256000[③]
14	2′网格	4 公里网格	57024000
15	1′网格	2 公里网格	228096000
16	32″网格	1 公里网格	912384000

层级	网格大小	赤道附近大致尺度	数量
17	16″网格	512 米网格	3649536000
18	8″网格	256 米网格	14598144000
19	4″网格	128 米网格	5132160 万④
20	2″网格	64 米网格	20528640 万
21	1″网格	32 米网格	82114560 万
22	1/2″网格	16 米网格	328458240 万
23	1/4″网格	8 米网格	1313832960 万
24	1/8″网格	4 米网格	5255331840 万
25	1/16″网格	2 米网格	21021327360 万
26	1/32″网格	1 米网格	84085309440 万
27	1/64″网格	0.5 米网格	336341237760 万
28	1/128″网格	25 厘米网格	1345364951040 万
29	1/256″网格	12.5 厘米网格	5381459804160 万
30	1/512″网格	6.2 厘米网格	21525839216640 万
31	1/1024″网格	3.1 厘米网格	86103356866560 万
32	1/2048″网格	1.5 厘米网格	344413427466240 万

注：① 从 8″网格开始，以下数量为南纬 88°～北纬 88°之间的网格总数

② 1°网格总数＝176（南纬 88°～北纬 88°之间）×360＝63360。1°网格以下，除了③、④两种情况，上下级网格数量关系均为 1∶4

③ 4′网格总数＝225（每 1°网格中 4′网格数量）×63360（1°网格数量）＝14256000

④ 4″网格总数＝225（每 1′网格中 4″网格数量）×228096000（1′网格数量）＝5132160 万

GAISOF 框架中，平面投影坐标网格为局部剖分体系，主要采用高斯网格剖分体系。首先，以高斯 6°分带的坐标为标准，定义全球统一的高斯坐标空间，采用"带号＋横坐标"的方式定义横坐标，而原高斯纵坐标保持不变。这样，全球统一坐标的空间范围定义为(图 3-40)：横坐标，$-30\,000\mathrm{km}<X<30\,000\mathrm{km}$；纵坐标，$-10\,000\mathrm{km}<Y<10\,000\mathrm{km}$。

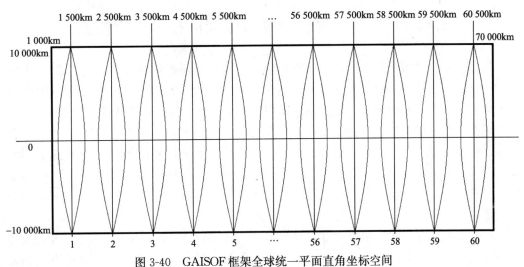

图 3-40 GAISOF 框架全球统一平面直角坐标空间

在全球统一高斯平面直角坐标空间，可以进行多层级的正方形四叉剖分。如果第一级剖分面片的面积定义为 512km×512km，那么第二级剖分面片就是 256km×256km，照此类推，最后便形成如表 3-8 所示的多级平面正方形剖分网格体系。

表 3-8　GAISOF 框架高斯剖分层级特征

面片等级	网格大小	在上级面片中的数目
0	512km 网格	39×234＝9 126
1	256km 网格	2×2＝4
2	128km 网格	2×2＝4
3	64km 网格	2×2＝4
4	32km 网格	2×2＝4
5	16km 网格	2×2＝4
6	8km 网格	2×2＝4
7	4km 网格	2×2＝4
8	2km 网格	2×2＝4
9	1km 网格	2×2＝4
10	8m 网格	125×125＝15 625
11	4m 网格	2×2＝4
12	2m 网格	2×2＝4
13	1m 网格	2×2＝4
14	1/2m 网格	2×2＝4
15	1/4m 网格	2×2＝4
16	1/8m 网格	2×2＝4
⋮		
27	1/32 768m 网格	2×2＝4

3.6.4　空间信息剖分组织框架的技术支撑体系

地球空间剖分组织框架涉及全球空间信息（特别是遥感影像信息）的存储、组织、检索、计算、表达和应用服务等方面，是全球海量空间信息组织的新理论、新方法与新技术体系。地球空间剖分组织理论体系以空间信息剖分组织框架为基础，利用剖分面片的全球覆盖性、层次性、点面二相性、剖分面片编码全球唯一性等特点，建立全球空间数据、空间对象以及计算机资源等的空间关联关系。地球空间剖分组织理论通过地球空间的多层次离散化剖分，建立全球海量空间数据的高效索引体系，实现全球海量空间数据的分布式存储组织与并行处理机制。通过建立统一的数据组织管理框架与规范，地球空间剖分组织技术体系可以为各空间信息应用部门的数据整合与共享提供支撑。

空间信息剖分组织框架是地球剖分组织理论的核心与基础，在其支撑下，形成完整的剖分编码、剖分空间关系、剖分表达、剖分存储、剖分索引、剖分计算与应用等技术

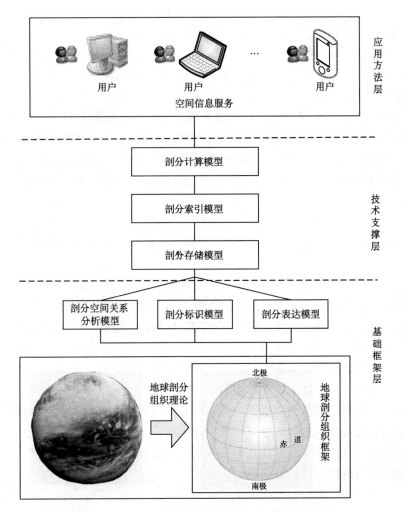

图 3-41　地球空间剖分组织框架的技术支撑体系图

体系（图 3-41），其主要内容如下：

（1）剖分编码技术。剖分编码技术基于地球剖分组织框架，利用剖分面片的地址编码确定全球唯一性的空间位置，结合空间信息的时间、属性等特征，构建目标、数据、资源等的剖分编码标识。

（2）剖分存储技术。剖分存储技术按照剖分面片动态组织空间存储节点、设备等资源，处理基于全球剖分空间位置的多源、多时相、多尺度空间数据的存储问题，目的是提高数据整合、共享与调度的效率。

（3）剖分索引技术。剖分索引技术基于空间信息剖分组织框架，利用地球空间剖分编码，实现空间数据、对象、资源等与剖分面片的关联索引机制。在地球空间剖分编码模型基础上，按照全球剖分面片多尺度关联机制，建立空间数据、资源的编目管理模式。

（4）剖分表达技术。剖分表达技术基于地球剖分面片的点面二相性，研究多尺度空间对象、影像数据的球面-平面一体化表达。

（5）剖分计算技术。剖分计算技术基于地球剖分面片的空间离散性、空时记录等特性，探讨全球海量空间数据的快速并行处理模型与方法等。

（6）剖分空间关系分析技术。剖分空间关系分析技术基于空间信息剖分组织框架与剖分编码模型，探讨地球剖分理论体系下，球面-平面一体化的空间方位、距离及拓扑关系的定义与分析方法等。

（7）剖分应用技术。剖分应用技术面向用户对空间数据的检索、显示及申领等需求，探讨剖分理论支持下空间信息的应用技术，包括空间数据的查询、发布、推送及传输等应用组织模式与策略等，为影像地理信息系统、遥感影像规格景系统、空间信息全球无缝组织系统、空间信息地球存储器系统及随时随地服务系统等提供基础技术支撑。

3.6.5　空间信息剖分组织框架的应用功能与意义

空间信息剖分组织框架是地球的多尺度面域划分体系，剖分面片集合无缝无叠覆盖地球表面空间，框架结构形成天然的空间面域多尺度索引机制，对多尺度剖分面片的全球唯一性编码自动就形成对地球表面任何空间区域的位置编码，达到类似经纬度表达地理位置的效果。同时，基于空间离散化特征的剖分面片编码，可以用于影像数据的存储与索引、空间对象的结构化表达以及空间面域的并行化计算等，进而为空间信息的大数据量、快速、便捷服务提供有效的数据组织基础。

简言之，基于空间信息剖分组织框架，可在空间信息无缝组织、空间信息全球统一索引、空间信息统一标识编码、空间信息全球区域定位、空间信息空时记录以及卫星遥感影像数据的规格分景等方面形成若干有效的空间信息应用标准，为现代全球超大规模空间信息的组织与应用提供理论支撑。

3.7　本 章 小 结

在本书中，空间信息剖分组织框架即地球空间剖分框架，是地球空间位置的离散化表达，是多尺度空间数据编码、存储、索引、计算，以及空间对象剖分化表达的基础支撑。空间剖分的思想古已有之，但是，直到现代才逐渐形成针对全球应用的理论方法，本章以古今中外的研究成果与应用发展过程为脉络，回顾地球剖分的研究历史。

毋庸置疑，空间信息剖分组织框架的可靠性由框架本身的地理度量基础决定，可用性由剖分框架的空间特性、结构及几何性质决定。本章在对比、分析国内外相关研究成果的基础上，设计并提出全球空间信息的剖分组织框架GAISOF。GAISOF框架依托于空间数据组织管理的现有模式，探索地球剖分创新理论支持下的地球空间划分与表达方案，作为整个剖分组织理论体系的基石，GAISOF框架的提出将是全球空间信息剖分组织理论研究的有益探索。

第4章 空间信息剖分标识原理与方法

所谓标识，通俗地讲就是"起名字"；空间信息标识就是要给空间信息赋予一个"名字"——信息编码，使其便于计算机的识别和查找。空间信息标识是空间信息组织的一个重要环节，也是计算机世界中空间信息组织的基本要求。地球剖分框架将地球表面剖分成形状近似、空间无缝无叠、尺度连续的多层次面片，并赋予每个面片唯一的编码，实现了对全球区域位置的统一标识。

本章以空间剖分编码为基础，综合考虑被标识对象的时间属性和特征属性，探讨空间信息剖分标识的原理和方法。4.1节从"标识"的语源本义出发，给出了空间信息标识的基本定义，阐述了空间信息标识的目的、意义、对象和基本要求等。4.2节分析了当前空间信息科学中，空间信息标识存在的问题，以及理论、方法与技术等方面的困惑。4.3节以地球剖分理论为基础，给出了空间信息剖分标识的定义与内涵，提出了空间信息剖分标识的基本思路和编码原理，设计了空间信息剖分标识的通用编码结构。依托空间信息剖分标识基本原理，本章4.4节、4.5节、4.6节分别论述空间位置剖分标识模型与方法、空间实体剖分标识模型与方法、空间数据剖分标识模型与方法，就相关关键技术和算法展开讨论，并给出部分标识编码的相应实例。

4.1 空间信息标识

4.1.1 什么是空间信息标识

对于"标识"一词，人们有着不同的理解，正确界定"标识"的含义有助于对空间信息剖分标识模型的深入讨论。作为名词使用，"标识"是一种记号、符号或标志物，用以标示和识别，通常是指用作标志事物而让人方便认识并记住的特征。然而，"标识"含义不仅仅是"标志"，"志"在古代通"帜"，是指一种让人很容易识别的标记，不但可以帮助记忆，也可以张扬自身形象；"识"虽通"志"，但首要的意思还是"知道"、"认识"，即要让人熟悉和记住。因此，将"标识"理解为"标志＋识别"更为确切一些。

在信息化时代，"标识"是最常见的概念，所有事、物、空、时、量等物质或信息实体，都需要数字化的"标识"，才能由计算机存储、分析和处理。例如，我国现行二代居民身份证采用18位标识编码体系，即由6位地区代码＋8位生日编码＋3位序列编码＋1位校验码构成；通过这一串18位数字，不仅可以对我国的每一位居民进行唯一性编码描述，而且还可以识别出生地和出生日期等有用信息，非常有利于计算机时代的人口统计、分析和管理等。

在空间信息科学中，空间信息标识是对空间位置、空间实体、空间数据身份唯一性确认的概念描述，并且以空间信息数字世界的唯一性编码予以确认并识别。数字地球、空间信息化的过程，实际上就是客观世界的数字化标识过程。空间信息标识的对象一定是具有明确意义的客观世界实体，即我们认为标识的前提是客观世界物质与概念的对象化抽象，不能抽象的客体是无法标识的，如空气、意念等，都不能作为空间标识的对象。

4.1.2　空间信息标识的目的与意义

空间信息标识的目的，是通过标识编码对空间区域、空间实体、空间数据等空间信息对象进行唯一认定，使其可以被统一有序地组织和管理；形象地说，就是建立标识编码和空间信息对象之间的关系——类似于身份证号码和人之间的一一对应关系。在一个有效的空间信息标识体系中，每一个空间信息对象都根据一定规则被分配一个唯一的标识编码；该标识编码可能随着该空间信息对象的产生而生成，但是却不因该对象的消亡而消失，并且该标识编码也不会再分配给其他新的空间信息对象使用。这样就建立了标识编码与空间信息对象之间的固定对应关系，空间信息对象的唯一性就可以通过标识编码的唯一性予以确定，并在计算机的信息世界中存储、应用与传播。

空间信息标识是空间信息科学领域的基础理论问题之一，是空间信息对象位置、分布、形态、空间关系等基本特征精确描述的基础。随着空间信息全球化应用趋势的不断发展，以及遥感空间数据的海量增长，传统空间信息标识的方法与技术正在面临巨大的挑战，探讨新的空间信息标识体系，具有重要的理论与实践意义，主要体现在以下几个方面：

（1）可以提高空间信息标识编码效率，实现复杂无序信息流的有序化组织，提高空间信息的获取、利用、共享与整合水平。

（2）可以提高空间信息组织的标准化程度，改善空间信息的准确性和相容性，消除语义冗余和异构现象，满足多源空间信息的融合与分析需求。

（3）可以提高空间信息记录的科学性，为多源空间信息表达与组织提供技术基础，对新型空间信息组织模型提供强有力的理论支持。

4.1.3　空间信息标识的对象

空间信息标识的对象一定是具有明确空间含义的客观空间实体，即标识的前提是客观世界物质和概念的对象化抽象。空间信息标识的对象多种多样，概括来说，主要包括空间位置、空间实体、空间数据等三类。当然，广义上讲，空间信息组织管理中的计算机设备资源，包括网络地址、存储资源、计算资源等都应属于空间信息标识的对象范畴；本章重点讨论前三类空间信息对象的标识，对网络地址、存储资源、计算资源等的标识问题将在本书第 5 章专门阐述。

1. 空间位置

在地球信息科学中，空间位置主要是回答"在哪里"的问题。要标识空间位置则必须依赖于一定的空间坐标系；在坐标系中，空间位置表现为相距某参考点的距离与方位。传统体系下，空间位置被抽象为质点，以点位数字对进行标识，如笛卡儿坐标系中的 (x, y)、大地坐标系中的 (λ, φ) 等。

2. 空间实体

空间实体对应于现实世界中的客观存在，具有较好的对象化特征。在地理信息科学中常抽象为点、线、面三种基本类型；在此基础上，还可按聚合、群组等关系，构建结构更复杂、覆盖范围更大的高级空间实体（如点群、路网及居民区等）。空间实体标识，就是根据空间实体的位置、时间和属性特征，按照一定规则分配一个唯一的编码，使其区别于其它空间实体。空间实体标识是地球空间中区别两个空间实体的重要标志，它的合理性与有效性直接影响空间实体操作与分析的效率。

3. 空间数据

空间数据是空间信息的载体，主要记录了空间环境、空间实体的位置、特征、空间关系及语义属性等信息，可以是图形、图像、文字、表格、数字，甚至可以是音频、视频等形式。按照特性不同，空间数据可以分为空间定位数据、几何形态数据、光谱特征数据、时间特征数据及专题属性数据等。所谓空间数据标识，就是根据空间数据的位置、时间和属性特征，按照一定规则赋予一串唯一的编码，使其区别于其它空间数据。

4.1.4　空间信息标识的基本要求

空间信息标识属于信息编码问题，从全球海量空间信息组织与管理的发展趋势看，空间信息标识编码应具有以下几个基本要求：

（1）标识编码应具有唯一性。空间信息标识编码应反映空间信息对象的空间分布与结构特征，以便于空间数据、对象的共享与互操作；同时，针对全球空间信息统一组织管理来说，空间信息标识编码还需具备全球唯一性。

（2）标识编码应具有匹配性。空间信息标识编码应该能够匹配标识对象，最大可能地通过编码标识解读出每个标识对象的相关信息。

（3）标识编码应具有简洁性。空间信息标识编码应该位数固定、含义明确、编制规则简单，并且能确保编码与解码的高效性。

（4）标识编码应具有层次性。纵向尺度上，不同分辨率空间信息的标识具有层次性，即同一空间信息的不同分辨率标识编码具有可识别的内在关联。

（5）标识编码应具有粒度性。为适应遥感影像数据多分辨率组织的需要，标识编码还应具备可伸缩粒度性。

（6）标识编码应具有可扩充性。空间信息标识编码应根据实际应用的需要，可方便地裁减、灵活地扩展，使其不断适应新变化和新发展。

4.2　空间信息标识的问题与困惑

4.2.1　空间信息标识的唯一性问题

唯一性是空间信息标识编码的基本原则，也是最重要的一项原则。在全球空间信息组织管理系统中，不同空间信息对象是靠不同的编码来识别的，假如把两种不同的对象用同一代码来标识，将违反唯一性原则，会导致空间信息组织管理系统的混乱，甚至导致系统崩溃。

在传统的空间信息数据库系统中，空间信息的标识编码基本属于系统级别的标识，主要有两种编码方法：一是系统自动生成唯一标识 ID，二是应用领域部门命名法；前者的共享性与语义性较差，后者需要权威部门标准认证。在不同系统或不同部门中，同一个空间实体的标识编码不一致，将给空间信息数据库之间的共享带来极大的困难。现实应用中，国家、行业部门或不同地区通常都会建立自己的空间信息标识编码体系，用于对特定空间信息的标识编码，如中华人民共和国国家质量监督检验检疫总局制定的 GB/T 13923—2006《基础地理信息要素分类与代码》、国家环境保护总局制定的 HJ/T 417—2007《环境信息分类与代码》、国家城乡建设部制定的 DB31/T 401.1—2008《城市建设空间信息基础数据规范 第 1 部分：分类与代码》等。这些空间信息标识编码体系在使用前都经过了国家、行业或地区权威部门的认证发布，具有法律效力。然而，因为这些标准、规范来自于不同的部门，对同一个空间实体，存在标准不一致、编码方法不同等问题，导致行业、部门和地区间信息共享的困难。另外，在某一空间信息数据库系统中，空间实体的 ID 编号是唯一的，但这种系统级的唯一性，仅仅保证了空间数据库中记录的唯一性，却无法在地理信息的本体意义层次，确认其客观世界的唯一存在性，当然也就难以得到空间数据表达层次的语义唯一。从全球角度考虑，目前的地理信息系统、互操作规范及行业标准等，都还没有实现地学意义上的空间实体唯一性编码。

4.2.2　空间信息标识的容量问题

空间信息标识的容量是指标识编码结构可能编制的代码数量的最大值。每个码制都有一定的编码容量，这是由其编码模型决定的。因此，一旦确定标识编码数位的长度后，标识编码的容量是可以估算的。

为了实现对全球所有空间信息的统一标识，且使其满足唯一性要求，标识编码容量将是一个海量数据。仅以地球表面土地标识为例，如以 $100m \times 100m$ 地块作为基本单元，那么地球陆地表面的地块数量需要大约 1.49×10^{10} 个标识码，用二进制表示为 34 位；如以 $1m \times 1m$ 地块作为基本单元，那么地球陆地表面的地块数量需要大约 1.49×10^{14} 个标识码，用二进制表示为 48 位。当然，这仅是地球表面的空间位置对象，如果要标识出每个地块中所有空间实体，包括不同空间尺度、不同时相的空间实体，标识的总数会极大增加。

空间信息标识的容量与标识编码处理复杂度是一对矛盾。对空间信息标识容量而言，编码长度越长，标识容量越大。对编码处理复杂度来说，编码越短，处理越方便快捷；编码越长，系统处理的复杂度越高，效率越低。如果采用浮动长度的标识编码，虽然可以降低编码长度，但会增加系统的计算复杂度和不稳定性，同时也难以保证跨系统间空间信息标识的唯一性。

因此，对于空间信息标识容量的选择，首先需要从理论上分析空间信息对象数量的理论极大值，然后根据具体应用需求，综合考虑多种影响因素，选择合适的标识编码长度，以求较好地平衡编码容量和处理复杂性之间的矛盾。

4.2.3　空间信息标识的区位表达问题

任何空间实体实际上都会占据一定范围的地理空间区域，并具有相对固定的空间位置，这是空间实体一个客观存在的特征。也就是说，空间信息本身具有区位性，不会随观测者的主观意志改变而改变。

现有空间信息标识一般都是基于栅格数据模型或矢量数据模型。栅格数据模型具有"属性明显、位置隐含"的特点，本质是将连续空间离散化，利用栅格的行列号表示空间对象的位置。虽然栅格能够一定程度上离散地表达空间对象的区域范围大小，但是栅格表达的空间对象之间彼此是独立的，无法将包含多个空间对象的区域作为一个独立的单元进行标识。矢量数据模型是将空间对象抽象为带有分类属性的几何对象（点、线、面），而在现实地理世界中，空间对象是一个表达整体，如机场、街道、复杂建筑物、各类管线等，而不只是简单抽象出来的点、线、面数据。同时，在矢量模型中，某些空间对象被抽象为质点或线，明显就丢失了空间对象的区域特征；当空间对象被抽象为多边形时，此时要表达多边形的空间区域，一般采用记录多边形边界的位置坐标串来表示，标识的具体形式是一系列的点坐标串。这种标识方法实际操作起来很不方便，不仅标识具有主观性，采用多少个坐标点取决于采样点个数；而且数据占用存储空间大，存储过程比较麻烦，需要将点坐标和属性数据分别存储，并建立它们之间的关联关系；此外，建立的这种标识在量算、检索和空间分析等应用时也不方便。

4.2.4　空间信息标识的点面二相不统一问题

当空间尺度变化时，空间信息总是表现出点面二相性特征。即相同的空间实体，在不同尺度的视角下，其相对外形是不同的。尺度越小，实体的形状特征就越详细，面状特征也越突出；尺度越大，其外形特征就越粗略，最终表现为一个点。现有的空间信息数据库往往根据视角尺度的不同，将客观世界中的同一空间实体某些时候标识为点，某些时候又标识为面，且标识编码不统一，造成同一空间实体的点面二相不统一。如图4-1所示，空间实体 A 在大尺度上表示为一个点，而在小尺度上它则是一个具有清晰轮廓特征的面。

但事实上，客观世界中存在的空间实体，并不因我们观察世界的尺度变化而发生本质性的改变。因此，对于大尺度时表现为点、小尺度时表现为面的空间实体，应该拥有

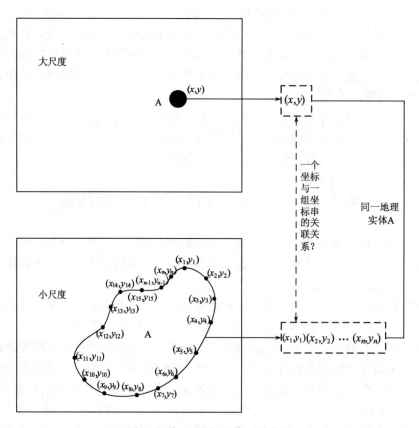

图 4-1　点-面二相不统一示意图

唯一的空间信息标识编号。如何在多尺度空间数据库的组织管理及表达中对客观要素的唯一性进行确认，是实现空间信息对象全球唯一标识的关键之一。

4.2.5　空间信息标识的不确定性问题

在空间信息组织管理领域，对于空间信息的类型、空间要素的形态特征与属性的表达，人们已经达成了诸多共识，很多方面也已形成了标准化文件。然而，空间信息自身的模糊性、不确定性和不稳定性等，正在成为困扰空间认知的主要困难。模糊性主要是指空间要素的几何特征、语义分类、属性等方面的模糊性特征；不确定性主要是指空间要素位置或属性的不精确性、随机性等特征；不稳定性主要是指空间要素的特征、属性等因素随时间变化、运动或演化等特征。

空间信息的模糊性、不确定性和不稳定性，将直接影响空间实体特征的对象化表达（包括目标实体的位置、边界、属性语义等），而这些量化的特征值将直接影响空间信息标识的编码确定。因此，空间信息自身的不确定性带来的标识编码不确定性，也是空间信息全球唯一标识需着重考虑的问题之一。

4.3　空间信息剖分标识原理

在身份证号码、邮政编码、机动车号牌等信息编码中，均采用了以空间区域位置为基础、结合其他属性和顺序码组成标识码的编码模式。如我国身份证号码的前6位就是省、市、县三级地区（位置）代码，邮政编码也是按省、市（县）、投递局（区）三级编制的，机动车号牌则含有省、市的信息。借鉴上述编码思路，空间信息标识的基本思路是：根据标识对象在空间区域（位置）、时间和属性特征上的差异性，确定空间信息对象的唯一性，并赋以不重复的标识编码。

4.3.1　空间信息剖分标识基本原理

地球剖分是把地球表面剖分成形状近似、空间无缝无叠、尺度连续的多层次面片；通过对剖分面片进行有序的地理空间递归编码，使得大到地球、小到厘米的面片（空间区域位置）都有一个唯一的地理编码；面片编码可以唯一、多尺度地标识地球表面的任意一块区域位置。空间信息剖分标识，就是针对上节所述空间信息标识存在的相关问题，以地球剖分面片编码为基础，结合空间信息对象在时间和属性特征上的差异性，赋予不重复的全球空间信息剖分标识编码，达到对空间信息对象身份唯一性确认的目标。

空间信息剖分标识主要分为空间位置剖分标识、空间实体剖分标识和空间数据剖分标识三种类型，其中空间位置剖分标识是基础，空间实体剖分标识和空间数据剖分标识是空间位置剖分标识的集成应用和扩展，见图4-2所示。相对来说，空间位置剖分标识只需将地球剖分面片编码进行简单改进即可；空间实体剖分标识的编码模型较为复杂；同时，如果把数据范围作为简单的几何对象，那么空间实体

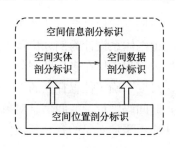

图4-2　空间信息剖分标识体系框架

剖分标识的基本模型与原理，均可以直接移植和扩展到空间数据标识中。因此，本节主要以空间实体为例阐述空间信息剖分标识的基本原理。

对于空间实体剖分标识而言，首先可根据空间实体的尺度确定面片细化的程度，并确定其区域位置信息；然后，通过附加时间和顺序码等信息进一步唯一确定空间实体。理论上，在一定区域范围内、一个时间点上，相应尺度的空间实体数量是有限的，通过顺序编码可以对该区域范围内的所有空间实体进行唯一标识。因此，空间信息可全球唯一剖分标识编码的基本原理是：在大尺度下，区域范围大，空间实体数量多；当尺度逐渐减小，单元区域的空间实体数量减少；当区域划分到适当尺度时，单元区域的空间实体数量较少甚至可以达到唯一。此时，可以采用"空间位置码＋顺序码＋时间码"的方式唯一标识空间信息，见图4-3。

例如，在基于四叉剖分情况下，在第 N 级尺度下，单元区域包含的空间实体可能为 m 个；在第 $N+1$ 级尺度下，每个单元区域包含的空间实体平均个数为 $m/4$ 个；在第 $N+2$ 级尺度下，每个单元区域包含的空间实体平均个数为 $m/16$ 个；照此类推，在

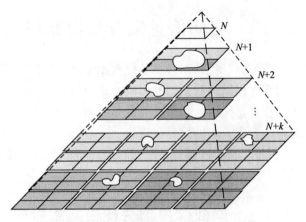

图 4-3 空间实体剖分标识的原理示意图

$N+k$ 级尺度下，单元区域包含的空间实体平均个数为 1 个时，能够完成空间信息的唯一标识。在实际应用中，即使没有细分到该尺度，在其他大尺度下也可以完成空间实体的唯一标识，只不过需要增加顺序码的长度。

4.3.2 空间信息剖分标识通用编码结构

根据空间信息标识的基本要求，按照地球剖分唯一标识的原理，空间信息剖分标识通用编码体系设计为剖分位置编码、顺序码、时间码和扩展码四部分；剖分位置编码主要标识空间实体在多尺度剖分空间中的区域位置；顺序码的主要目的是解决空间实体在确定尺度、确定位置存在的唯一性问题，即通过该编码来区分同一单元区域内的空间实体；时间码则记录空间信息对象标识编码的生成时刻；扩展码为预留空间，用户可根据具体应用添加对象的各种其他信息，如图 4-4 所示。

图 4-4 空间信息剖分标识体系结构示意图

剖分位置编码采用地球剖分面片编码，可以较好地满足空间实体点面二相统一标识的需要，具体的剖分位置（面片）编码模型和生成方法将在 4.4 节展开讨论。

顺序码的结构较为简单，具体构成方式为：顺序码＝{0, 1, 2, …, n}。顺序编码的数量由单元区域内空间实体个数决定，若单元区域内只有 1 个空间实体需要标识，则顺序编码＝{0}；若单元区域内存在 5 个空间实体需要标识，则顺序编码＝{0, 1, 2, 3, 4}，顺序编码长度为 5，用二进制的 3bit 来表示；若单元区域内存在 130 个目标，则顺序编码＝{0, 1, 2, 3, …, 129}，顺序编码长度为 130，用二进制的 8bit 来表示。当空间实体标识的尺度选择恰当，理论上可以标识地球表面的任意空间实体，如一粒沙子的标识编码。因此，顺序编码是由空间实体所在尺度的单元区域内的实体数量决定的，是一个动态模型，其编码长度确定原则如表 4-1 所示。

表 4-1　顺序编码位数的确定原则

目标数量（x）	顺序编码位数/bit
$1 \leqslant x \leqslant 4$	2
$4 < x \leqslant 8$	3
$8 < x \leqslant 16$	4
$16 < x \leqslant 32$	5
$32 < x \leqslant 64$	6
$64 < x \leqslant 128$	7
⋮	⋮
$2^{n-1} < x \leqslant 2^n$	n

时间码记录的是信息编码的生成时刻，采用国际通用的 40bit 结构来统一标识（图 4-5），为后续的空间实体生命周期讨论提供基础。

时间编码					
年	月	日	时	分	秒
YYYY	MM	DD	HH	MM	SS
14位	4位	5位	5位	6位	6位
0~13	14~17	18~22	23~27	28~33	34~39

第0位　　　　　　　　　　　　　　　　　　　　　　　　　第39位

图 4-5　时间码结构示意图

扩展码属预留编码位置，用户可根据实际应用需求方便地添加空间实体的各种属性信息（如形状信息、安全密钥、所属部门等）。同时，随着信息化技术的快速发展，在各个行业应用领域，已经形成了某些行业标识编码标准，如物流行业的邮政编码、公安行业的身份证编码、交通行业的机动车编码、市政行业的公共设施编码（如道路、电杆、路灯等）等；用户在空间信息扩展码中加入这些行业应用标识编码，不仅可以兼容和继承这些标识编码成果，还可以很好地起到辅助区分空间实体的作用。

4.4　空间位置剖分标识模型与方法

空间位置剖分标识的目的是建立地球空间区域位置的标识编码体系，地球剖分框架是空间位置剖分标识体系的编码基础。空间位置剖分标识体系建立了全球统一的多尺度空间区域位置描述结构，可为空间信息的高效索引提供统一的索引标识基础。同时，作为一种全新的辅助经纬度坐标的空间定位体系，空间位置剖分标识还是空间实体和空间数据剖分标识模型的编码基础。

4.4.1　空间位置剖分标识模型

在地球剖分框架中，地球表面被剖分成形状近似、空间无缝无叠、尺度连续的多层次区域单元（面片），每一个区域单元（面片）都被赋予一个全球唯一的编码，由此可实现地球表面任意一块区域位置的多尺度唯一标识编码。剖分面片地址编码可以替代地理坐标进行各种操作，可以在全球范围精确地标识区域位置，因此完全可以作为空间位置剖分标识编码的设计出发点。以地球剖分面片地址编码为基础，空间位置剖分标识编码模型设计由剖分层级编码和剖分面片编码两部分组成，如图 4-6 所示。

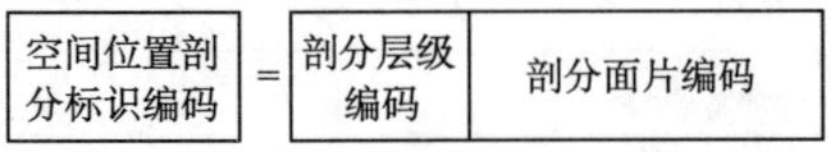

| 空间位置剖分标识编码 | = | 剖分层级编码 | 剖分面片编码 |

图 4-6　空间位置剖分标识编码结构示意图

在空间位置剖分标识模型中，剖分层级编码主要负责标识面片所在的剖分层级，设计编码长度为 5bit，编码容量为 0~31；剖分面片编码主要负责标识面片所在空间位置和区域，编码长度随剖分面片层级的不同而变化。因此，从空间位置剖分标识编码中，不仅能获知空间区域的位置信息，还可以得到剖分层级等尺度信息。

剖分面片可以递归细分，面片编码对空间位置、区域的标识具有层级嵌套的特点。因此，空间位置剖分标识具备多尺度和高精度的特性，非常有利于多尺度空间信息组织与分析。空间位置剖分标识编码的主要特性体现在以下几个方面：

（1）区域性。每个空间位置剖分标识编码都标识了地理空间中的一个固定区域，编码越短，标识的空间区域范围越大；编码越长，标识的空间区域范围越小。理论上，空间剖分区域可以无限细分，但无论如何细分，空间位置剖分标识编码都不是一个抽象的质点信息，而是一个区域范围的信息。如，剖分到 96 级将达到微米级，但它标识的还是一个区域信息，只是区域非常小。

（2）多尺度性。空间位置剖分标识编码与传统地理位置编码的不同之一，在于剖分标识编码具有空间多尺度性。传统地理编码只是标定了空间位置，不含空间范围或尺度信息。剖分标识编码自身含有剖分层级编码，可直接获知编码标识区域的尺度信息。

（3）递归性。由于地球剖分框架本身具有层次性，上下剖分层级之间具有递归性。因此，空间位置剖分标识编码本身也具有递归性，即通过上下两层面片编码就可以确定下层面片与上层面片间的相对位置关系。

（4）唯一性。地球剖分是将地球表面分成形状近似、空间无缝无叠、尺度连续的多层次面片，每一个面片被赋予一个全球唯一的地址编码。因此，空间位置剖分标识编码本身就具有全球唯一性，为解决空间数据整合、尺度转换和快速检索等问题提供了标识基础。

（5）继承性。空间位置剖分标识的层次性编码模式，使其具有继承性，即一个剖分编码内包含了由大尺度到小尺度的各级编码，大尺度和小尺度的关系是被继承与继承关系，或者说被包含与包含关系。n 级剖分编码是从第 1 级，第 2 级，…，第 $n-1$ 级一级一级继承而来。也就是说，n 级剖分编码继承了第 1~$n-1$ 级尺度信息（图 4-7）。编码的继承性是由剖分框架的层次性特征而来。上级剖分面片下分为四个子面片，根据上一级的剖分面片编码可得到下一级子面片的地址码，而下一级剖分面片的地址码包含了上一级剖分面片的地址码等。

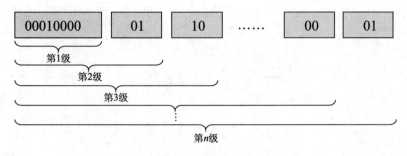

图 4-7　剖分编码的继承性

4.4.2　球面-平面统一的空间位置剖分标识编码方法

在全球范围或大区域范围上，通常球面经纬度剖分标识编码体系就可以满足目标定位和数据组织的需求，但在局域范围上往往需要平面剖分标识编码体系才能满足数据组织的精度要求。在实际应用中，又往往会同时应用到球面、平面剖分标识编码。因此，根据前述空间位置剖分标识模型，在 GAISOF 全球剖分框架的基础上，本节设计了一种球面-平面统一的空间位置（面片）剖分标识编码方案。

在 GAISOF 等经纬网剖分体系和 GAISOF 高斯格网剖分体系的基础上，球面-平面统一剖分标识编码的基本网格采用等经纬网剖分 $\{E, S_{3°经带}, S_{4°纬区}\}$，即 3°×4°带区。每个带区都是等经纬网面片的聚合，可以通过等经纬网剖分体系进行定位。带区内部按照平面剖分划分为"方里网格"，方里网格采用 512km 局部编码。由于每一个带区的区域范围都小于 512km，所以由"带区编码＋方里网格编码"就可以构成 GAISOF 球面-平面统一空间位置剖分标识编码。

1. 球面-平面剖分统一编码基本网格——3°×4°带区

3°×4°带区是指由 4°纬区和 3°经带共同构成的等经纬网格。4°纬区及其编码的定义是：从赤道起算，至南、北纬 88°区间，每 4°纬差为一个"纬区"，南、北半球各分为22区；采用数字标识，即用 0，1，2，…，21 表示不同的纬区编号，纬区号前面加符号位"1"，代表"－"，表示南纬；"0"代表"＋"，表示北纬。例如，0°N～4°N 纬区标识为＋0，0°S～4°S 纬区标识为－0。3°经带定义为：从 1°30′E 起算，每 3°为一带，全球共分 120 带，其编码分别为 1～120。据此，南、北纬 88°之间共分为 44×120＝5280 个带区，如图 4-8 所示。

2. 方里网格及其编码原点

基本方里网格是指 GAISOF 高斯格网剖分体系的 0 级面片，即 512km 网格。方里网格的子网格由高斯格网剖分的 1～19 级面片组成，最小方里网格大小为 1/64m 网格

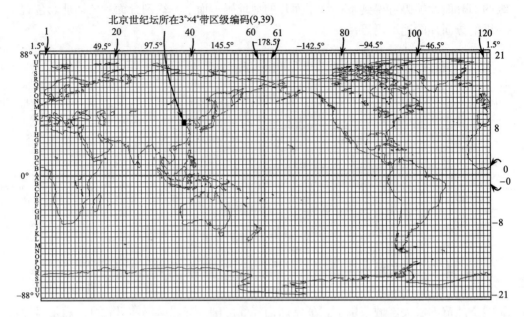

图 4-8　3°×4°带区及北京世纪坛所在带区编码示意图

（边长约为 1.56cm）。

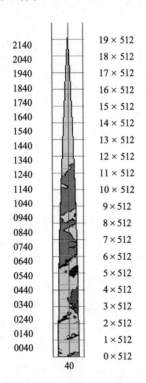

图 4-9　基本方里网格
与 3°×4°带区的对应

如图 4-9 所示，其中浅色网格为 3°×4°带区，左侧数字为带区编码；深色网格为基本方里网格，即 512km 网格，右侧数字为基本方里网格纵坐标起始位置。

仔细观察图 4-9 可以看出，基本方里网格与 3°×4°带区并不是一一对应的，但可以对每一带区选取一个基本方里网格局部编码原点，如表 4-2 所示。公里网格局部编码占 9 位，编码范围是 [0，511]。从以上选取的原点起始，沿纵、横坐标正方向从 0 开始正向编码，沿纵、横坐标反方向从 511 开始逆向编码。由于每一带区范围均略小于 512km 网格，所以带区内方里网编码不会超过编码范围。

3. 球面-平面统一剖分编码方案

GAISOF 球面-平面统一剖分空间位置标识编码由两部分组成，即 3°×4°带区编码和方里网格编码。其中方里网格编码由高斯格网剖分公里网格编码、米级网格编码及米以下网格编码组成；3°×4°带区编码包括 6 位的 4°纬区号和 7 位的 3°分带号组成，格式如图 4-10 所示。

表 4-2　基本方里网格（512km 网格）与 3°×4°带区的对应

带区编码	方里网原点		带区编码	方里网原点	
	纵坐标	横坐标		纵坐标	横坐标
0040	0×512	40 512	1240	11×512	40 512
0140	1×512	40 512	1340	12×512	40 512
0240	2×512	40 512	1440	12×512	40 512
0340	3×512	40 512	1540	13×512	40 512
0440	4×512	40 512	1640	14×512	40 512
0540	5×512	40 512	1740	15×512	40 512
0640	6×512	40 512	1840	16×512	40 512
0740	6×512	40 512	1940	17×512	40 512
0840	7×512	40 512	2040	18×512	40 512
0940	8×512	40 512	2140	19×512	40 512
1040	9×512	40 512			

GAISOF 球面-平面统一剖分空间位置标识编码中，4°纬区编码共占 6 位二进制数，首位符号位"1"代表"一"，表示南纬，首位符号位"0"代表"＋"，表示北纬，纬区编码范围［－21～21］；3°分带号占 7 位二进制数，编码范围［1～120］。方里网格编码分为纵向编码和横向编码，均包含 3 段，即公里网格编码、米级网格编码和米小数网格编码，分别占 9、10、6 个二进制位；公里网格编码范围为［0～511］，米级网格编码范围为［0～999］，米以下网格编码范围为［0～63］。GAISOF 球面-平面统一剖分空间位置标识编码格式如图 4-11 所示。

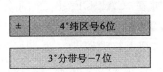

图 4-10　3°×4°带区编码格式

±	4°纬区号6位	公里网格—纵坐标9位	米级网格—纵坐标10位	米小数网格—6位

3°分带号—7位	公里网格—横坐标9位	米级网格—横坐标10位	米小数网格—6位

图 4-11　GAISOF 球面-平面统一剖分空间位置标识编码格式

4.4.3　空间位置剖分标识示例

根据空间位置剖分标识编码模型和球面-平面统一编码方案，本节以北京世纪坛为例，给出了空间位置球面-平面统一剖分标识编码的具体过程。北京世纪坛的经纬度坐标为（39°54′37.0″N，116°18′54.8″E），高斯坐标为（4419869.804，39441446.971），则其所在 3°×4°带区编码为（09，39），所在平面剖分标识编码分别为：

1 级面片（256km 网格）编码为（09，39）＋（1，1）；

2 级面片（128km 网格）编码为（09，39）＋（2，3）；

3 级面片（64km 网格）编码为（09，39）＋（5，6）；

4 级面片（32km 网格）编码为（09，39）＋（10，13）；

5 级面片（16km 网格）编码为（09，39）＋（20，27）；

6 级面片（8km 网格）编码为（09，39）＋（40，55）；

7 级面片（4km 网格）编码为（09，39）＋（80，110）；

8 级面片（2km 网格）编码为（09，39）＋（161，220）；

9 级面片（1km 网格）编码为（09，39）＋（323，441）；

10 级面片（8m 网格）编码为（09，39）＋（323，441）＋（108，55）；

11 级面片（4m 网格）编码为（09，39）＋（323，441）＋（217，111）；

12 级面片（2m 网格）编码为（09，39）＋（323，441）＋（434，223）；

13 级面片（1m 网格）编码为（09，39）＋（323，441）＋（869，446）。

在实际编码计算中，如果已知某空间区域的 3°投影高斯坐标，要计算 GAISOF 平面剖分编码则十分简便：首先确定将该点所在的带区号，然后将该点的高斯坐标（横坐标去掉带号，以米为单位）除以 512 000，所得余数即方里网格编码。这样就得到该点所在 GAISOF 平面剖分的各级面片编码。如：北京世纪坛（4419869.804，39441446.971）所在 3°×4°带区编码为（09，39）。其二进制形式为（1001，100111）。方里网格编码为：纵坐标 4419869.804＝8×512000＋323（km）＋869.804（m）。其中，余数二进制为 101000011（km）＋ 1101100101.110011（m）；横坐标为 441446.971＝0×512000＋441（km）＋446.971（m），其中余数二进制为 110111001（km）＋0110111110.111110（m）。因此，北京世纪坛所在各级面片的 GAISOF 球面-平面统一剖分标识编码如表 4-3 和图 4-12 所示。

4.4.4 空间位置剖分标识与经纬度坐标

1. 空间位置剖分标识与经纬度坐标的关系

空间坐标系统是空间信息标识与表达的基础，经纬度坐标是最常用的空间坐标系统之一，是描述全球、大区域地球空间位置的主要方式。然而，在表达地球空间位置时，经纬度坐标系统在位置标识的离散性、多尺度性，以及数据组织特性等方面都存在一定局限性。

空间位置剖分标识体系是构建于地球空间剖分框架之上。它通过剖分面片地址编码来标识地球空间中的一个固定空间区域位置；编码越短，标识的空间区域范围越大；编码越长，标识的空间区域范围越小。由于地球剖分框架具备层次递归特性，空间位置剖分标识也具有空间多尺度的标识能力，即剖分编码的层次对应于空间剖分的层级，也对应于标识空间的尺度。因此，作为一种新型的地球空间区域位置标识体系，空间位置剖分标识具有区域性、多尺度性、唯一性及编码继承性等诸多优点。

空间位置剖分标识除了具备经纬度坐标系统的定位功能外，更重要的是它提供一个基于空间离散思想的位置标识框架，更加便于计算机的快速处理与高效管理，为全球海量空间信息的存储、组织和管理提供了全新的解决思路。在概念模型上，空间位置剖分

表 4-3　北京世纪坛所在各级面片的球面-平面统一剖分标识编码表

面片级别	分段	3°×4°带区编码(7位)	公里网格编码(9位)	米级网格编码(10位)	米以下网格编码(6位)
计算结果	纵向	0010010	1 0 1 0 0 0 0 1 1	1 1 0 1 1 0 0 1 0 1	1 1 0 0 1 1
	横向	0100111	1 1 0 1 1 1 0 0 1	0 1 1 0 1 1 1 1 1 0	1 1 1 1 1 0
3°×4°带区	纵向	0010010	(09, 39)		
	横向	0100111			
1 级面片 (256km)	纵向	0010010　1	(09, 39) + (1, 1)		
	横向	0100111　1			
2 级面片 (128km)	纵向	0010010　1 0	(09, 39) + (2, 3)		
	横向	0100111　1 1			
3 级面片 (64km)	纵向	0010010　1 0 1	(09, 39) + (5, 6)		
	横向	0100111　1 1 0			
4 级面片 (32km)	纵向	0010010　1 0 1 0	(09, 39) + (10, 13)		
	横向	0100111　1 1 0 1			
5 级面片 (16km)	纵向	0010010　1 0 1 0 0	(09, 39) + (20, 27)		
	横向	0100111　1 1 0 1 1			
6 级面片 (8km)	纵向	0010010　1 0 1 0 0 0	(09, 39) + (40, 55)		
	横向	0100111　1 1 0 1 1 1			
7 级面片 (4km)	纵向	0010010　1 0 1 0 0 0 0	(09, 39) + (80, 110)		
	横向	0100111　1 1 0 1 1 1 0			
8 级面片 (2km)	纵向	0010010　1 0 1 0 0 0 0 1	(09, 39) + (161, 220)		
	横向	0100111　1 1 0 1 1 1 0 0			
9 级面片 (1km)	纵向	0010010　1 0 1 0 0 0 0 1 1	(09, 39) + (323, 441)		
	横向	0100111　1 1 0 1 1 1 0 0 1			
10 级面片 (8m)	纵向	0010010	1 0 1 0 0 0 0 1 1	1 1 0 1 1 0 0	(09, 39) + (323, 441) +(108, 55)
	横向	0100111	1 1 0 1 1 1 0 0 1	0 1 1 0 1 1 1	
11 级面片 (4m)	纵向	0010010	1 0 1 0 0 0 0 1 1	1 1 0 1 1 0 0 1	(09, 39) + (323, 441) +(217, 111)
	横向	0100111	1 1 0 1 1 1 0 0 1	0 1 1 0 1 1 1 1	
12 级面片 (2m)	纵向	0010010	1 0 1 0 0 0 0 1 1	1 1 0 1 1 0 0 1 0	(09, 39) + (323, 441) +(434,223)
	横向	0100111	1 1 0 1 1 1 0 0 1	0 1 1 0 1 1 1 1 1	
13 级面片 (1m)	纵向	0010010	1 0 1 0 0 0 0 1 1	1 1 0 1 1 0 0 1 0 1	(09,39)+(323, 441)+(869,446)
	横向	0100111	1 1 0 1 1 1 0 0 1	0 1 1 0 1 1 1 1 1 0	
14 级面片 (1/2m)	纵向	0010010	1 0 1 0 0 0 0 1 1	1 1 0 1 1 0 0 1 0 1	1
	横向	0100111	1 1 0 1 1 1 0 0 1	0 1 1 0 1 1 1 1 1 0	1
15 级面片 (1/4m)	纵向	0010010	1 0 1 0 0 0 0 1 1	1 1 0 1 1 0 0 1 0 1	1 1
	横向	0100111	1 1 0 1 1 1 0 0 1	0 1 1 0 1 1 1 1 1 0	1 0
16 级面片 (1/8m)	纵向	0010010	1 0 1 0 0 0 0 1 1	1 1 0 1 1 0 0 1 0 1	1 1 0
	横向	0100111	1 1 0 1 1 1 0 0 1	0 1 1 0 1 1 1 1 1 0	1 0 1
17 级面片 (1/16m)	纵向	0010010	1 0 1 0 0 0 0 1 1	1 1 0 1 1 0 0 1 0 1	1 1 0 0
	横向	0100111	1 1 0 1 1 1 0 0 1	0 1 1 0 1 1 1 1 1 0	1 0 1 1
18 级面片 (1/32m)	纵向	0010010	1 0 1 0 0 0 0 1 1	1 1 0 1 1 0 0 1 0 1	1 1 0 0 1
	横向	0100111	1 1 0 1 1 1 0 0 1	0 1 1 0 1 1 1 1 1 0	1 0 1 1 1
19 级面片 (1/64m)	纵向	0010010	1 0 1 0 0 0 0 1 1	1 1 0 1 1 0 0 1 0 1	1 1 0 0 1 1
	横向	0100111	1 1 0 1 1 1 0 0 1	0 1 1 0 1 1 1 1 1 0	1 1 1 1 1 0

标识与经纬度坐标系统的关系如图 4-13 所示。

空间位置剖分标识与经纬度坐标系统二者的区别在于：经纬度坐标系统是一套连续的坐标定位体系，空间位置剖分标识是一套离散的空间定位体系；经纬度坐标系统通过坐标对来表达点位信息，空间位置剖分标识通过剖分单元来表达区域的信息，利用剖分面片编码来标识区域位置。两者异同见表 4-4 所示。

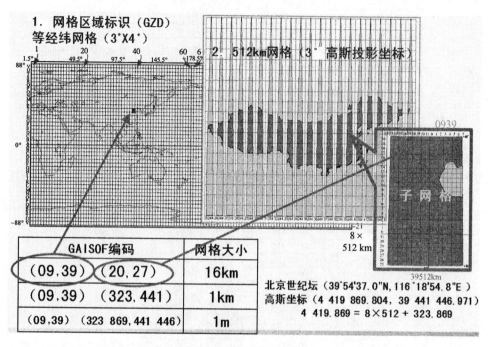

图 4-12　GAISOF 球面-平面统一剖分标识编码实例

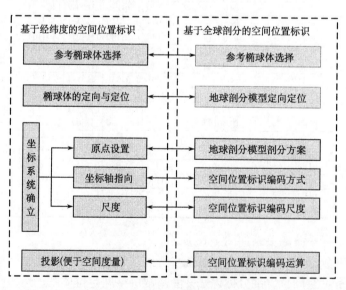

图 4-13　经纬度坐标系统与空间位置剖分标识关系示意图

表 4-4 空间位置剖分标识与经纬度坐标系统的关系

功能	空间位置剖分标识	经纬度坐标系统
空间定位	支持	支持
位置索引	支持多层次区域索引	支持位置点索引
地图投影	支持	支持
空间量算	面片	空间点
空间关系	利用面片编码计算	需构建空间关系表
空间实体表达	面片	点串

总体而言，空间位置剖分标识与经纬度坐标系统是一种互补的关系。本书提出建立空间位置剖分标识的初衷，旨在构建一套满足数字化空间信息管理需要的离散标识定位体系，并建立其与经纬度坐标之间的映射关系，使其更好地服务于全球空间信息组织和管理；不是另起炉灶、摒弃经纬度坐标系统。经纬度坐标概念已经深入人心，并在社会生产的各个领域都得到了广泛的应用，便于人们对"空间"的理解和认识；空间位置剖分标识是一套离散的数字化标识体系，便于计算机对"空间"的理解和认识。两者相辅相成，共同服务于全球空间信息统一组织与管理。

2. 空间位置剖分标识与经纬度之间的转换

空间位置剖分标识与经纬度坐标系统，两者相辅相成，且具有严格的映射关系。根据前述的编码模型和编码结构，空间位置剖分标识编码与经纬度之间可以方便快捷地实现互相转换。空间位置剖分标识编码采用的是 GAISOF 球面-平面统一的编码方案，其编码包括球面经纬度剖分编码和平面高斯剖分编码两部分，两者的经纬度坐标转换方法略有差异。

空间位置剖分标识经纬度剖分编码与经纬度坐标之间的转换较为简单。设某空间位置剖分标识经纬度编码部分的纬向码为 $nqb_0b_1b_2b_3\cdots b_i\cdots b_n$，经向编码为 $nql_0l_1l_2\cdots l_i\cdots l_n$，则需分别进行经向编码转换（见式（4-1））和纬向编码转换（见式（4-2）），计算得到面片所在 $3°\times4°$ 带区的左下点经纬度坐标 (λ, φ)。

$$\lambda = \begin{cases} (-1)^q \times 2^{|n-2|} \times l_n, & q \in [0,1], n \in [0,2] \\ (-1)^q \times (l_2 + 2^{|n-4|} \times l_n/60), & q \in [0,1], n \in [3,4] \\ (-1)^q \times (l_2 + l_4/60 + 2^{|n-6|} \times l_n/3600), & q \in [0,1], n \in [5,6] \\ (-1)^q \times (l_2 + l_4/60 + (l_6 + \frac{1}{10}\sum_{i=n-6}^{n}\frac{l_i}{2^i})/3600), & q \in [0,1], n \in [7,17] \end{cases}$$

$$(4\text{-}1)$$

$$\varphi = \begin{cases} (-1)^q \times 2^{|n-2|} \times b_n, & q \in [0,1], n \in [0,2] \\ (-1)^q \times (b_2 + 2^{|n-4|} \times b_n/60), & q \in [0,1], n \in [3,4] \\ (-1)^q \times (b_2 + b_4/60 + 2^{|n-6|} \times b_n/3600), & q \in [0,1], n \in [5,6] \\ (-1)^q \times (b_2 + b_4/60 + (b_6 + \frac{1}{10}\sum_{i=n-6}^{n}\frac{b_i}{2^i})/3600), & q \in [0,1], n \in [7,17] \end{cases}$$

$$(4\text{-}2)$$

上述两式中，经向编码和纬向编码均转换成以度为单位；如果 $\lambda<0$，则表示该剖分面片所表示的空间地理范围位于西半球，$q=1$；如果 $\lambda>0$，则表示该剖分面片所表示的空间地理范围位于东半球，$q=0$；如果 $\varphi<0$，则表示该剖分面片所表示的空间地理范围位于南半球，$q=1$；如果 $\varphi>0$，则表示该剖分面片所表示的空间地理范围位于北半球，$q=0$。据此，从剖分面片编码转换为经纬度之间的基本流程为（图 4-14）：

（1）根据剖分面片编码的第 1 位 q，由此判断经纬度的象限；

（2）根据剖分面片编码的长度 n，判断剖分面片的所在的剖分级数；

（3）根据剖分面片所在剖分级数，选择对应计算公式，即可计算出剖分面片的编码对应的经纬度。

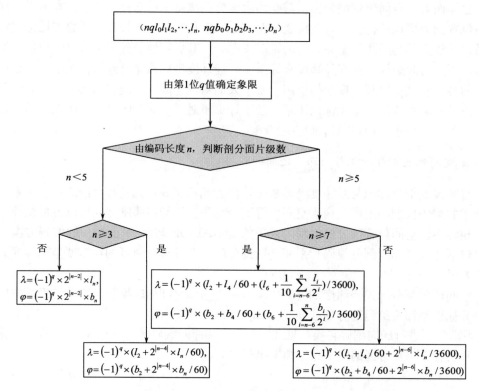

图 4-14　空间位置剖分标识球面经纬度编码与经纬度坐标换算流程图

空间位置剖分标识平面高斯剖分编码与经纬度坐标之间的转换则相对复杂得多。设某空间位置剖分标识平面高斯编码部分的纵向编码为 $nqx_0x_1\cdots x_i\cdots x_n$，横向编码为 $nqy_0y_1y_2\cdots y_i\cdots y_n$；首先，需分别进行纵向编码转换（见式（4-3））和横向编码转换（见式（4-4）），计算得到定位面片左下点高斯坐标 (X, Y)；其次，利用前述球面经纬度编码转换计算获取的 $3°\times4°$ 带区左下点经纬度坐标 (λ, φ)，确定定位面片所在的 $3°$ 分带带号；最后，根据高斯坐标 (X, Y) 和 $3°$ 分带带号，利用高斯坐标变换计算得到定位面片左下点的经纬度坐标。

$$X = \begin{cases} (-1)^q \times 2^{|n-9|} \times x_n, & q \in [0,1], n \in [0,9] \\ (-1)^q \times (x_9 + 2^{|n-13|} \times x_n/1000), & q \in [0,1], n \in [10,13] \\ (-1)^q \times (x_9 + (x_{13} + \dfrac{1}{10}\sum\limits_{i=n-13}^{n}\dfrac{x_i}{2^i})/1000), & q \in [0,1], n \in [14,29] \end{cases}$$

(4-3)

$$Y = \begin{cases} (-1)^q \times 2^{|n-9|} \times y_n, & q \in [0,1], n \in [0,9] \\ (-1)^q \times (y_9 + 2^{|n-13|} \times y_n/1000), & q \in [0,1], n \in [10,13] \\ (-1)^q \times (y_9 + (y_{13} + \dfrac{1}{10}\sum\limits_{i=n-13}^{n}\dfrac{y_i}{2^i})/1000), & q \in [0,1], n \in [14,29] \end{cases}$$

(4-4)

在上述两式中，纵向编码和横向编码转换后的高斯坐标单位为 km；如果 $X<0$，则表示该剖分面片所表示的空间地理范围位于南半球，$q=1$；如果 $X>0$，则表示该剖分面片所表示的空间地理范围位于北半球，$q=0$。从空间位置标识平面高斯剖分编码转换为高斯坐标的基本流程为（图 4-15）：

（1）从空间位置标识平面高斯剖分编码中分离出横向编码和纵向编码；

（2）根据纵向编码的第 1 位 q，由此判断剖分面片所处的象限，即确定剖分面片所表达的空间区域处在南半球还是北半球；

（3）根据横向编码的长度 n，判断剖分面片的所在的高斯剖分的层级；

（4）根据剖分面片所在剖分级数，选择对应计算公式，即可计算出剖分面片的编码对应的高斯坐标。

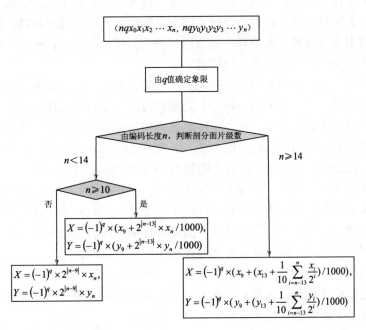

图 4-15　空间位置剖分标识平面高斯剖分编码与高斯坐标换算流程图

4.5 空间实体剖分标识模型与方法

由于剖分面片可以无限细分，理论上对于每个特定空间实体都可根据其位置找到其所在的剖分面片，并建立映射关系。充分利用空间剖分面片编码的唯一性对空间实体进行标识，可建立起基于区域位置的空间实体剖分标识模型。

4.5.1 空间实体剖分标识模型

标识有两个核心特征：一是要具有唯一性，二是要有统一的形式。空间实体标识主要作用就是用来区分空间实体，并关联空间实体的相关特征，为空间信息的组织、表达和索引服务。区位特征、属性特征和时间特征是空间实体最重要的特征。因此，空间实体剖分标识编码模型设计由剖分区位信息编码、属性信息编码、时间信息编码和扩展编码构成，其结构如图 4-16 所示。

图 4-16 空间实体剖分标识模型编码结构

剖分区位信息编码主要表达空间实体在多尺度剖分空间的区域位置信息，包括剖分层级码、球面-平面统一剖分面片编码。属性信息编码主要表达空间实体在确定尺度、确定区位内的个体特征信息，以及排序信息等。时间信息编码主要为空间实体提供空时记录关联信息，同时也为今后讨论空间实体动目标的唯一标识提供基础。扩展码为未来的实际应用需求提供预留编码位置，可由用户根据需要自主添加；例如，可在扩展码中加入空间实体的安全密钥信息和部门信息等。

空间实体剖分标识模型的属性编码由属性分类码和属性标序码两部分组成。属性分类码将空间实体分为若干个类别，每个类别都有自己的编码。属性标序码是对区域内同类别的多个空间实体进行排序，其长度由区域内空间实体个数决定。若区域内存在 5 个空间实体需要标识，则属性编码长度为 5，用二进制的 3bit 来表示；若区域内存在 130 个目标，则属性编码长度为 130，用二进制的 8bit 来表示。由于属性标序码是变长的，因此属性标序码开始处留有 5bit 的空间，用于记录属性标序码的长度。空间实体剖分标识编码在确定剖分区域位置编码时，已经采用了针对空间实体的合适尺度，同一剖分区位编码不会包括太多的同一类别目标，因此属性编码的长度也不会太长。当目标的尺度适当，空间实体编码原则上可以表达地球表面的任意目标。

属性信息编码、时间信息编码和扩展码，可根据空间实体的相关参数及元数据获取，并直接进行信息编码，在此就不再赘述。本节重点探讨剖分区位信息编码，即确定空间实体所在剖分面片的方法和策略。

4.5.2 空间实体剖分标识编码的基本方法

1. 剖分标识层级的确定方法

空间实体的形状多种多样，有规则的，也有不规则的，且需要在多个尺度上进行标识；有些空间实体面积较大，但需在较小的尺度上标识；有些空间实体可能面积很小，但却需在较大的尺度上标识，因此为某个空间实体确定一个合适的剖分标识层级是一个值得探讨的问题。

GAISOF 平面剖分的各级面片均呈规则正方形，因此采用空间实体的最小外包正方形能够比较快捷地研究空间实体的区位信息，从而确定适合标识空间实体的剖分层级。具体策略如下：空间实体的最小外包正方形的边长等于最小外包矩形的长宽值中的较大者，定义 S 为空间实体的最小外包正方形的面积，S_{k+1} 为一个 $k+1$ 级平面剖分面片的面积，S_k 为一个 k 级平面剖分面片的面积，当 $S_{k+1} \leqslant S \leqslant S_k$ 时，认为该空间实体的区位标识层级为 k 级；这样上下层级之间的空间实体在尺度上是相关联的，如图 4-17 所示。

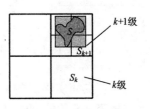

图 4-17 空间实体区位标识层级示意图

由 GAISOF 剖分框架可知，第 19 级平面剖分面片的面积仅为 2.4414cm^2，可作为空间实体区位标识的最小尺度。因此，本书选取 0~19 级平面剖分面片来表示空间实体的区位标识，各级平面剖分面片面积对应关系如表 4-5 所示。

表 4-5 0~19 级平面剖分面片面积对应关系

面片等级	网格大小	网格面积	面片等级	网格大小	网格面积
0	512km 网格	262 144km²	10	8m 网格	64m²
1	256km 网格	65 536km²	11	4m 网格	16m²
2	128km 网格	16 384km²	12	2m 网格	4m²
3	64km 网格	4 096km²	13	1m 网格	1m²
4	32km 网格	1 024km²	14	1/2m 网格	25dm²
5	16km 网格	256km²	15	1/4m 网格	6.25dm²
6	8km 网格	64km²	16	1/8m 网格	1.562 5dm²
7	4km 网格	16km²	17	1/16m 网格	39.062 5cm²
8	2km 网格	4km²	18	1/32m 网格	9.765 6cm²
9	1km 网格	1km²	19	1/64m 网格	2.441 4cm²

2. 剖分区域位置的确定方法

在确定了空间实体合适的剖分标识层级的前提条件下，该空间实体所跨越的标识层级平面剖分面片数目在 1~4 之间，可能是 1、2、3 或 4。为了简化判断计算，本书仅分析该空间实体最小外包正方形所跨的标识层级平面剖分面片数目，该数目一般只会是

1、2或4。如图4-18所示：空间实体 S 的标识层级为 k，则 S 所跨的 k 级剖分面片的数目可能是1个、2个、3个或4个，但空间实体 S 的最小外包正方形所跨的 k 级剖分面片的数目则可能是：（a）1个；（b）2个；（c）4个；（d）4个。

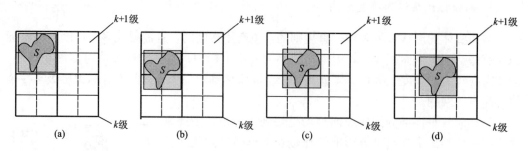

图 4-18　空间实体在区位标识层级所跨的平面剖分面片数目示意图

不管空间实体 S 的最小外包正方形在区位标识层级跨多少数目的平面剖分面片，本书规定：S 的最小外包正方形在哪个平面剖分面片中面积占优，则就把那个平面剖分面片的 GAISOF 球面-平面剖分统一编码作为空间实体 S 的区位标识；如果有面积并列占优的平面剖分面片，则采用"左上原则"，将相对位于"左上"的那个平面剖分面片的 GAISOF 球面-平面剖分统一编码作为空间实体 S 的区位标识，如图4-19所示。这样，不仅可以保证区位标识的唯一性，而且可以保证区位标识具有统一的形式和固定长度。

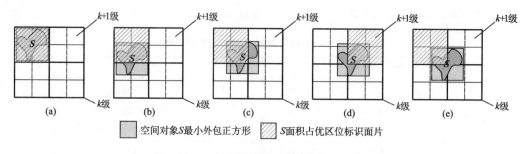

图 4-19　面积占优原则下的区位标识示意图

4.5.3　空间实体剖分标识的编码流程

根据空间实体剖分标识模型和编码方法，本节给出了空间实体剖分标识的具体实现流程：

（1）根据空间实体的边界坐标，确定空间实体的最小外包正方形及其四个角点高斯坐标。

（2）根据空间实体最小外包正方形的四个角点高斯坐标，计算空间实体最小外包正方形的面积 S。

（3）比较 S 与0～19级平面剖分面片面积的大小关系，根据标识层级策略确定标识层级。

（4）根据空间实体最小外包正方形的四个角点高斯坐标，分别计算在标识层级的纵横向编码；比较纵横向编码，判断空间实体最小外包正方形具体跨越哪个或哪几个平面剖分面片。

（5）计算空间实体最小外包正方形与所跨平面剖分面片的交点坐标。

（6）根据空间实体最小外包正方形所跨剖分面片的边界坐标以及（5）中所求交点坐标，计算空间实体最小外包正方形在各所跨平面剖分面片中的面积。

（7）比较空间实体最小外包正方形在各所跨平面剖分面片中的面积，选择面积最大的那个；如果有并列面积最大，则选择相对位于"左上"的那个平面剖分面片。

（8）根据 GAISOF 球面-平面剖分体系统一编码规则，计算（7）确定的平面剖分面片的编码，作为该空间实体的区位信息标识编码（图 4-20）。

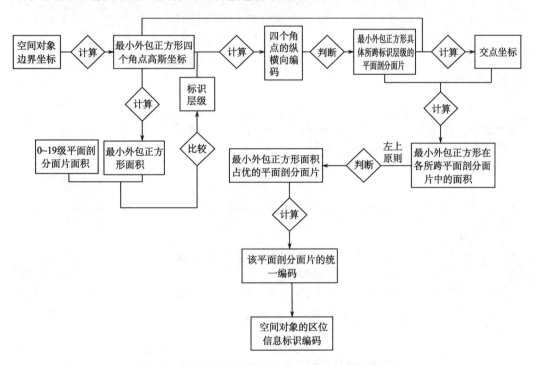

图 4-20　空间实体区位信息标识编码具体流程示意图

空间实体区位信息标识编码具体流程涉及一些算法讨论。在编码具体流程（1）（2）（5）（6）中，涉及一些基础的坐标换算和几何运算的算法，在本书中就不再详细展开了。

空间实体最小外包正方形的提取规则定义为：如果空间实体最小外包矩形的长度大于宽度，则空间实体最小外包正方形在北半球自南向北，南半球自北向南；如果空间实体最小外包矩形的长度小于宽度，则空间实体最小外包正方形在东半球自西向东，西半球自东向西，如图 4-21 所示。

在空间实体区位信息标识编码具体流程（4）中，需要根据空间实体最小外包正方形的四个角点高斯坐标分别计算在标识层级的纵横向编码，然后比较纵横向编码判断空间实体最小外包正方形具体跨哪个或哪几个该标识层级的平面剖分面片；具体判断规则

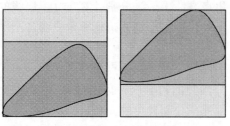
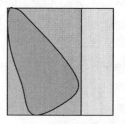
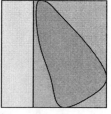

(a) 最小外包矩形长度大于宽度   (b) 最小外包矩形长度小于宽度

图 4-21 空间实体最小外包正方形提取规则示意图

为：首先假设空间实体最小外包正方形的四个角点高斯坐标分别是 A (x_a，y_a)、B (x_b，y_b)、C (x_c，y_c)、D (x_d，y_d)，对应的纵横向编码分别是 A (X_a，Y_a)、B (X_b，Y_b)、C (X_c，Y_c)、D (X_d，Y_d)。则判断情况具体区分为以下三种：

（1）若 $X_a = X_d$，$Y_a = Y_d$ 或 $X_b = X_c$，$Y_b = Y_c$，则空间实体跨越一个平面剖分面片，如图 4-22 所示。

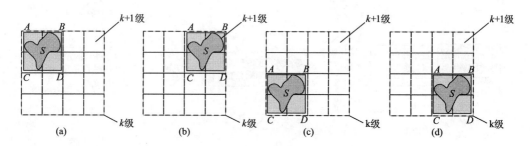

图 4-22 空间实体跨一个面片的情况

（2）若 $X_a = X_d$，$Y_a \neq Y_d$；$X_a \neq X_d$，$Y_a = Y_d$；$X_b = X_c$，$Y_b \neq Y_c$；$X_b \neq X_c$，$Y_b = Y_c$，则空间实体跨越两个平面剖分面片，如图 4-23 所示。

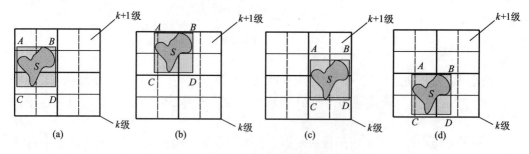

图 4-23 空间实体跨越两个面片的情况

（3）若 $X_a \neq X_d$，$Y_a \neq Y_d$ 或 $X_b \neq X_c$，$Y_b \neq Y_c$，则空间实体跨四个平面剖分面片，如图 4-24 所示。

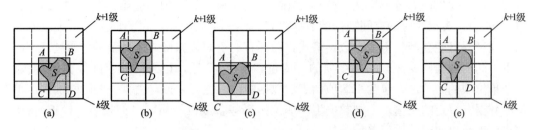

图 4-24　空间实体跨越四个面片的情况

4.6　空间数据剖分标识模型与方法

空间数据是记录空间实体的位置、形状、大小及其分布特征等诸多方面信息的数据，是对现实地理世界的客观描述，也具有定位、定性、时间和空间关系等特性。因此，基于空间区位信息、属性信息和时间信息唯一标识空间数据在理论上成为可能。借鉴参考空间位置剖分标识模型和空间实体剖分标识模型，本节简单设计了空间数据剖分标识的基本编码模型。

空间数据的种类较多，不同类型的数据具有不同的数据模型与存储格式，但都具有空间位置范围、时间等可以统一描述的特征，可以设计涵盖共同特征的编码结构进行标识描述。据此，空间数据的剖分标识编码模型设计由剖分位置编码、属性编码和时间编码三部分构成，如图 4-25 所示。以下以遥感数据为例，简单分析空间数据剖分标识编码各部分的结构设计。

剖分位置编码	遥感平台、波段、分辨率、等级、格式、生产单位	生产时间
0~63	64~119	120~159
160		

图 4-25　空间数据剖分标识编码模型示意图

以遥感数据为例，剖分位置编码部分标识空间数据所覆盖的地面区域范围，采用遥感数据所对应地球剖分面片的剖分编码作为编码值，预留 64bit 的长度。属性编码代码段由空间数据的卫星/传感器名称、谱段信息、分辨率信息、数据格式、产品等级、生产单位组成，如图 4-26 所示。对常用的遥感平台进行编码，遥感平台编码占 7 位；同一遥感平台可能搭载多个传感器，设置传感器编码为 4 位。现有高光谱遥感影像中，如美国的 Hyperion 已经有 220 个波段，中国的 OMIS-1 也有 128 个波段，PHI 有 244 个波段，设置波段数占 10 位。分辨率信息项的占 10 位，其中，前三位记录所用米制单位，米制单位代码：000 ＝厘米；001 ＝分米；010 ＝米；011 ＝十米；100 ＝百米；101 ＝千米；110 ＝万米；111＝十万米。记录地面分辨率平均值的数值，由 9 位表示，范围是：0～511；如分辨率为 125m，编码为：010-10011100111。数据格式项占 6 位，包含 64 项，表示对应的空间数据的数据格式；同一空间数据经过不同生产单位或者不同处理过程可能会产生不用的数据格式，对现有的空间数据格式进行编码，通过该编码识别不同的数据格式。产品等级项的为 4 位，包含 16 项，记录的是空间数据的等级。生产单位项的为 7 位，包含 128 项，表示数据的最后生产单位；由于一些特殊的生产单位的数据有特定的用途，不同数据生产单位的某些参数也不相同（如投影，校正），所以需要表示出数据的生产单位。

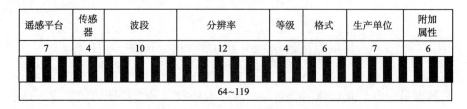

遥感平台	传感器	波段	分辨率	等级	格式	生产单位	附加属性
7	4	10	12	4	6	7	6

图 4-26　空间数据剖分标识编码模型属性标识码组成

时间编码代码段采用空间数据的成像时间或者制作时间作为该代码段的编码值。根据 ISO2014－1976 标准，日期形式为：YYYYMMDD，其中 YYYY 表示年，MM 表示月，DD 表示日；时间形式为：HHMMSS，其中 HH 表示"时"（按 24h 形式），MM 表示分，SS 表示秒。各项数据，右边对齐；位数不足时，用零补齐。该代码段的字符数为 14，使用数字码，表示形式为：YYYYMMDDHHMMSS。

4.7　本 章 小 结

空间信息剖分标识以地球剖分面片编码为基础，结合空间信息对象（包括空间数据、空间目标，以及存储、计算资源等）在时间和属性特征上的差异性，达到全球空间信息的唯一剖分标识身份的目的。因此，简捷、高效的全球空间位置球面-平面一体化编码体系设计，是实现空间信息剖分标识的关键。

在地理信息科学，甚至是计算机科学中，信息标识都是一项重要的研究课题。目前，针对空间实体、空间数据标识的研究尚不深入，本章也仅仅探讨了空间位置剖分标识编码模型，而作为一种探索性的思路或初步想法，对前两者的讨论尚停留在概念、原理等理论探讨层面，希望有更多的后续研究发展并完善这一有着重要应用价值的研究方向。

第5章 空间信息剖分存储组织原理与方法

空间信息存储是空间信息组织的核心内容之一，为空间信息的有序承载和高效分发服务奠定了物理基础。在存储技术上，传统的空间信息存储大多依托于现代通用的网络存储技术，针对空间信息的区域性、多尺度性、关联性等特殊存储需求考虑较少。基于此，本书提出依托空间信息剖分组织框架和剖分标识方法构建剖分存储系统的思路，旨在建立一套全新的海量空间信息空时存储体系，为发展新一代更高效的空间信息存储系统提供理论支撑。

5.1节主要从空间信息存储组织的要求、技术、问题等方面，介绍空间信息存储的现状及发展趋势。5.2节分析空间信息剖分存储组织的基本原理，主要内容包括空间信息剖分存储的基本思路、概念模型及协议体系等。5.3节讨论了空间信息剖分存储组织的资源标识与动态配置方法，包括存储资源的剖分标识方法、资源标识的注册与管理，以及资源动态配置的策略等方面的内容。5.4节介绍剖分数据存储模型与空时存储调度协议，包括全球空间信息统一标识方法、全球空间信息统一存储模型，以及空时存储调度协议等方面的内容。5.5节介绍剖分存储系统的运行与管理调度方法，包括剖分存储组织模型的技术优势分析、即插即用运行调度方法、虚拟全在线调度方法，以及数据迁移调度方法等方面的内容。

5.1 空间信息存储现状及发展趋势

5.1.1 空间信息存储组织的主要要求

空间信息泛指表征地球空间环境、特征、状态和关系的所有具有空间位置属性的各种信息，主要包括测绘、大气、水文、航空航天数据等。与传统信息（如文本）相比，空间信息具有表达形式复杂、类型繁多、数据量大、组织规格多样等特点。因此，其存储管理需满足以下要求：

（1）**数据存储的多样性要求**：目前空间信息主要表现为栅格和矢量两种数据形式，但不同业务部门的空间信息内容不一致，数据类型和格式不相同，数据存储形式呈现多样性。例如，栅格数据编码方式有直接栅格编码、链式编码、游程长度编码、块状编码、四叉树编码等，数据格式有 GeoTIFF、IMG、MrSID、NITF、ECW、HDR、CEOS、JPG2000、ADF、JPG、BMP 等；矢量数据格式有 TAB、MIF、SHP、Coverage、E00、DWG、DXF、EPS、WMF、EMF、CGM、PCT、WPG、3DS、PDF、GEM、SWF 等多种格式。因此，空间信息的存储组织要求存储系统能够存储管理多种形式的空间数据。

（2）数据存储的海量性要求：随着我国测绘与遥感技术的发展，特别是全球定位技术、高空间分辨率和高时间分辨率遥感卫星的发展，空间信息的数据量已逐步发展到PB级，呈现海量性。因此，空间信息的存储组织要求存储系统具有存储管理海量空间数据的能力。

（3）数据存储组织的统一性要求：以目前我国的航天数据和测绘数据为例，航天观测数据以"成像轨道条带"为数据组织单元，其数据产品以"景"作为基本组织单元，测绘地图数据以"地图分幅"为组织单元；并且不同组织单元的空间位置和面积大小各不相同，对地域的描述也不一致。即使在同一部门中，也可能由于数据的获取方式不同，组织规格也不相同。例如，对航天数据，不同分辨率的影像分景大小可能设计为 8km×8km，11km×11km、60km×60km 等。因此，针对空间数据组织规格的不统一性，空间信息的存储组织要求存储系统最好具有统一的数据存储组织与索引调度方式。

5.1.2 空间信息存储的主要技术

在空间信息的数据存储技术架构方面，目前主要集中在以网络存储、对象存储和集群存储为基础的系统存储架构。具体的存储技术主要包括：

（1）直接附加存储技术（Direct Attached Storage，DAS），是将外置存储设备通过连接电缆，直接连接到计算机上的存储技术。在该技术体制下，存储设备是计算机体系结构的一个组成部分，数据和操作系统是紧耦合关系，存储设备依赖计算机操作系统进行数据 I/O 读写和维护管理。DAS 能够解决单台计算机的存储空间扩展、高性能传输需求，常见的存储设备有大容量外置硬盘、磁盘阵列、光盘塔等（图 5-1）。

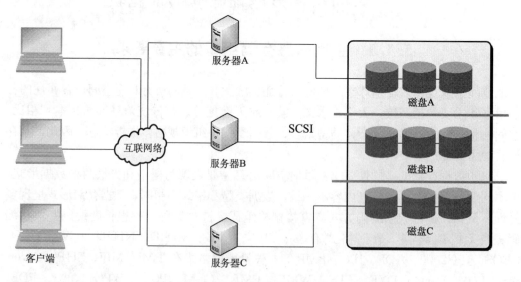

图 5-1　DAS存储结构图

（2）网络附加存储技术（Network Attached Storage，NAS），是一种通过网络以共享文件方式进行资料存取和访问的存储技术。该技术基于局域网，按照 TCP/IP 协议进行通信，以文件 I/O 方式进行数据传输，本质上是一种网络文件共享技术。NAS 存储设备通常作为网络上一个独立的 I/O 文件服务器使用，主要用来实现在不同操作系统平台下的文件共享应用。与传统的服务器或 DAS 存储设备相比，NAS 设备的安装、调试、使用和管理非常简单（图 5-2）。

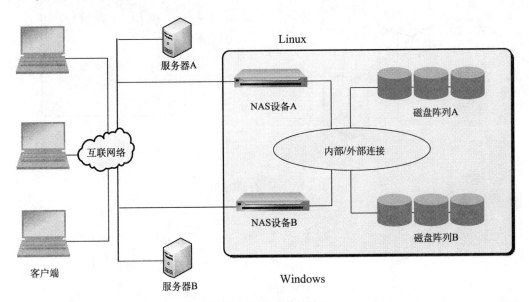

图 5-2　NAS 存储结构图

（3）存储区域网技术（Storage Area Network，SAN），是一种通过光纤或万兆以太网连接设备将大量存储设备与相关服务器连接起来的高速网络存储技术。SAN 通过一个从局域网中分离出来的单独网络来进行存储并提供企业级的存储服务。该网络连接了所有相关的存储装置和服务器，从原理上说几乎可以拥有无限容量的存储空间。该网络使用块级 I/O 操作，采用高速的光纤或万兆网作为传输媒体，以因特网小型计算机系统接口（Internet Small Computer System Interface，ISCSI）协议作为存储访问协议，将存储系统网络化，实现真正的高速共享存储。如果配合 SAN 文件系统，则可以实现文件级的数据高速存储（图 5-3）。

（4）对象存储技术也是一种分布式网络存储技术。其主要特点是将对数据块设备的操作封装在被称为对象的存储设备内部，从而在文件和块之间建立一种新的对象访问机制。该机制下，文件系统只需对对象设备进行操作，由对象将其转换为对不同块的操作，从而降低了文件系统对块设备的依赖。对象存储综合了 NAS 和 SAN 的优点，同时具有 SAN 的高速直接访问和 NAS 的数据共享等优势，提供了具有高性能、高可靠性、跨平台以及安全的数据共享的存储体系结构（图 5-4）。

（5）集群存储技术将多台存储设备中的存储空间聚合成一个能够给应用服务器提供统一访问接口和管理界面的存储池，应用可以通过访问接口透明地访问和利用所有存储设备上的磁盘，可以充分发挥存储设备的性能和磁盘利用率。数据将会按照一定的规则

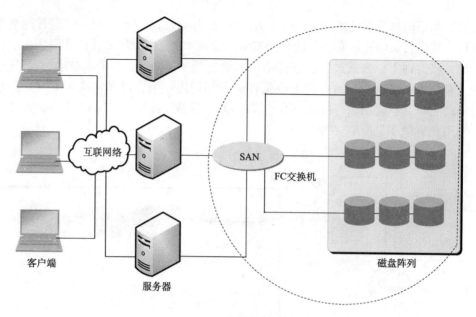

图 5-3　SAN 存储结构图

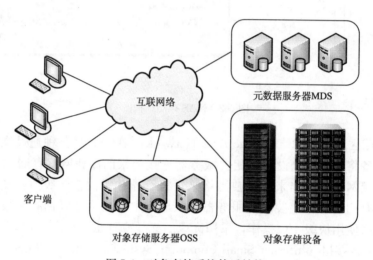

图 5-4　对象存储系统体系结构

从多台存储设备上存储和读取，以获得更高的并发访问性能。简单来说，集群存储技术就是通过将集群技术应用到存储系统，以满足数据增长对存储系统在性能、容量、管理等方面的需求。基于分布式文件系统的集群存储技术以其在数据共享、高 I/O 性能、高可扩展、高可用等方面的优势日益受到学术界和产业界的广泛重视和应用（图 5-5）。

（6）云存储是一种基于云计算模式的数据存储与管理系统，它将网络中大量各种不同类型的存储设备作为存储资源池，提供统一的可动态扩展的存储服务。云存储采用大文件分块、分布式存储、冗余备份的技术架构，可以根据需要自动调度数据和所需的存储资源，通过冗余存储保证数据的可靠性和访问处理的高效性，为海量数据存储管理提供了一种有效的途径（图 5-6）。

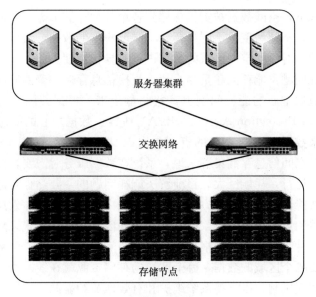

图 5-5　集群存储架构示意图

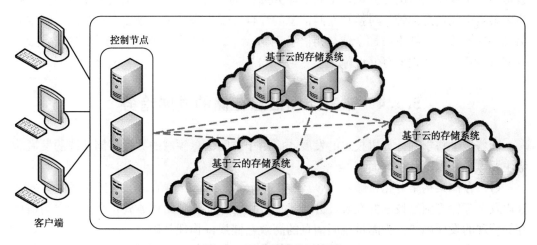

图 5-6　云存储模式示意图

5.1.3　当前空间信息存储的主要问题

目前，空间信息存储主要依赖于上述通用的网络存储技术架构，对空间信息存储的特殊需求存在一定的局限，特别是在多源海量空间信息存储方面尤为突出，主要体现在以下几个方面：

（1）存储资源调度问题：在实际业务应用中，"三线"（在线、近线、离线）存储架构，虽在一定程度上有效地解决了空间数据访问速度与存储容量之间的矛盾，但随着数据量的快速增长，难以实现在线存储资源的动态扩展；大量数据处于离线状态，获取数据时，迁移数据耗时，无法实时在线直接访问和使用任意空间位置的数据。并且在现有空间信息存储模式下，空间数据被随机存储到各个数据存储节点上，同一个存储节点中可能具有不同区域、不同尺度、不同目标、不同分辨率的数据，难以实现按照空间区域灵活配置存储资源，对不同空间区域的数据进行差异化调度。

（2）系统能耗问题：能耗问题是当今超大规模信息存储的普遍问题，并随着数据中心的飞速发展，数据中心的能耗问题也日益凸显出来。根据美国环境保护局（United States Environment Protection Agency，EPA）统计，数据中心的能源支出每 5 年就将增长一倍，而未来数据中心约 60％的资产支出以及 50％的运营成本都将与能源有关。对于超大规模海量空间信息存储集群来说，系统在数据服务时需要在线和近线的存储节点或盘阵都全在线运行，耗能巨大。目前解决能耗问题的主要途径是通过降低系统设备自身能耗和制定智能化的能源管理方案，如降低制冷系统的能耗、采用高性能的硬件服务器、平衡服务器的负载等。同时，通过基于空间区域的存储模式来降低系统能耗也是大家正在考虑的一种管理方案，即根据用户区域访问的特性，将空间数据与存储资源关联起来，形成需要哪个区域的数据，哪个区域的存储资源就在线，否则就关机或待机离线的按需全在线调度机制，以支持系统维护和有效地节约能源。

（3）分布式统一存储问题：在当前空间信息综合服务体系中，各个业务部门之间既紧密结合又保持相对的独立性；不同的业务部门都有各自的一套存储组织规则或标准，给多渠道空间信息的统一对接和空间信息的综合应用带来一定的难度。在多部门的空间信息共享模式中，缺少一种全球空间信息逻辑统一、物理分散存储的分布式存储体系，以支持多部门一体化的存储保障。

5.1.4　未来空间信息存储的发展趋势

随着地学科学和计算机技术的发展，应用于空间信息领域的数据存储系统的发展趋势主要体现在以下几个方面：

（1）存储架构集群化：随着当今 3G（3rd-generation）通信、下一代互联网、云计算以及云存储等网络技术的发展，分布式集群化的存储管理架构方式正在成为空间信息存储管理的发展趋势，为海量空间信息的高效存储提供物理基础。

（2）全球数据存储一体化：随着空间信息综合服务体系的发展，"一站式服务"将成为主流，全球空间数据一体化存储组织将是数据综合服务与共享模式的发展趋势。在全球空间数据一体化的存储标准和规范下，用户可以利用统一的数据存储结构和统一的信息视图来存储组织空间信息，从而提高数据服务效率。

（3）存储资源配置灵活化：随着空间信息存储系统的发展，灵活扩充、灵活迁移的资源配置和简易化的数据访问模式将是未来空间信息存储系统的发展趋势。在这种模式下，用户可以根据空间数据的空间区域特性方便、灵活地配置系统存储资源，并很容易地访问存储系统中相应区域的空间数据，从而提高存储资源的组织管理效率。

（4）低能耗与高容灾性：空间信息的一个很重要的特性在于其自身的空间区域性，在保证海量存储和高效访问能力的同时，通过基于空间信息特性的地学优化方法，是未来海量空间信息存储系统在降低系统能耗与提高系统的容灾性方面的重要发展方向。

5.2 空间信息剖分存储组织的基本原理

5.2.1 剖分存储的基本思路

剖分存储是利用空间信息剖分组织框架及剖分标识方法实现空时存储体系的一种有效途径。空时存储组织基本思路是将存储集群中的各个存储单元与地球表面某个确定的空间区域关联在一起，当用户存取和访问某个空间数据时，可以根据该数据所包含的空间位置属性，直接定位到与该空间位置关联的物理存储单元，并实施相应操作，从而形成同一区域数据存储到同一存储单元的空时存储体系。空时存储体系形成后，使用者就可以按照不同地域的存储需求进行数据访问、资源调度、迁移备份等存储管理操作。

具体来说，根据空间信息剖分组织框架，地球表面可以剖分成面积逐步分解的多尺度嵌套面片体系，每个剖分面片对应唯一的剖分面片编码。剖分存储为存储资源集合中的每一个或一组存储单元定义了内嵌剖分面片编码的网络地址标识（Geographic Internet Protocol Address，GeoIP），以此实现物理存储单元与剖分面片的关联，进而形成基于剖分组织框架的空时存储体系（图 5-7）。

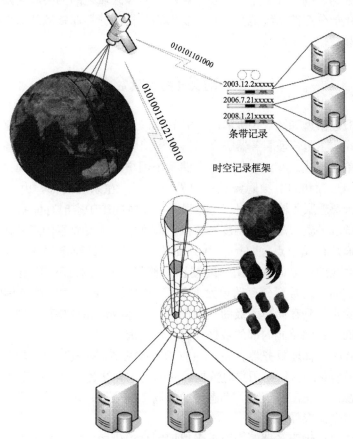

图 5-7 基于剖分组织框架的空时存储基本原理图

在剖分存储体系中，任意空间信息根据其空间属性（如位置或范围），结合剖分组织框架，总能生成唯一的剖分信息标识。所有进入剖分存储系统中的空间信息，都按照统一规则进行标识后，剖分存储系统就能够以信息标识与存储单元网络标识为依据，通过系统内部空间信息与存储资源的匹配调度，将空间信息自动存储在与其空间相对应的存储单元中。由此可见，在剖分存储体系中，核心内容包括以下三个方面：

（1）资源标识与动态配置方法：在剖分存储体系中，资源标识方法将剖分面片的编码按照一定的规则转换为能够用于网络地址标识的编码 GeoIP，实现空间位置与存储资源之间的映射关系。并且当空间信息容量、范围特征发生变化时，资源动态配置方法为剖分存储系统提供了 GeoIP 动态配置机制，以满足存储需求的变化要求。

（2）剖分数据存储模型及空时存储调度协议：剖分数据存储模型在资源标识之上，按照特定的剖分层级构建地球剖分存储空间，根据剖分数据所属的剖分面片区域位置存储全球空间信息。剖分数据存储模型的主要内容包括全球空间信息统一标识方法、全球空间信息统一存储模型和全球空间信息统一存储视图。空时存储调度协议是剖分数据存储模型的实现方法，通过定义网络信息交互协议实现空时存储，并维护剖分数据存储模型的一致性。

（3）剖分存储系统运行与管理调度方法：基于剖分存储系统的空时记录特性和优势，利用剖分数据、剖分存储单元以及地球剖分面片区域之间的关联关系，通过运行与管理调度，优化剖分存储系统能力。其主要内容包括剖分存储资源的即插即用调度、虚拟全在线调度和数据迁移调度。

5.2.2　剖分存储概念模型

剖分存储概念模型如图 5-8 所示，适用于分布式集群存储体系。该模型由剖分面片存储节点、GeoIP 注册管理服务器、空间信息标识服务器、存储调度服务器、客户端模块、剖分计算单元组成。在该模型中，存储系统用户通过标准文件访问接口存取系统内空间信息，存储过程和细节被隐藏在用户界面之下。在系统内部，由剖分面片存储节点、GeoIP 注册管理服务器、空间信息标识服务器协同维护空时存储系统，由存储调度服务器实施系统各种资源配置和调度。该概念模型中，主要要素的定义如下：

（1）剖分面片存储节点：每一个剖分面片存储节点具有全局唯一的 GeoIP 地址，该地址标识了对应的剖分面片。用户终端和管理服务器依靠 GeoIP 地址对剖分面片数据进行寻址和访问。通常剖分存储单元上的 GeoIP 地址并不直接对应具体的剖分面片数据，而是负责定位到存储单元级的存储设备，具体寻址和查找某一剖分面片数据文件的工作由剖分面片存储单元内部的数据存储模型完成。

（2）GeoIP 注册管理服务器：主要负责对存储系统内部已经配置的存储节点进行 GeoIP 地址注册与管理。针对用户对数据访问的需求，快速返回 GeoIP 地址。该服务器可根据存储资源的动态配置策略，动态增加或调整剖分面片对应的存储节点数量，从而满足空间信息的动态存储要求。

（3）空间信息标识服务器：主要负责根据用户提供的空间数据范围，依据剖分面片的关联关系准则，为数据提供唯一性标识。所有数据生产用户，可通过与该服务器的交互，为自己生产的数据生成一个唯一信息标识码，作为数据存储和调度的基本依据。

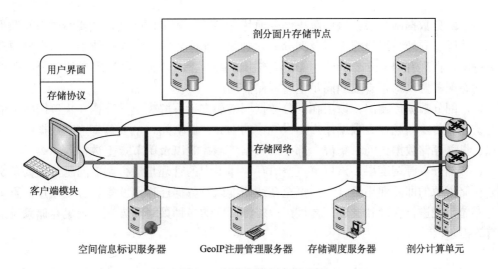

图 5-8　剖分存储概念模型图

（4）存储调度服务器：主要负责在空时存储体系基础上，根据存储管理需求，通过与剖分面片存储节点的交互实现即插即用、虚拟全在线和数据迁移等调度能力。

（5）客户端模块：该模块集成在所有使用剖分存储系统的数据终端上，主要负责为用户提供剖分存储空间的访问操作。每一个用户都可以按照自己的存储需求，独立访问某个面片内的空间数据，同时可以共享统一的剖分存储空间。用户可按照标准的文件访问接口进行各种数据操作，客户端将该操作解释为剖分存储系统内部的网络协议语言，由各剖分面片存储节点完成具体操作。

（6）剖分计算单元：主要负责空间数据的并行计算处理。

5.2.3　剖分存储模型协议体系及内容

剖分存储模型协议体系定义了剖分存储系统中的基本规范与约定，指导空间信息剖分存储系统的建设与实践。剖分存储协议体系从下至上分为三层，分别为剖分数据网络层、剖分数据传输层、剖分资源调度层（图 5-9）。各层具体解决的关键问题和具体功能如下：

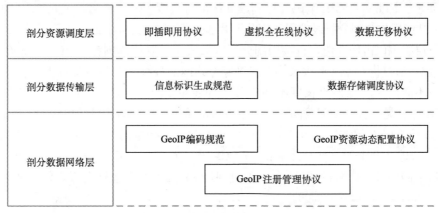

图 5-9　剖分存储调度协议框架体系结构

（1）剖分数据网络层：该层解决剖分面片存储节点的定位问题，主要负责空间数据的剖分编码、寻址、注册管理以及剖分面片资源动态配置等。该层是体现空时存储原理的关键层，在现有 IPv4 或 IPv6[①] 网络互连协议基础上，实现了灵活多变的剖分编码规则、动态配置协议等，有效地满足空时存储需求。

（2）剖分数据传输层：该层在剖分数据网络层支持下解决空间数据在集群网络上的空时访问和传输问题，为数据用户提供统一的剖分存储空间，主要负责空间数据的统一标识、集群存储数据访问、集群内部空间数据传输控制以及单节点上数据存储等。

（3）剖分资源调度层：该层解决空时存储体系中的管理与运行调度问题，主要负责剖分存储资源的即插即用调度、虚拟全在线调度以及数据迁移调度等，方便用户对整个空时存储系统进行管理和调度，提供用户资源调度的各种策略和方法，满足存储系统运行管理需求。

5.3 剖分存储组织的资源标识与动态配置方法

在剖分存储系统中，存储资源主要指用来存储空间数据的物理设备。现有各类存储系统通常采用 IP 地址作为设备标识，而 IP 地址没有任何地学含义，无法实现空间信息按照设备进行区域化存储管理，这是建立存储资源剖分标识的根本原因。

5.3.1 存储资源的剖分标识方法

基于剖分原理的存储资源标识，主要是将剖分面片编码按照一定规则转换为能够用于存储资源标识的编码——GeoIP，并将 GeoIP 嵌入现有 TCP/IP 网络协议的 IP 地址，使网络地址自身具有地学含义。

1. GeoIP 编码

依据 GAISOF 等经纬网剖分组织框架，第 0～6 级共拥有 $1.026\ 72\times10^{12}$ 个剖分面片（南北纬 88°之间），可以满足全球空间信息存储组织资源标识的数量要求。第 6 级剖分面片代表 $1''\times1''$ 面片，在赤道附近边长大约为 30m，可以满足空间信息存储组织的最小尺度要求。因此，GeoIP 编码设计到第 6 级剖分尺度。

GeoIP 编码包含剖分层级编码和剖分面片编码两部分，如图 5-10 所示，共 43 位。其中，剖分层级编码占用 3 位，直接用剖分层级数表示，取值范围为 0～6；剖分面片编码占用 40 位，通过将 GAISOF 框架中的二维等经纬网剖分编码转为一维编码来表示。在转换之后，不同层级一维编码长度不同，采用右端补 0 的方式补全 40 位。该方法会造成"一码二义"问题，如图 5-11 所示，一个剖分面片编码为 010010011001 的 0 级面片，补 0 之后的 40 位编码为 010010011001-00-0…0；而其包含 1 级编码为 00 的 1 级子面片的面片编码为 010010011001-00，补 0 之后的 40 位编码也为 010010011001-00-0…0，两者相同，从而造成不同层级面片编码存在重复。通过剖分层级编码可有效解决"二义"问题。

① IPv6 是 Internet 网络 IP 协议的第 6 个版本，详细结构见 http：//www.ietf.org/rfc/rfc3513.txt

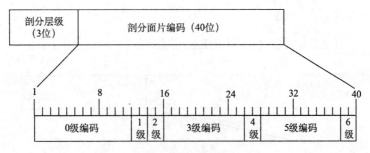

图 5-10　GeoIP 编码结构示意图

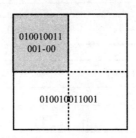

图 5-11　面片编码示意图

2. 基于 IPv6 的资源标识方法

通过将 GeoIP 编码嵌入现有 IP 协议的 IPv6 地址，可以赋予现有 IP 地址以地学含义，基于现有的网络通信协议，形成一个能够按照地理区域进行数据组织的网络协议体系。本书以 IPv6 协议中的全球单播地址为基础，将 IPv6 地址空间划分为网络号、GeoIP、路由标识位、扩展位四部分，如图 5-12 所示。其中，网络号为 IPv6 协议规定的固定值，占用第 1 位至第 81 位；GeoIP 为上节中所设计的编码，占用第 82 位至第 125 位；路由标识位占用第 126 位，用于标识该地址是存储节点地址还是路由器地址，如果是路由节点设置为 1，如果是存储节点设置为 0；扩展编码标识占用第 127 位至第 128 位，用于标识同一面片存储资源的子节点。

5.3.2　资源标识的注册与管理

1. GeoIP 地址注册管理的目的

在剖分存储系统中，GeoIP 地址注册与管理为用户访问、资源调度和系统监测提供地址服务。目的体现在三个方面：

（1）为剖分存储系统中的每个剖分存储单元分配和维护唯一的 GeoIP 地址；

（2）为用户访问空间数据提供对应的 GeoIP 地址，即通过被访问数据的区域信息快速查找数据存储单元的 GeoIP 地址，并返回给用户，以便用户快速存储或读取数据；

（3）为资源调度提供调度对象的 GeoIP 地址，即通过空间区域特征为系统运行管理提供 GeoIP 地址，以便快速调度与控制各个剖分存储单元。

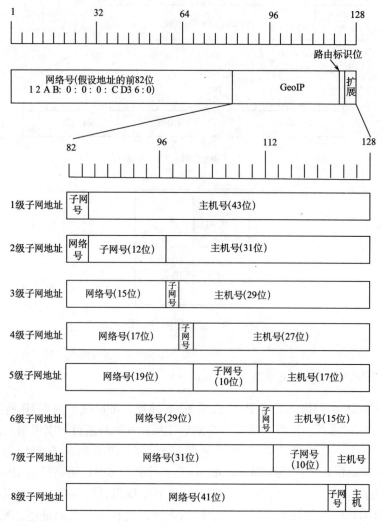

图 5-12　IPv6 全球单播地址的 GeoIP 地址实现方案

2. GeoIP 注册管理表

GeoIP 注册管理表主要由业务区域信息表、区域面片映射表和剖分存储节点状态表构成。

（1）业务区域信息表：用来保存业务区域信息的划分方式和对应的区域 ID，以便用户按照业务区域进行空间数据存储与管理，其表结构如图 5-13 所示。

区域ID	区域名称	业务区划
1001	北京	行政区划
...	...	...

图 5-13　业务区域信息表结构示意图

（2）区域面片映射表：用来维护剖分面片与业务区域信息的对应关系，表结构如图 5-14 所示。

区域 ID	最小外包面片	面片编码集		
1001	100001	100001100	100001101	...

图 5-14　区域面片编码表结构示意图

（3）剖分存储节点状态表：用于保存剖分存储系统所有剖分存储节点对应的 GeoID 和运行状态信息。剖分存储节点状态表由主机标识、GeoID、IP 扩展码、总存储容量、可用存储容量、当前 CPU 负载和在线标识等内容构成，如图 5-15 所示。

主机标识	GeoIP编码	IP扩展码	总存储容量	可用存储容量	当前CPU负载	在线标识
0021970EB29F	1A-38-00-00-00	01	500	192.79	52	1

图 5-15　剖分存储节点状态表结构示意图

- 主机标识为可区别每一台存储单元的硬件代码（如网卡 MAC 地址）；
- GeoIP 编码为存储节点对应的剖分面片编码，建立索引，以便快速查找；若为空，表示存储节点未被分配使用；
- IP 扩展码用来标识同一剖分面片的不同子节点，GeoIP 编码与 IP 扩展码结合起来可以唯一确定存储节点的 IP 地址；
- 总存储容量与可用存储容量表示存储节点在存储方面的性能，以数值形式表示，单位为 GB；
- 当前 CPU 负载表示存储节点在运算方面的性能，采用 CPU 的使用率百分比；
- 在线标识表示剖分存储系统中的每个剖分存储节点是否处于在线运行，用"1"表示正在线运行，"2"表示待机状态，"3"表示关机状态，"0"表示出现故障。

3. GeoIP 注册管理协议

GeoIP 注册管理协议是一套用于 GeoIP 节点的注册管理，各个节点的运行状态的记录管理以及 GeoIP 地址查找服务的网络协议。该协议主要实现存储设备注册管理、GeoIP 地址分配、存储节点状态记录和 GeoIP 地址查找服务等功能。

（1）存储设备注册管理。当新的存储设备加入剖分存储系统时，首先向注册管理服务器发送注册申请信息。注册申请信息包含新的存储设备对应面片的面片编码等信息。GeoIP 注册管理服务器根据现有 IP 分配状态确定新存储设备地址中的 IP 扩展码，并结合 GeoIP 编码策略给新存储节点分配相应的 IP 地址，将 IP 地址信息以数据包的形式发送至新加入的存储节点，新的存储节点根据该应答消息设置自身的 IP 地址，并向注册

管理服务器返回设置成功的数据包。注册管理服务器在接收到设置成功的数据包后，在
GeoIP 注册管理表中记录新加入存储节点的地址信息，更新 GeoIP 注册管理表，其流程
如图 5-16 所示。

（2）GeoIP 地址分配。当需要为某剖分面片添加对应的存储节点时，首先查找剖分
存储节点状态表，获得所有 GeoIP 编码为空的存储设备。之后根据总存储容量、可用
存储容量、当前 CPU 负载和在线标识等信息，选择其中一台存储设备。GeoIP 注册管
理服务器根据现有 IP 分配状态确定新存储设备地址中的 IP 扩展码，并结合 GeoIP 编码
策略给该存储节点分配相应的 IP 地址，将 IP 地址信息以数据包的形式发送至待添加的
存储节点，存储节点根据该消息设置自身的 IP 地址，并向注册管理服务器返回设置成
功的数据包。注册管理服务器在接收到设置成功的数据包后，在 GeoIP 注册管理表中
修改存储节点的 GeoIP 编码和地址信息，更新 GeoIP 注册管理表，其流程如图 5-17
所示。

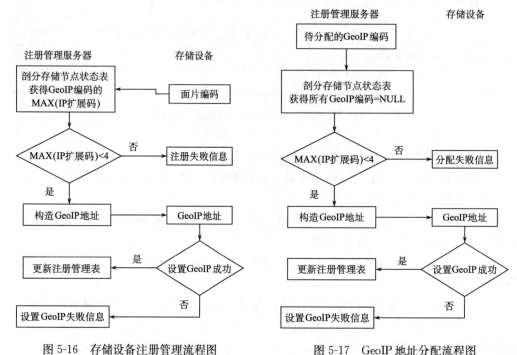

图 5-16　存储设备注册管理流程图　　　　图 5-17　GeoIP 地址分配流程图

（3）存储节点状态记录。GeoIP 注册管理表同时维护着各个存储节点的运行状态信
息。在存储系统运行时，需要每个存储节点定时向注册管理服务器发送自身状态信息的

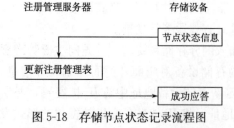

图 5-18　存储节点状态记录流程图

数据包。该数据包应包含该节点总存储容量、
当前已使用存储容量、剩余存储容量、节点地
址和在线状态等信息。注册管理服务器在接收
到这些数据包后对其进行解析并更新注册管理
表中的相应内容，并通知该节点收到其发送的
运行状态数据包（图 5-18）。

（4）GeoIP 地址查找服务。由于 GeoIP 地址中具有扩展编码标识，当对应一个面片具有多个存储节点时，不能根据剖分面片的剖分层级及面片编码直接获得其 IP 地址，需要到注册管理服务器中查询，从而确定剖分存储系统中对应该存储面片的所有节点的 IP 地址，并返回这些 IP 地址。另外，当存储系统中存储层级有限时，需要 IP 重定向查找服务。例如，当存储系统设计到第 2 级剖分，而用户查找 2 级以上的剖分数据时，需要根据 IP 重定向查找策略返回需要查找数据所在存储节点的 IP 地址。IP 重定向策略是根据数据存储策略生成的。在构建 2 级剖分存储系统中，2 级以上的剖分数据都存储在其第 2 级剖分父面片对应的存储节点上。因此，IP 重定向策略是将 2 级以上剖分面片的 IP 地址指向其所属第 2 级剖分面片所对应节点的 IP 地址。流程如图 5-19 所示。

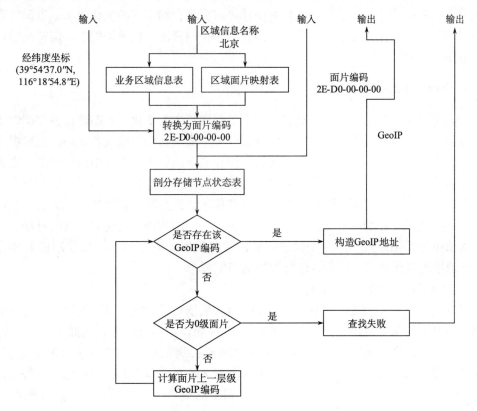

图 5-19　GeoIP 地址查找流程图

GeoIP 地址查找共分五个步骤，具体介绍如下：

步骤一　将访问区域转换为剖分层级所对应的剖分面片编码。如输入形式为区域信息名称（如北京），则根据区域信息表与面片编码表得到对应的最小外包面片和包含面片集；如输入形式为经纬度坐标，则直接转换为面片编码。例如，北京世纪坛（39°54′37.0″N，116°18′54.8″E）所在等经纬网第 0 级面片编码为（9，29），即 2E-D0-00-00-00。

步骤二　在剖分存储节点状态表中查找相应的 GeoIP 编码。

步骤三　如果步骤二中查找的 GeoIP 编码存在，则获取对应于该 GeoIP 编码的当前在线的任意存储节点，通过 GeoIP 编码和 IP 扩展码构造出完整的 GeoIP 地址，返回给用户，流程结束；否则继续步骤四。

步骤四　判断当前 GeoIP 编码是否已为 0 级面片，如果是，返回查找失败信息，流程结束；否则继续步骤五。

步骤五　计算剖分面片上一层级的 GeoIP 编码，重复步骤二。

5.3.3　资源动态配置策略

1. 资源动态配置的目的

当采用剖分面片为约束进行空间数据存储时，空间数据容量或范围特征的变化会要求剖分存储系统能够做出适应性的配置变动，以满足存储需求的变化要求。资源动态配置的目的就是根据存储需求动态分配、调度剖分存储资源，使系统能够按需持续稳定地提供数据存储服务。

2. 资源动态配置的策略

动态配置策略是依据数据存储状态和设备存储状态的变化，动态地调整存储资源配置参数的方法。动态配置策略是由系统资源管理中的动态配置模块实现的。当数据存储状态发生变化时，动态配置模块依据对数据操作命令的解析和剖分编码的识别，得到数据存储需求。根据此需求向 GeoIP 注册管理服务器申请各种 GeoIP 地址操作，如 GeoIP 地址的申请和注册、移除和变更。当设备存储状态发生变化时，动态配置模块及时获得存储设备变化的具体信息。这些信息包括存储的数据量变化和设备的更新、失效等。模块依据存储设备状态的变化和剖分面片的编码，向 GeoIP 注册管理服务器提出 GeoIP 地址的操作请求，实现存储资源的动态配置。

1）依据数据存储状态变化的动态配置策略

当输入新剖分层级的数据时，动态配置模块依据对存储操作命令的解析、数据的元数据信息和剖分数据编码，判断为数据分配的存储资源剖分层级。据此向 GeoIP 注册管理服务器申请和注册 GeoIP 地址，为新的剖分层级数据配置相应层级的存储资源。当某个热点区域数据剧增时，动态配置模块依据区域对应节点的存储状况和对数据存储命令的解析，判断是否为节点分配存储资源。根据判断结果向 GeoIP 注册管理服务器申请 GeoIP 地址，为热点区域配置新的存储资源。当某些数据需要迁移出系统时，动态配置模块依据迁出数据的元数据信息和节点的存储状态，判断是否对节点存储资源进行回收。根据判断结果向 GeoIP 注册管理服务器申请 GeoIP 地址的操作请求，进而完成 GeoIP 地址的回收或存储资源的调整，如图 5-20 所示。

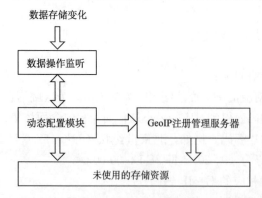

图 5-20　系统数据发生变化时的动态配置策略

2) 依据设备存储状态变化的动态配置策略

当节点设备存储状态发生变化时，动态配置模块依据节点的剖分面片编码和数据存储情况，判断需要进行的存储资源配置操作。判断的依据是设备变化的存储空间与存储的数据量的比值。比值大于某个阈值，对节点配置新的存储资源；比值小于某个阈值，对设备的存储资源进行回收利用；比值在两者之间，对该节点不进行动态配置操作。根据判断结果向 GeoIP 注册管理服务器操作请求，进行地址的添加、回收或者调整等操作，更新节点的存储容量信息、元数据信息，调整设备的存储状态，如图 5-21 所示。

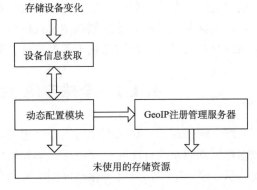

图 5-21　存储设备发生变化时的动态配置策略

3. 资源动态配置协议

动态配置协议是系统控制节点和存储节点之间的通信协议，目的是完成系统和节点之间动态配置命令的交互。协议的实现是在剖分数据网络层。协议由决策制定协议和决策执行协议组成。决策制定协议根据获得输入或删除的数据具体描述信息或者元数据，从各个存储节点周期性地获取访问情况、负载状态等信息。在此基础上，分析相应动态配置策略，形成具体的动态配置操作命令集合。由决策执行协议在决策执行层和各个存储节点之间完成命令集合的具体实施。

动态配置协议在内容上主要包括配置的决策建模和配置方案实施。首先根据 GeoIP 注册管理服务收集必要信息，进行动态配置的决策建模。决策建模包括配置的方法的分析和决策，通过对存储节点管理和调度的决策，形成动态配置具体方案。完成建模后，对元数据表中那些未被分类的条例进行归一化处理，获得统一且高质量的预处理数据。采用合适的分类算法，将元数据表中那些已经被分类的条目作为参考分类知识进行分类。依据分类结果，通过动态配置决策方案产生操作算法，形成动态配置决策的具体方案，指导 GeoIP 的注册、元数据的添加或删除、存储设备配置信息的更新等操作。

5.4　剖分数据存储模型及空时存储调度协议

剖分数据存储模型在剖分数据网络层之上定义空间数据剖分存储的逻辑组织模型，主要内容包括全球空间信息的统一标识方法、统一存储模型和统一存储视图。剖分数据存储模型通过建立基于剖分面片位置的空间信息标识，形成空间信息与相应剖分面片存储单元之间关联；通过建立统一存储模型实现按照地球剖分层级统一组织、规划各个剖分存储单元；并通过建立基于基础剖分面片的逻辑存储视图，为用户提供按照业务区划的数据存储操作。

空时存储调度协议在现有网络协议的基础上定义空时存储调度的访问接口与网络信息交互协议，保证剖分数据的有效传输，维护剖分数据存储模型的一致性和完整性，为数据用户提供与全球剖分组织框架匹配的统一数据存储视图。空时存储调度协议的层次内容主要包括基于数据业务区划视图协议的应用层、基于数据操作接口协议的接口层、基于网络交互协议的交换层和基于数据文件存取协议的数据管理层。

5.4.1　全球空间信息统一存储模型

全球空间信息统一存储模型的核心思想是利用地球剖分组织框架将同一剖分面片区域数据存储到同一剖分面片存储单元或单元组中，从而维护与管理整个虚拟地球空间的空间信息。全球空间信息统一存储模型主要由存储单元组织模型、存储单元内部存储模型与全球空间信息统一存储视图构成，为全球空间信息的存储管理提供统一的网络存储结构与统一的数据存储方式。

1. 存储单元组织模型

存储单元组织模型主要用于规范、优化整个剖分存储系统的网络存储结构，按照某个特定的剖分层级或者剖分尺度分段存储策略来组织、规划所有剖分存储单元的网络布局。即定义确定的 2～3 个剖分层级作为实际物理存储层级，其中每个存储单元负责存储其剖分尺度范围内的空间信息。如图 5-22 所示，当剖分存储系统按照 0 级和 2 级剖分层级组织各个剖分存储单元时，属于 0 级和 1 级剖分层级的空间信息就存储到 0 级剖分层级下的剖分存储单元里；属于 2 级和 2 级以后剖分层级的空间信息就存储到 2 级剖分层级中；由此组织、实现全球空间信息的剖分存储。

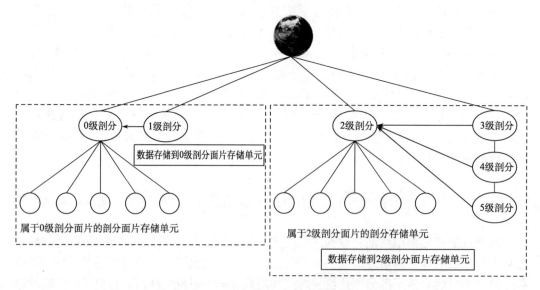

图 5-22　存储单元组织模型

2. 存储单元内部存储模型

存储单元内部存储模型主要用于在每一个物理存储单元内部，以文件夹方式按照一定规则维护其下的各级剖分尺度数据。存储单元内部文件存储模型主要由剖分存储节点根目录、剖分面片层级、行和列构成，如图 5-23 所示。剖分存储节点根目录用于标识该存储节点的剖分尺度范围，每个剖分层级的空间数据存储到所属剖分存储节点根目录中；剖分面片层级子目录用于标识空间数据所对应剖分面片的层级；在每个剖分面片层级子目录空间下，剖分数据行子目录标识剖分数据所属剖分面片的行序；在每个剖分行子目录空间下，剖分数据文件按照剖分数据所属剖分面片的列序依次排列。

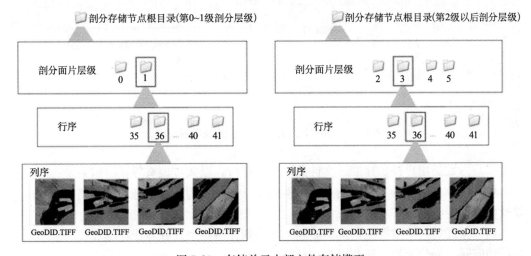

图 5-23　存储单元内部文件存储模型

3. 全球空间信息统一存储视图

全球空间信息统一存储视图主要是为用户提供一个虚拟的逻辑存储视图，应用于不同业务区划的数据存储操作。其基本思路是将业务区划映射为基础剖分面片，将对业务区划的数据存储操作映射为对剖分存储节点的数据存储操作。如图 5-24 所示，用户可以自定义本部门内部特定的区域划分存储方案，由剖分存储调度协议负责将其解析为对面片集合的操作，进而转化为存储单元内部的数据存储操作。每个用户在看到统一存储视图的同时，都可以独立访问到每一个剖分面片存储单元。

5.4.2　空时存储调度协议

1. 空时存储调度协议的目的

空时存储调度协议的目的是维护基于空时存储原理的剖分存储组织体系，提供基于地球剖分组织框架的全球空间数据统一存储视图。具体包括以下几个部分：

（1）为数据用户提供与全球剖分组织框架匹配的统一数据存储视图，使任意用户都能够按照空间位置，快速浏览和访问该区域内的空间数据；

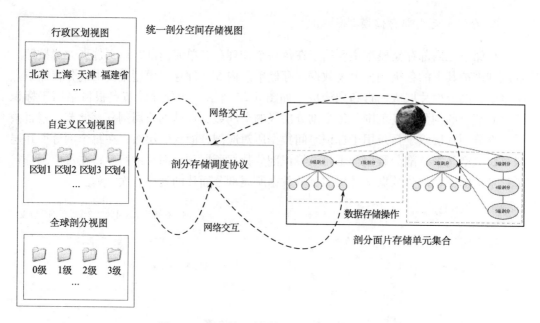

图 5-24 用户统一剖分空间存储视图示意图

（2）为数据用户提供标准的文件访问编程接口，以兼容现有数据应用系统；

（3）将数据用户的文件访问，通过网络交互，转化为实际剖分面片存储节点上的存取操作；

（4）保证每一个数据用户都能够独立访问到任何一个剖分面片存储节点，多用户可并行访问同一剖分面片存储节点；

（5）维护全球空间数据存储模型，保证剖分面片存储节点内部空间数据存储模型的一致性和完整性。

2. 空时存储调度协议的功能

空时存储调度系统对外部数据用户应当体现为"黑箱"，即剖分存储系统对于数据用户而言，只是一个具备文件存取功能的存储设备，系统内部的实现机制对用户而言是透明的。而剖分数据调度协议则是维护"黑箱"内数据有效、可靠传输，并保证空间数据存储到相应剖分面片节点的基本手段。因此，剖分数据调度协议的主要功能如下：

（1）为数据终端提供区域定制功能，使用户能够按照自己的区域划分规则定义存储视图，并将用户的存取操作转化为剖分面片存储单元的具体操作；

（2）在数据终端处配置剖分存储系统的客户端模块，为应用程序提供国际标准可移植操作系统接口（Portable Operating System Interface，POSIX）文件访问接口；

（3）在客户端模块中，具有文件访问的接口转换功能，用于将 Create、Delete、Read、Write 等标准文件访问接口转化为协议规定的网络交互元语；

（4）在每个剖分面片存储单元上配置代理模块，该模块与客户端模块之间通过规定的网络交互协议，交换网络交互元语，从而将数据终端的文件访问接口，通过网络转换为剖分面片存储节点内部的实际存储接口；

（5）每个剖分面片存储单元上的代理模块，负责维护本地的剖分数据存储模型，并根据接收到的网络元语，对剖分数据存储模型进行更新；

（6）每个剖分面片存储单元上的代理模块，具有多用户并发访问功能，从而保证多个数据用户能够并行存取。

3. 空时存储与访问的流程

空间数据的空时存储与访问主要是利用空间数据的剖分标识编码、剖分存储单元的GeoIP地址与地球剖分面片位置编码之间的关联关系快速查找和定位到相应的空间数据。如图 5-25 所示，当存储数据时，数据按照地球剖分组织框架剖分为某层级下的剖分数据，并分配一个唯一的剖分标识编码，通过提取编码中的面片位置编码，判断它应该存储哪个剖分面片，并依据 GeoIP 注册管理表获得与之对应的 GeoIP 地址；再通过GeoIP 地址定位到对应的剖分存储单元。当读取数据时，通过访问数据的区域信息（面片位置或行政区域）获得数据的面片位置编码，依据 GeoIP 注册管理表获得与之对应的 GeoIP 地址和数据文件名称；然后通过 GeoIP 地址定位到对应的剖分存储单元，得到用户所需要的空间数据。

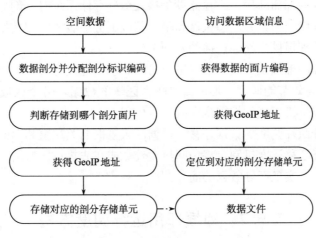

图 5-25　空时存储与访问流程图

4. 空时存储调度协议的内容

空时存储调度协议在现有网络协议的基础上划分为四个层次，即应用层、接口层、交换层和数据管理层，具体内容如表 5-1 所示。

表 5-1　空时存储调度协议层级表

应用层	定义数据业务区划视图协议，提供统一的数据存储视图
接口层	定义数据操作接口协议，提供标准的文件访问编程接口
交换层	定义网络交互协议，提供数据访问接口与剖分存储节点之间的网络信息交互
数据管理层	定义数据文件存取协议，提供剖分存储节点的数据文件访问和管理

（1）应用层通过定义数据业务区划视图协议为用户提供全球统一的数据存储视图，将用户业务区划映射为地球剖分组织框架下的剖分面片。

（2）接口层通过定义数据操作接口协议提供标准的文件访问编程接口，以兼容现有数据应用系统。

（3）交换层通过定义网络信息交互协议提供上层数据访问接口与剖分存储节点之间的网络信息交互，维护剖分数据存储模型的一致性。

（4）数据管理层通过定义数据文件存取协议提供剖分存储节点上的数据文件访问与管理，保证数据的一致性和完整性。

5.5 剖分存储系统的运行与管理调度方法

5.5.1 剖分存储组织模型的技术优势分析

基于地球剖分的空间信息剖分存储组织模型体现了空时存储的特点，使得剖分存储系统在运行管理上具有空间区域调度管理的技术优势，具体体现在以下三个方面：

（1）存储资源的即插即用。当存储设备接入剖分存储系统时，剖分存储系统能够自动识别各种剖分存储资源，并动态调度和融合相应剖分层级的空间数据，为存储资源的扩展和应急数据处理提供灵活、便捷的管理工具。

（2）存储资源的虚拟全在线。根据用户访问需求，通过开关机等指令实现存储资源按需在线/离线、高效节能调度，形成需要哪个区域的数据，哪个区域的存储资源就在线，否则就关机或待机离线的按需全在线调度机制。

（3）面向剖分面片调度的数据迁移。根据区域数据的关注度和存储时效性，利用面向剖分面片的动态迁移调度机制，将访问热度较低或在非热点区域的面片数据动态迁移到近线或离线状态，实现区域数据的面片调度更新。

5.5.2 即插即用运行调度方法

1. 问题与内容

即插即用运行调度方法旨在解决剖分存储资源的即插即用，实现剖分存储设备的动态加入、存储数据的动态上线融合、存储数据和设备的无缝移除。即插即用调度的内容主要涉及剖分存储设备的动态上/下线、剖分数据的发现和融合以及存储资源的访问控制。

（1）剖分存储设备的动态上/下线主要针对存储设备的动态扩展或移动存储设备的动态上/下线，在物理存储设备的兼容性之上，基于剖分存储设备的 GeoIP 地址信息将存储设备动态加入剖分存储系统。

（2）剖分数据的发现和融合主要针对存储设备上/下线的过程中相应面片区域数据的解析和注册管理，通过剖分存储网络层选择最佳的融合节点，全局一致性更新数据注册管理表，完成新上线数据和现有数据的融合。

（3）存储资源的访问控制主要针对设备上/下线的过程中存储资源访问权限的同步更新和控制策略，根据空间信息的敏感度建立多极化的访问控制策略，提高空间信息的数据安全性。

2. 解决方法

针对上述关键问题与内容，在存储设备硬件驱动协议基础之上，基于剖分存储单元的 GeoIP 地址和空间数据的剖分标识建立存储资源的即插即用调度协议，自动识别和融合接入剖分存储系统中的各种剖分存储资源，其基本规则是"先设备动态加入，后数据动态加入；先数据动态移除，后设备动态移除"。

（1）对于已分配 GeoIP 地址的存储设备，即插即用调度协议利用 GeoIP 编码查询 GeoIP 注册管理表或利用 GeoIP 编码中的剖分面片编码建立存储设备的融合节点。

（2）对于未分配 GeoIP 地址的存储设备，即插即用调度协议根据用户扩展需求或存储设备中数据的剖分标识将存储设备归属到相应的剖分面片节点上；对于存储数据也未分配剖分标识的存储设备，直接将其归属到剖分存储系统的备用面片节点上。

（3）在存储设备动态上线之后，对于具有剖分标识的数据直接进行数据注册和设定访问控制权限；对于未分配剖分标识的数据，即插即用调度协议先利用标识生成服务器为该数据分配剖分标识编码。

3. 调度协议

即插即用调度协议在剖分数据网络层和剖分数据传输层协议之上采用报文形式完成存储资源的动态上/下线和融合。即插即用调度协议由存储设备动态上/下线子协议、存储资源访问控制子协议和数据资源动态上/下线和数据资源融合子协议构成，协议层级结构如图 5-26 所示。

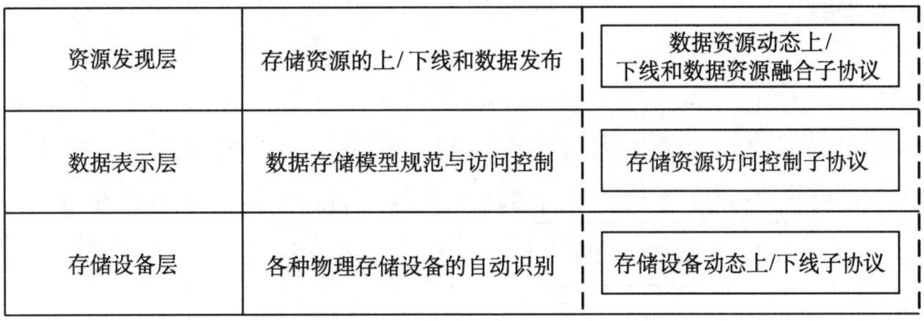

资源发现层	存储资源的上/下线和数据发布	数据资源动态上/下线和数据资源融合子协议
数据表示层	数据存储模型规范与访问控制	存储资源访问控制子协议
存储设备层	各种物理存储设备的自动识别	存储设备动态上/下线子协议

图 5-26　即插即用调度协议的层次结构

（1）存储设备层中的存储设备动态上/下线子协议兼容各种常见物理存储设备驱动协议，控制物理存储设备的链接与自动识别，完成存储设备在剖分存储系统中的动态上/下线操作。

（2）数据表示层中的存储资源访问控制子协议完成数据索引形式、存储结构和存储格式的识别，并设置不同数据资源的访问控制权限。

（3）资源发现层中的数据资源动态上/下线和数据资源融合子协议提供存储资源的发现与注册管理，完成数据无缝式地加入剖分存储系统。

5.5.3　虚拟全在线调度方法

1. 问题与内容

虚拟全在线调度方法主要针对海量空间数据访问需求，解决在线直接访问海量存储系统中任意剖分面片数据和海量数据存储系统的能耗问题，实现海量空间数据按需全在线和高效节能调度。虚拟全在线调度的内容主要涉及统一的数据调度机制和全时响应调度。

（1）统一的数据调度机制主要针对海量数据存储系统中剖分存储单元数量较大、数据访问频率不统一问题，建立海量数据访问频率分析与预测机制，形成可扩展的、统一的虚拟全在线调度策略和操作接口。

（2）全时响应调度主要针对数据调度响应要求，完成数据在线和离线之间的快速切换，结合剖分面片存储节点内部数据迁移机制形成单个节点内部面片数据相对集中的虚拟全在线调度。

2. 解决方法

利用剖分数据网络层和剖分数据存储层的支持，在即插即用调度协议提供的存储资源动态管理机制之上建立虚拟全在线调度协议，解决空间信息应急响应数据按需在线，同时最大限度地节省能源。

（1）根据空间数据存储组织的空间区域特征，通过虚拟全在线调度协议的操作接口对非热点区域的剖分存储单元进行临时待机或关机操作，使存储设备动态下线，数据虚拟在线，以减少存储设备损耗。

（2）根据用户访问需求和应急响应要求，通过虚拟全在线调度协议完成数据动态上线和注册管理信息的更新，并建立统一的多级调度框架以支持不同剖分存储节点使用不同的资源调度策略。

3. 调度协议

虚拟全在线调度协议主要由海量数据访问模式分析与预测子模块、虚拟全在线调度策略子模块、存储设备调度子协议三个部分组成，协议框架如图 5-27 所示。

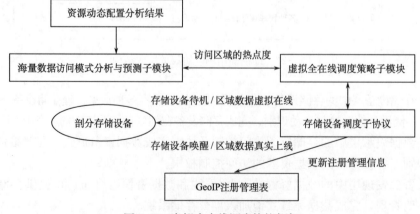

图 5-27　虚拟全在线调度协议框架

（1）海量数据访问模式分析与预测子模块利用不同区域数据访问频率的统计结果，基于资源动态配置的存储状态分析预测用户访问区域的热点度。

（2）虚拟全在线调度策略子模块通过定义存储资源状态信息集合、动作集合、调度规则集合和策略指定，利用用户访问区域的热点度将不同的剖分面片存储单元分区管理，热点度高的区域数据和非热点区域数据分别相对集中，并以并行方式自动调度各个剖分存储资源。

（3）存储设备调度子协议采用报文形式对具体存储设备执行待机/唤醒、区域数据虚拟在线/上线操作，并将存储设备和数据的变化信息发送到 GeoIP 注册管理表，更新存储设备和数据的状态信息。

5.5.4　数据迁移调度方法

1. 问题与内容

在空间数据应用服务中，所访问的空间数据通常相对集中在一定时期内新产生的数据或者某一热点区域的数据，对于历史数据或非热点区域数据的关注度较低。因此，空间数据的迁移调度方法主要是利用空间数据的时效性和关注度建立面向区域调度的迁移策略，解决数据存储系统有限的存储空间与存储数据无限增长之间的矛盾。

（1）对于过期历史数据，需要根据不同地区的关注度建立差异化的过期数据评价标准，迁移调度使用频率较低的过期历史数据至离线状态，以节省剖分存储系统的存储空间或有待于新数据的补充。

（2）对于热点区域数据，需要建立独立的面片数据迁移调度策略，在满足访问数据的时间跨度要求下迁移调度该区域所有剖分面片数据。

2. 解决方法

在存储设备调度协议之上建立面向剖分面片区域调度的数据迁移调度协议，动态迁移调度各个剖分面片数据，解决剖分存储系统中面片数据的动态离线问题。

（1）根据数据过期标准和不同地区的关注度，数据迁移调度协议针对不同面片区域的数据建立多级别动态迁移调度机制；并结合用户访问需求，制定统一的数据迁移调度策略。

（2）在数据迁移调度时，数据迁移调度协议将离线数据的剖分标识、GeoIP 地址和数据归档时间信息连同数据文件一起发送到数据归档服务器中进行存放。在数据回迁时，数据迁移调度协议将从离线数据文件中提取出其所对应的 GeoIP 地址，从而确定其回迁的节点。

3. 调度协议

数据迁移调度协议主要由数据迁移调度策略子模块、数据离线/上线子协议和动态数据迁移子协议三部分组成，协议框架如图 5-28 所示。

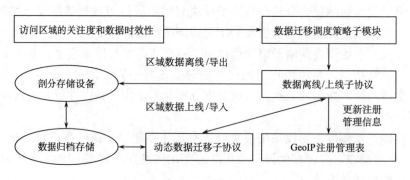

图 5-28 数据迁移调度协议框架

（1）数据迁移调度策略子模块根据用户自定义数据过期标准或访问区域关注度的分析，制定各个区域的面片数据迁移调度策略。

（2）数据离线/上线子协议执行数据离线和数据上线的迁移调度操作，并更新数据资源的注册管理信息。

（3）动态数据迁移子协议负责剖分存储系统和数据归档系统之间的信息交互。

5.6 本 章 小 结

结合当今 3G、下一代互联网、云计算和云存储发展情况，分布式集群化存储是海量遥感数据存储技术的发展趋势，同时，基于遥感影像快速更新能力的空间信息"一站式"服务将成为主流。发展现代海量遥感数据存储管理技术的关键，在于全球遥感数据存储组织模型与现代存储技术架构相结合，建立基于空间位置为主导的存储管理架构，形成一个逻辑上全球覆盖、物理上分散存储、信息高效共享的分布式集群存储体系。结合现有测绘技术体系，我国在将来相当长的一段时间内，采用经纬度组织全球遥感数据，局部区域的平面遥感数据采用高斯平面数据组织，这种组织形式不会发生很大的变化。随着计算机技术和地球信息科学的发展，应用于遥感信息领域的数据存储系统，将具有更多的地学专用化特征，系统耗能更低，并且将满足用户对数据视图的一体化、应用定制的个性化及存储资源配置的灵活化等应用服务要求。

本章从空间信息的特点及存储需求出发，分析现有空间信息存储技术在访问模式、存取效率、资源调度和系统能耗等方面存在的问题，并基于空间信息剖分组织框架和剖分标识方法，提出构建具有空时存储特点剖分存储系统的方法与模型。从剖分存储组织的基本原理、剖分存储概念模型和剖分存储协议三个方面，本章给出了较为清晰的剖分存储组织理论框架。资源标识方法与调度机制、数据存储模型与空时存储调度协议、剖分存储系统运行与管理调度方法等，是空间信息存储组织需要重点关注的方面，本章提出 GeoIP 资源标识方法、空间信息剖分统一标识方法、空间数据剖分存储模型、全球统一剖分存储视图等概念及实现原理，并就资源动态配置、空时存储调度、运行管理调度等动态性强的实践性问题，提出初步的协议规范与约定，为未来剖分存储系统的设计与实现提供了理论基础和方法指导。

第6章 空间信息剖分索引原理与方法

在空间信息系统中，空间索引的目的是提高空间信息的检索效率，减少数据、目标及其附属信息等的检出时间，是空间数据组织当中非常重要的支撑技术。在空间数据库系统的发展过程中，人们已经发明了许多行之有效的空间索引方法，如 BSP 树、KDB 树、R 树、四叉树和网格索引等。在当今空间信息全球化应用的背景下，空间信息组织管理的范围已经拓展到全球区域，空间信息索引正面临来自数据海量增长、信息来源复杂、数据尺度跨度大等方面的挑战，本书提出空间信息剖分索引技术，期望能够对以上问题的解决有所帮助。

空间信息剖分索引是以地球剖分组织框架为基础建立起来的空间数据索引体系，主要包括两个方面的含义：狭义上讲，空间信息剖分索引是指设计或应用已有的空间索引方法，对按照地球剖分组织框架生成的规格景遥感数据及各种规格剖分空间信息进行索引的机制与体系，即可以称为剖分空间数据的索引；广义上讲，空间信息剖分索引是指基于地球剖分组织框架天然的多尺度剖分面片组织索引体系，将所有具有明确空间范围的空间数据映射到相应的剖分面片集合，并通过这些面片集合编码形成的空间关系索引机制或体系。

6.1 节对现有空间信息索引的原理、意义、常用方法及主要技术等进行简要的概述；6.2 节给出空间信息剖分索引数据对象的分类界定；6.3 节从索引树、网格及金字塔等方面，探讨空间信息剖分索引的基本方法；6.4 节是本章的重点，从空间范围、存储地址两个方面，设计空间信息的剖分索引模型；6.5 节从点检索、区域检索、拓扑检索和专题检索等方面，探讨空间信息的剖分检索模型；6.6 节从剖分索引大表设计及剖分索引检索引擎两个方面，阐述空间信息剖分索引的系统设计技术。

6.1 空间信息索引技术概述

6.1.1 什么是空间信息索引？

空间信息索引是指基于空间实体的位置、形状及相互关系，按照一定规则和顺序进行信息检索的技术体系，通过检索筛选和排除与特定空间操作无关的空间对象，从而提高空间定位和空间操作的速度和效率。

空间信息索引技术的核心是通过有序数据组织减少无效搜索操作，最常见的就是迅速找到与一个检索矩形相交的所有空间对象集合。当数据量巨大、矩形框相对于全图很小时，这个集合相对于全图数据集大为缩小，在这个缩小的集合上再处理各种复杂的搜索，效率就会大大提高。图 6-1 是遍历方法与基于网格的空间信息索引的示意图，可以看出经过索引，查找的次数大大地减少了。

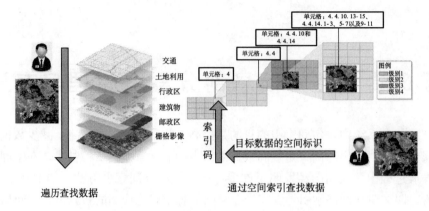

图 6-1   网格索引与直接遍历比较示意图

6.1.2   空间信息索引的意义

1. 空间信息索引是地理信息系统的关键技术

空间数据库是 GIS 的核心。空间数据除了具有一般数据信息的特征之外，还具有区别于其他数据信息的空间范围特性。要提高系统的执行效率，建立具有空间信息索引结构的数据组织体系具有重要的意义。空间信息索引结构的优劣直接影响空间数据库和地理信息系统的整体性能，重要的商业空间数据库系统，均设计了相应的空间信息索引机制。

2. 空间信息索引直接影响空间数据的存取效率

目前磁盘存储设备的访问速度有限，如果对磁盘数据存储的位置不加以记录和索引，则必须通过遍历手段发现数据文件，访问磁盘的代价会严重影响系统的效率，因此需要通过查找索引表取代磁盘遍历访问，这对于提高具有复杂空间特征海量数据的存取效率至关重要。

3. 传统索引方法对多维空间数据索引效率较低

传统的数据库索引技术并不是专为空间数据管理设计，字符、数字等数据类型设计在一个一维的有序集之中，集合中任意两个元素都可以在这个维度上确定，其关系只可能是大于、小于和等于三种。空间数据库具有多维性，它们之间存在地理位置关系，需要研究特殊的能适应多维特性的空间信息索引方式。

6.1.3   空间信息索引常用方法

空间信息索引的基本方法是将有限空间检索区域划分为不同子空间，通过特定数据结构将这些子空间及该子空间内相关空间对象的索引信息存储起来，在检索时，通过选择与检索范围相关的子空间，减少匹配的次数。目前空间信息索引的常用方法有以下几种。

1. BSP 树

二叉空间分割树（Binary Space Partition，BSP）采用二叉空间分割，将空间数据逐级进行一分为二的划分组合。通过树状索引逐级节点进行空间判断，以最少的操作趋近与检索空间相关的数据。

2. KDB 树

KDB 树是一种对坐标平面递归分割构建的树形结构，每个内部节点和叶子节点都对应一个子区域，并对应一个物理存储块。树的同一层节点对应的子空间互相没有重叠，从而使得任意一个点查询的路径对应单一的一条从根到叶子的路径。

3. R 树族

R 树是一种高度平衡的树，由中间节点和叶节点组成，实际数据对象的最小外接矩形存储在叶节点中，中间节点的外接矩形由下层节点的外接矩形聚集形成。在此基础上针对不同空间运算进行了不同改进，形成了一个繁荣的索引 R 树族，成为目前流行的空间信息索引方法。

4. CELL 树

在空间划分时采用凸多边形，使子空间不相互覆盖，以减少磁盘访问次数，提高空间信息索引性能。

5. 四叉树索引

四叉树索引对地理空间进行递归四分，直到满足设定的终止条件，最终形成有层次的四叉树，中间节点存储下层区域的地理范围，叶子节点存储本区域所关联的空间实体和本区域地理范围。

6. 网格索引

网格型空间信息索引的基本思想是将研究区域横竖划分成大小相等或不等的网格，记录每一个网格所包含的空间实体。进行空间查询时，首先计算查询对象所在的网格，然后再在该网格中快速查询空间实体，加速空间信息的查询速度。

7. 基于空间填充曲线的空间信息索引

划分为很多小格空间区域，按照空间填充曲线的规则，为每个小格指定唯一的编码，并按照编码的顺序进行组织，将空间数据降维到一维空间进行索引。

8. LOD 索引

LOD（Level of Detail）是一种针对数据金字塔的索引方法，该方法把栅格数据按照坐标位置分割为多层不同分辨率的小栅格图像切片（Tile）文件，再根据位置编码命名这些文件，使得通过简单的算法规则可以将坐标范围内的文件快速检索出来。

6.1.4 空间信息索引的主要技术问题

1. 地理空间的划分方式与描述方法

空间信息索引的对象包含位置、形状、大小及其分布特征等方面信息，具有定位、定性、时间和空间关系等特性，而空间特性是实现高效空间检索的主要依据。不同的空间信息索引技术首先都要考虑子空间的划分方式和描述方法问题，如 BSP 树方法根据空间对象数量来确定子空间的划分方式，采用外包矩形描述子空间范围。

2. 空间信息索引结构、检索算法与维护方法

空间信息索引的重点是空间索引结构及其配套的检索算法，同时需要解决索引数据变更时的算法效率以及管理成本等问题，主要是减少在增加和删除索引时重排序的时间成本和存储开销。

6.1.5 空间信息索引与空间数据编目的关系

索引和编目是两个极易混淆的概念，在很多书籍和资料上，甚至将其作为同义词。实际上，信息组织理论当中对索引和编目有不同的定义，最主要的区别在于组织对象的不同，数据编目是对数据的相关描述信息按照某种逻辑分类体系实现的有序化构造，使用户可以按分类、关键词或逻辑条件检索到对应的数据实体。信息索引则重点是针对数据内容的组织管理，用于快速检索出数据实体中满足检索条件的内容。例如：图书馆系统中图书目录就是一种编目，读者可以通过编目查找到书籍，但无法查找到具体的段落或文字，而 Google、Baidu 等搜索引擎则可以直接查找到网页中的主要内容。需要提出的是，数据编目本身也有信息索引问题，如果要加快对数据编目的检索效率，需要对编目数据的某些内容建立合理的索引机制。

空间信息索引与空间数据编目大致遵循上述定义，其中，空间数据编目以空间数据实体（通常是文件）为组织管理对象，而空间信息索引以某个数据实体中空间对象（如点、线、面等）为组织对象。如果空间数据编目本身具有空间范围的记录和描述，则其中每条编目数据都可视为一个空间对象，所以，可以通过空间信息索引提高编目数据的空间检索效率。

鉴于上述两者都是对空间信息的组织管理问题，而且编目本身也是一种信息，因此，在本书后面章节中，笔者将其综合在一起讨论，统称为空间信息索引，并没有加以严格区分。

6.2 空间信息剖分索引的数据对象

理论上所有具有空间位置属性的信息均可作为索引对象。从实际使用情况分析，较为常见的索引对象包括以下几类。

6.2.1 遥感影像数据

剖分系统中的遥感影像数据大致可分为两类：规格分景影像数据和非规格分景影像数据。

规格分景影像数据是指按照地球剖分单元进行切割或聚合存储管理的遥感影像，该数据覆盖地球表面，具有确定的空间范围。非规格分景影像数据是指空间范围上未严格按照剖分单元进行物理切分存储的影像数据。规格部分影像数据生成示意图见6-2。

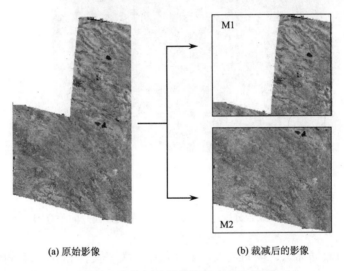

(a) 原始影像　　　　　　　　　　　(b) 裁减后的影像

图 6-2　规格剖分影像数据生成示意图

无论是规格分景影像数据还是非规格分景影像数据，都与地理范围相关，可以通过多级面片进行索引。非规格分景影像数据在不按照剖分面片分割的情况下，也可以按照一定的规则，与某一个或几个剖分面片相关联，从而为剖分索引提供基础条件。如图 6-3 所示，矩形框为剖分单元，而平行四边形框为非规格分景影像数据范围，它覆盖了网状区域代表的四个剖分面片，建立剖分索引时，可通过四个相邻的剖分单元直接索引到该数据，而实际存储时可遵循特定规则只将其存入某一个特定面片存储节点中。在选择分景数据所要存储的面片存储单元时可以采用中心点法、面积占优重要性法或面积占优百分比法等。非规格影像数据直接索引的特点是存储简单，不用进行再次的分割裁剪，数据相对集中，并且有利于和传统分景数据组织方式相结合。但与规格剖分数据相比，存储规则和后续的操作复杂，可以进一步建立基于剖分规格的逻辑索引，再用剖分面片进行各种空间分析和计算。

6.2.2 空间实体数据

空间实体又称为空间目标，通常包括自然景观、人工建筑、地面物体、分类区等，

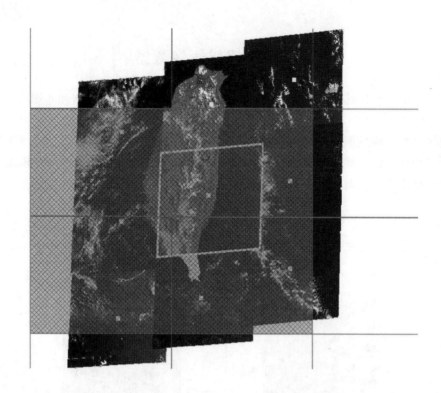

图 6-3　原始分景遥感影像覆盖多个剖分面片的示意图

空间实体数据由数据标识、空间范围、属性数据、关联文件和数据表等内容组成，空间范围可以通过多层次的剖分面片进行表达（图 6-4）。每个空间实体的剖分表达数据，通常存储在其中心点所在剖分面片对应的存储单元上，并通过该剖分面片对空间实体数据建立索引。

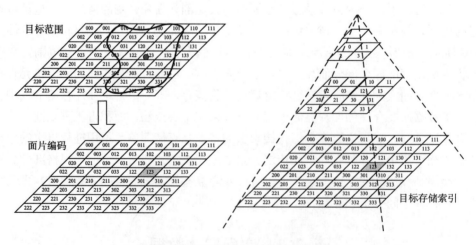

图 6-4　空间实体索引位置示意图

6.2.3　其他空间数据

1. 矢量地图数据

剖分系统中的矢量地图数据以地图分幅为基本存储单位，在尺度上根据矢量地图的比例尺确定剖分层级，在空间上根据预先确定的地图分幅与剖分框架的映射关系确定存储的面片单元，进行转化和存储操作。

2. 数字高程数据

数字高程数据的存储方式与遥感影像数据类似，首先根据高程数据单元大小，确定对应的剖分层次，之后按照规格剖分影像分景进行逻辑分割，之后分别存储到相应的存储单元上。

3. 观测数据

观测数据分为可以剖分和不可以剖分两类，其中可以剖分的数据类型包括传统观测数据中的点观测数据，比如某地点的温度、湿度、降雨量等；不可以剖分的数据包括区域观测数据和线观测数据，比如某区域的观测数据或某流域的观测数据等。

对于可以剖分的观测数据，可以按照剖分方法进行分割，根据其观测精度和位置直接对应到相应剖分层级的剖分存储单元存储。对于不可以剖分的观测数据，可以参照非规格遥感影像数据的存储方法，根据比例尺或表达尺度，选择相应层级的剖分面片进行关联。

6.3　空间信息剖分索引的基本方法

6.3.1　基于树的剖分信息索引方法

剖分系统中空间信息的范围都是基于剖分面片定义的，因此，基于树的剖分信息索引，实际上就是提取组成对象的不同大小（不同剖分层次）剖分面片集的最小外包剖分面片，并存储到相应层级的树节点上，建立树状索引。例如，对一组剖分面片集建立BSP树状索引，树状划分保证每个剖分面片集的最小剖分面片范围存在一个叶子节点上，形成一个覆盖所有剖分面片数据的索引树（图6-5）。

6.3.2　基于地理空间的剖分信息索引方法

1. 基于规则地理空间的剖分信息索引方法

基于规则地理空间进行剖分索引的基本思想：根据应用的需要将对象区域划分为大小相等或不等的规则地理空间，如国家空间信息网格、战区网格、标准图幅等，然后，将与每一个规则的地理空间相交或包含的剖分面片数据记录在该地理空间的结点上。进

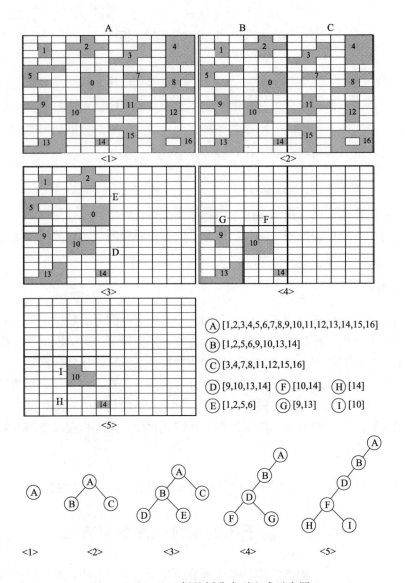

图 6-5　基于 BSP 树的剖分索引生成示意图

行空间查询时，首先计算出检索区域覆盖的地理空间，然后再从这些网格中查询所含的剖分面片。索引剖分数据时，可以将某层次的剖分网格作为索引层，实际上是将不同大小（不同剖分层次）的剖分面片集组成的对象空间，通过剖分规则与索引网格建立关联，以便通过索引网格进行快速检索。

2. 基于空间填充曲线的剖分信息索引方法

地球空间剖分面片是按照一定规则对地球表面进行无缝、无叠划分的结果，剖分面片之间存在明确的空间位置及其相互关系。剖分空间信息的基本单元都是基于剖分面片的，应用空间填充曲线对剖分面片进行排序，即可将空间上多维分布面片转换到一维序列，在一维编码序列上实现对剖分面片所关联的空间信息高效检索。

空间信息剖分组织框架具有层次性、递归性特征，每个剖分面片可以无限地递归细分。可以分别应用空间填充曲线对空间信息对应的各层剖分面片进行排序，将各层级的面片降至一维空间，并通过B-树或Hash等建立索引，即可对多层面片构建多层空间填充曲线索引。图6-6给出了基于Z序填充曲线对多层剖分面片进行索引的示意图。

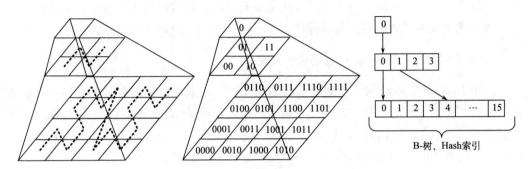

图6-6　基于Z序的多层剖分面片索引示意图

3. 基于非规则地理空间的剖分信息索引方法

遥感影像原始分景数据，以及各种专题区划（如行政区划、环境区划等）等具有非规则的空间范围，可以作为非规则地理空间，用来索引地理空间区域内的空间数据。为支持通过非规则地理空间检索剖分数据，需要将每个非规则地理空间的范围，转换为对应的剖分面片集，将地理空间编码与剖分面片编码关联，既可以通过这些地理空间检索到包含的剖分空间信息。图6-7是行政区索引剖分空间信息的示意图。

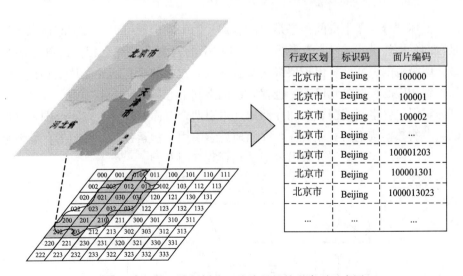

图6-7　行政区域与剖分面片编码的关联索引示意图

6.3.3　基于金字塔的剖分信息索引方法

基于金字塔的索引是将空间进行有规律的逐层迭代划分，建立索引金字塔。金字塔索引的优点，一是可以通过不同层次网格对不同分辨率、不同尺度的信息进行索引，提高检索效率；二是金字塔索引的上下层数据具有关联，可以在检索时通过上下层的包含关系快速确定检索区域，减少无效操作。

1. 基于 LOD 金字塔的剖分信息索引方法

应用 LOD 金字塔对剖分空间信息进行索引时，可将 LOD 金字塔作为剖分数据的索引结构，将划分好的剖分面片作为 LOD 瓦片，运用 LOD 的计算公式确定数据存储的层级和文件名，即可通过 LOD 方法对剖分面片数据进行快速检索。在以 LOD 方式组织和访问数据的空间信息系统中，可以应用这种方法对剖分数据进行索引。

2. 基于剖分框架的剖分信息索引方法

基于剖分框架对全球空间信息建立的索引体系，又称为空间信息剖分索引。基于剖分框架可以建立多层剖分面片的索引金字塔，将遥感影像、空间实体和其他空间数据按照一定规则索引到各层级剖分面片上，再将检索区域分解为剖分面片集，通过剖分面片匹配，实现对剖分金字塔相应剖分面片中空间数据的查找。详细描述见本章后面的内容。

6.4　空间信息剖分索引模型

6.4.1　剖分索引模型架构

由于全球剖分框架下空间信息是以剖分面片为基础进行组织，对空间信息的检索实际上是对剖分面片进行检索，根据尺度或分辨率的检索需求确定相应的剖分层级或最高、最低层级范围，并计算出该层级内被检索区域包含的所有剖分面片编码，再根据面片编码找到相应的存储单元位置，查找并访问空间信息数据。

剖分索引包含空间范围索引和存储地址索引两个方面的内容，空间范围索引用于检索某区域内的数据或空间实体目标，存储地址索引用于检索各面片对应的存储地址，这两类索引可以通过统一的剖分索引表记录和管理（图 6-8）。

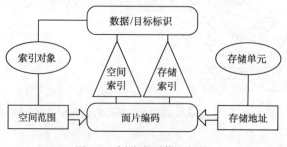

图 6-8　剖分索引信息架构

1. 空间范围索引

在剖分系统中，剖分数据与目标都是按照规格剖分面片分割或关联的。空间范围索引是按照剖分面片分割形成的叠层结构或索引金字塔，该叠层结构中保存了与各个面片相关联的空间信息标识，可以用来查找某特定空间范围内的数据或目标。剖分空间范围索引最重要的特点，是通过面片编码，关联查询区域、数据位置、目标范围以及存储地址等。

2. 存储地址索引

按照规格剖分面片分割的数据，可以直接存储在相应的剖分面片上，只要在剖分面片索引表中保存存储地址，即可以通过数据的剖分面片编码查找到存储地址。对于非规格剖分数据和不可分割的观测数据，通常保存到按一定规则相关联的剖分面片上，也可以通过剖分面片编码索引空间信息数据的存储地址。

6.4.2　空间范围剖分索引模型

1. 规格剖分数据索引

规格剖分数据，即可以按照剖分面片划分和存储的影像或其他空间数据。对于规格剖分数据的索引，只要将数据的标识存入索引金字塔中所对应的剖分面片即可（图6-9）。

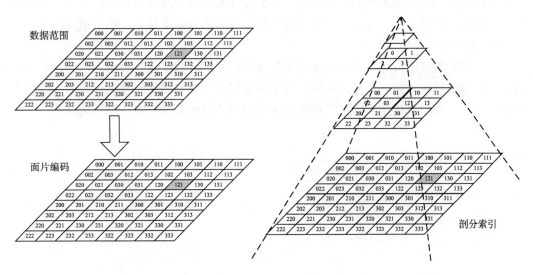

图 6-9　规格剖分数据索引面片位置示意图

2. 非规格剖分数据索引

对于非规格剖分数据，需要将数据所覆盖的面片与数据标识之间建立索引，用于检索特定层面片上的空间信息。非规格剖分数据的索引是将每个数据（例如，常规分景的遥感影像）覆盖范围，对应到相应剖分层级的一个或多个关联剖分面片，将数据标识存入索引金字塔中的相应面片位置上，即可用来进行检索（图6-10）。

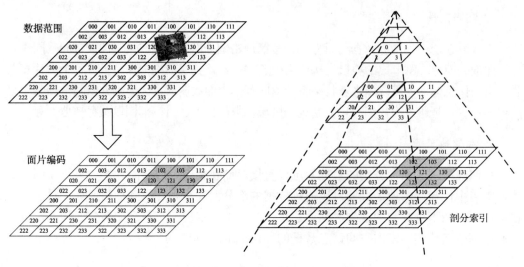

图 6-10　面片覆盖范围剖分索引示意图

3. 空间实体数据索引

空间实体的索引包括两层：上层是对各目标的最小外包面片建立统一的金字塔索引，在检索时用于排除无关的空间实体；下层是针对各目标几何形状，建立剖分面片集金字塔表达，存储于统一索引金字塔中与该目标对应的存储面片上，用于精确匹配。

1）实体最小外包面片索引

将数据覆盖范围或空间实体的最小外包面片标识，与数据或目标的对象标识建立索引。每个对象标识对应一个面片标识，每个面片标识可对应多个对象标识。最小外包面片索引用于在检索时快速确定需要精确匹配的数据或目标范围。最小外包面片索引示意图见 6-11。

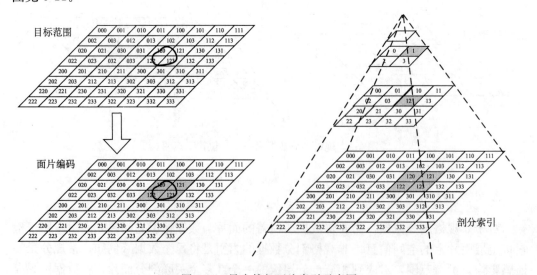

图 6-11　最小外包面片索引示意图

根据尺度变化范围，最小外包面片索引可以建立在多个索引层上，以便在各层均可以被快速检索到。具体在哪些剖分层上建立最小外包面片索引，根据空间实体检索的尺度需要而定。

2）实体空间范围索引

将空间实体的具体范围，分解为一组面片编码集，尽可能将低层面片编码合成全填充的高层编码，形成金字塔式索引数据集（图6-12），用于精确匹配检索范围是否与数据或目标的覆盖范围相交。数据覆盖范围、管理网格的区域等，也可以用同样的方式对其空间范围进行索引。

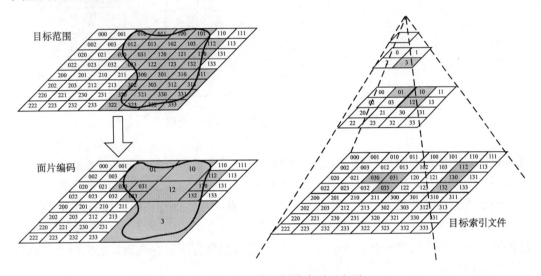

图 6-12　空间范围剖分索引示意图

4. 专题网格剖分索引

专题网格是为满足应用而设计的各种空间划分体系，比如地图分幅、卫星遥感影像分景、行政区划、气象网格等，每个网格单元具有唯一标识。专题网格剖分索引是以剖分框架为基准，将专题网格单元的标识保存在其空间范围覆盖的各层级剖分面片索引中。专题网格索引既可以用来确定某个剖分面片所属的专题网格，也可以用来检索某个专题网格中的剖分数据，如图6-13所示。

6.4.3　存储地址剖分索引模型

存储地址索引是将数据或目标的标识与存储位置相关联，在按剖分存储体系建立的子系统中，可以通过数据或目标的标识快速得到存储地址。因为每个剖分存储单元都与剖分面片相关联或对应，实际上存储地址的索引就是将数据或目标的标识与面片编码相关联，再通过面片编码找到对应的存储地址。面片编码与存储地址的映射关系可以通过面片-地址索引表建立起来。

对于规格剖分数据，因为数据直接存储在剖分面片所对应的存储单元中，所以可以

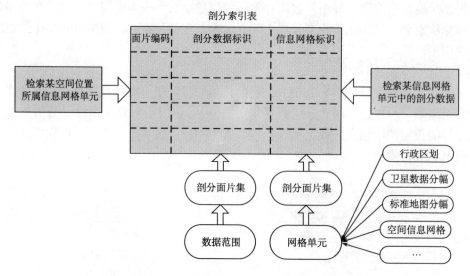

图 6-13　专题网格剖分索引与检索示意图

直接根据数据所在的面片编码获得存储地址。非规格剖分数据和空间实体的范围可能会涉及多个剖分面片，所以需要通过一定的规则，如面积占优、中心点或最小外包面片等，确定数据存储的剖分面片（称为存储面片），存储地址保存在该面片的索引记录中。

当某层面片上存储的数据量超出存储容量时，其上的数据需要进一步分割存储在下层的多个面片的存储单元上。这种情况下，该面片要保存下层存储面片的标识，再通过下层存储面片的标识检索到具体的存储地址。

6.5　空间信息剖分检索模型

6.5.1　剖分检索模型架构

剖分检索的基本思路是将被检索的空间范围，转换为一组充满查询区域的面片，按照每个面片的编码查找相应面片的索引记录，即可快速匹配出所要检索的数据或目标。通过空间范围索引检索出数据或目标后，根据数据或目标的存储面片编码，在存储地址索引中，检出相应存储地址，进而可以访问存储单元上的空间信息数据。剖分检索模型的架构如图 6-14 所示。

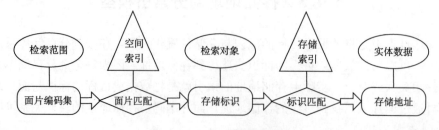

图 6-14　剖分检索模型架构

剖分检索的基本模式包括空间点检索、区域检索、拓扑检索和专题网格检索等。空间点的检索，可以按照检索要求的精度确定检索的剖分层次，检索点所在的面片。区域检索可以将检索区域范围表达为所在面片的集合，再对各面片逐个检索。拓扑检索首先根据面片的拓扑关系，确认需要检索的面片集，再根据这些面片进行信息检索。专题网格检索也是通过专题网格所包含的剖分面片集进行匹配检索。以上各种检索都可以归结为单面片检索的组合。

6.5.2 点 检 索

点检索就是查找与某一个空间点重叠的所有空间信息数据，检索内容可以为该点上的空间实体、该点所在的空间区域（如行政区）或者该点数据的记录值（如影像像元灰度值、气象观测数据值等）。由于剖分存储系统中的空间数据有多层，因此点检索又分为单层检索和多层检索。

1. 单层检索

单层检索针对检索条件，查找剖分存储系统中某一层与空间查询点重叠的空间数据对象。单层检索相对比较简单，首先将点检索的空间位置与该层剖分面片所代表的空间范围进行比较，如果检索点在剖分面片之内或者边界上，该剖分面片所对应的空间区域即检索区域（图 6-15），通过该剖分面片索引即可检索出所要查询的内容。

单层点检索面片的提取过程定义如下：

$$T\left(P(x,y)\right) = \begin{cases} \text{Cell}_i, P(x,y) \in \text{Cell}_i \\ 0, P(x,y) \notin \text{Cell}_i \end{cases}$$

其中，如果 $P\left(x, y\right)$ 在剖分面片 Cell_i 内，即 $P\left(x, y\right) \in \text{Cell}_i$，则剖分面片 Cell_i 即点 $P\left(x, y\right)$ 的检索面片。

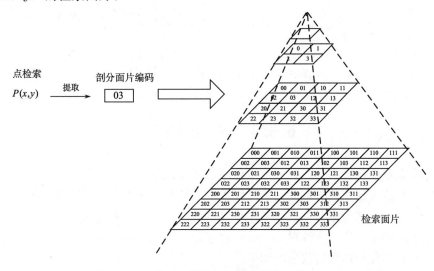

图 6-15 单层点检索面片示意图

2. 多层检索

多层数据点检索是单层点检索的扩展，是针对点检索条件，在剖分数据存储系统中查找某几层的剖分数据，其检索不仅仅针对同一个剖分层级，而是针对多个剖分层级。多层点检索时，首先将检索点位置信息与地球剖分系统中各层的剖分面片所代表的空间范围进行比较，如果该点在剖分面片之内或者边界上，该剖分面片即应该包括在检索面片集中，然后对所有检索面片通过面片索引检索出所要查询的内容（图 6-16）。

多层点检索面片的提取过程定义如下：

$$T(P(x,y)) = \begin{cases} \sum \text{Cell}_j^i, & P(x,y) \in \text{Cell}_j^i \\ 0, & P(x,y) \notin \text{Cell}_j^i \end{cases}$$

其中，i 表示剖分层数且 $i=0$，1，2，…，n；j 表示剖分面片的编码号 $j=0$，1，2，…，m。

如果 $P(x,y)$ 在剖分面片 Cell_j^i 内，$P(x,y) \in \text{Cell}_j^i$，则剖分面片 Cell_j^i 集合即点 $P(x,y)$ 的多层检索面片集。

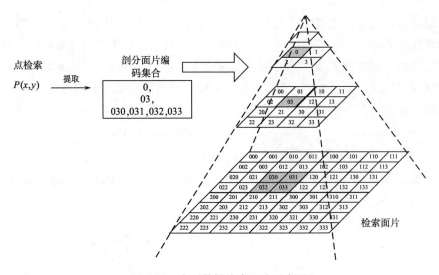

图 6-16　多层数据检索面片示意图

6.5.3　区 域 检 索

区域检索是查找某一个多边形区域全部或部分包含的空间信息数据，检索区域可以是行政区、其他区划区域、空间实体区域或人工临时绘制的多边形区域。区域检索可以分为两个过程：区域检索面片提取和面片检索。首先将被检索的空间范围，转换为一组充满查询区域的面片集，再针对每个面片通过面片索引检索出面片所对应的空间信息，每个面片检索的集合即区域检索的结果。

区域检索分为两个过程：首先提取检索区域可能包括的对象，然后再对每个对象进行精确匹配，得到检索结果。具体方法是：首先在索引表中确定检索区域内每个剖分面片所对应的空间信息对象，提取每个对象的空间范围信息；然后将每个对象的空间范围与检索区域进行精确匹配，剔除与检索区域没有相交关系的对象，即获得最终的检索结果，如图 6-17 所示。

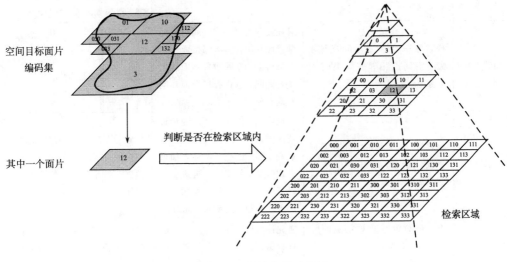

图 6-17　区域检索的示意图

由于特定目标的空间范围索引是多层集合的，检索对象的空间范围可以与检索区域进行自上而下的匹配，只要在某一层上检索区域与空间信息对象有相同面片，表明二者有重合，即可确认其为检索结果；如果直到底层都没有相同面片，则剔除该检索对象。判定条件可以通过以下公式定义：

$$\text{ResultRect} = \sum_{i=0}^{n} \text{ResultCell}(i)$$

$$\text{ResultCell}(i) = \begin{cases} 0, \text{Cell}(i) \notin \text{Rect} \\ 1, \text{Cell}(i) \in \text{Rect} \end{cases}, i = 0, 1, 2, \cdots, n$$

如果面片 i （$i=0$，1，2，…，n）在检索范围内，则设结果为 1；如果不在，设结果为 0，那么范围匹配的结果可以表示为所有单个面片匹配结果的和，0 表示不重合，大于 0 表示重合。

6.5.4　拓扑检索

拓扑检索是查找或选择与查询区域具有特定拓扑关系数据的操作或过程，如包含检索、相邻检索、最近邻检索、缓冲区检索、方位检索等。剖分拓扑检索方法的基本思想是将基于对象的拓扑检索转换为基于面片之间的匹配和距离等运算，具体方法见表 6-1。

表 6-1　拓扑检索类型表

检索类型	基本含义	实现方法	应用举例
包含检索	检索与一个给定的空间对象之间具有包含或者被包含关系的某类对象的操作或过程	对检索对象的面片集与检索区域的面片集进行逐个匹配，选择有重合面片的空间对象	检索被某空间实体全部或部分覆盖的所有其他空间实体（包含检索）；检索包含某空间实体的行政区域或其他区划区域（被包含检索）
相邻检索	检索与一个给定的空间查询对象或空间点相邻的某类空间对象	首先提取给定查询空间对象的邻接面片集，再将邻接面片集与待检索的空间对象的面片集进行匹配，选择有重合面片的空间对象	检索某空间实体的所有邻接目标；检索某行政区的所有邻接行政区
最近邻检索	检索与一个给定的空间查询对象或空间点最接近的某类空间对象	对检索区域按单个面片为步长逐次增长，直到发现具有重合或邻接面片的空间实体，如果发现多个空间实体，再进一步计算出边界上面片与检索区域边界面片距离最小的空间对象	检索与某空间实体最接近的某类空间实体；检索与特定位置最接近的某类空间实体
缓冲区检索	查找被给定空间对象缓冲区（一定距离范围）包含或与之相交的空间对象	首先计算出空间对象缓冲区的面片集，选择与该片集有重合面片的所有空间对象	检索被某空间实体缓冲全部或部分覆盖的所有其他空间实体或遥感数据
方位检索	查找位于给定空间对象某一方向范围内的所有空间对象	首先计算出空间对象某一方向范围内的面片集，选择与该片集有重合面片的所有空间对象	检索被某空间实体或空间位置某一角度范围全部或部分覆盖的所有其他空间实体或遥感数据

6.5.5　专题网格检索

专题网格检索包括两种方式：一是检索数据所在的专题网格，二是检索某专题网格内的数据，具体检索方法如图 6-18 所示。

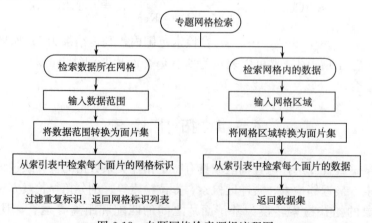

图 6-18　专题网格检索逻辑流程图

6.6 空间信息剖分索引系统技术

对于基于剖分框架的空间数据存储与应用，目前的数据库和检索技术无法完全满足剖分检索的要求，需要有效利用剖分数据的特点与计算机集群存储的优势，建立类似Google索引大表的空间数据专用数据库系统及索引机制，按照剖分的层次和序列，在计算机集群基础上有效地组织数据，在此基础上完成高效检索和访问操作。

6.6.1 剖分索引大表设计

剖分索引大表的设计结构，如图6-19所示。索引大表中的每行对应于一个剖分面片，面片编码作为行关键字，按照编码顺序存储。索引大表根据剖分层级建立多级索引体系，根据面片上的数据量的增加和减少，子表按照剖分层次向下分割和向上聚合。按行划分子表时，下层面片行按所属上层面片的单位划入同一子表，以保证剖分数据检索的效率。

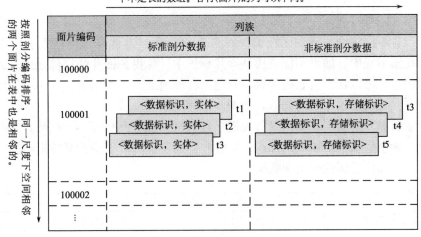

图6-19 剖分索引大表的设计结构和内容

每一个列族代表某一类型数据，如不同类型的遥感影像、地图、空间实体等。索引内容根据是否规格剖分数据有所不同，规格剖分数据可直接指向数据实体所在面片位置，非规格剖分数据可指向数据在存储系统的节点位置。每种列族对应特定的数据。遥感影像列族中，可以包含不同产品类型的列，如按卫星不同，可以有TM数据列、SPOT数据列、QUICKBIRD数据列等；按不同分辨率，可以有超高分辨率数据列、高分辨率数据列、低分辨率数据列等；按谱段不同，可以有高光谱数据列、微波数据列、近红外数据列、可见光数据列等，如图6-20所示。空间实体列族中可以包含不同类型的空间实体列，包括有军事目标列、自然景观列、人工建筑列、地面物体列等，如图6-21所示。

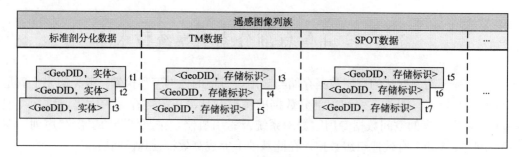

图 6-20　遥感图像列族

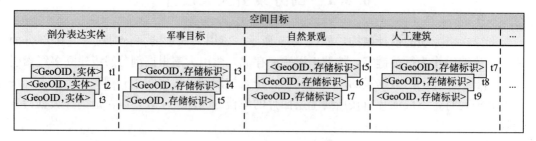

图 6-21　空间实体列族

根据需要还可以加入一些特殊的列族。支持行政区划查询，可以在索引表中加入一个列族，包含不同级别的行政区标识，如图 6-22 所示。其他专题网格索引可以按同样方法存储在索引表中。如果不能直接从面片标识中计算得到面片的存储地址，或由存储系统自动确定，可以在索引表中包含一列记录存储地址。子索引表作为一种特殊的数据类型，可在父表内形成专有的列族，如图 6-23 所示。

每个索引单元由＜剖分编码（行关键字），数据类型标识（列关键字），时间戳＞三元组确定，索引信息包括数据的标识、属性和存储位置，可以检索某特定空间、特定类型、特定时间和特定属性的空间数据。

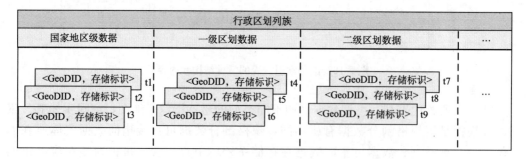

图 6-22　行政区划列族

6.6.2　剖分索引检索引擎设计

剖分索引检索引擎，建立在剖分存储和服务器集群调度系统基础上，负责对剖分索

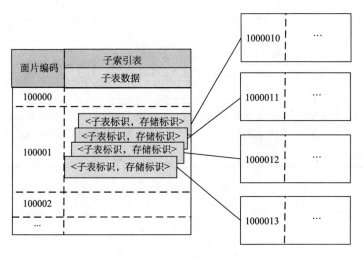

图 6-23 子表索引列族

引大表进行建立、维护和检索，索引检索的对象包括通过剖分面片编码表示的空间位置信息、数据的时序信息、空间元数据信息、存储地址信息等；检索方式要求面片快速定位、通过面片代码隐含的空间关系查询等，检索流程如图 6-24 所示。

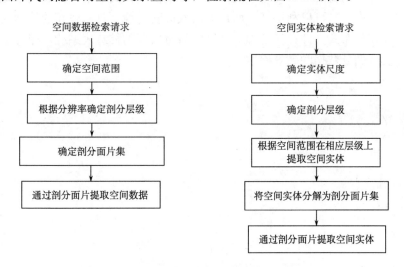

图 6-24 空间数据、空间实体检索流程示意图

剖分索引检索引擎的主要功能如表 6-2 所示。

表 6-2 剖分索引检索引擎功能表

分类	功能	输入变量
面片索引操作	插入索引面片、删除索引面片	面片编码
索引列操作	插入索引列、删除索引列	索引列（数据类型）标识

分类	功能	输入变量
数据索引操作	加入数据/标识、删除数据/标识、更新数据/标识、读取数据/标识、定义数据生命周期	面片编码、数据类型标识、时间戳、数据/目标实体或数据/目标标识
数据检索操作	面片检索、数据/目标标识检索、空间范围检索、行政区检索	面片标识、数据/目标标识、区域范围、剖分层次范围、时间范围、行政区标识
面片管理操作	面片分裂、面片合并	面片标识

6.7　本章小结

　　地球剖分体系可以建立覆盖全球的面片分割体系，所有空间信息均可以通过某种规则与剖分面片建立关联，以面片为基础对空间信息的分布范围和存储地址建立统一的剖分索引。面片索引不仅可以针对按照剖分面片分割的空间数据，而且可以用来索引用面片编码表达的空间实体数据，还可以用来索引其他非剖分的空间数据，具有通用性和全球统一性。各种空间检索都可以通过面片编码匹配实现，其他空间专题网格也可以通过面片索引进行检索，且可以利用剖分面片的层次嵌套特性，具有较高的检索效率。大表数据库是建立在分布式文件存储基础上、针对海量数据的稀疏表系统，非常适合于建立剖分索引，实现剖分数据的高效检索。

第7章 空间信息剖分表达原理与方法

空间信息的表达在远古时代就已经出现，它的产生和发展来源于人类社会生产活动对地理位置、方位、空间信息的了解、传播、共享的需要。空间信息表达的方式多种多样，包括文字、表格、图形、图像及多媒体等方式，空间对象是空间信息系统中空间信息存在的主要方式，空间信息剖分表达的主要任务就是基于地球空间剖分框架，实现对空间对象的结构化表达。

本章主要论述空间信息剖分表达的原理与方法。7.1 节是对空间对象表达的概述，主要内容包括空间对象表达的意义、技术，以及空间对象表达中的关键问题等；7.2 节阐述了空间对象剖分表达的基本原理，主要内容包括全球空间对象统一表达、球面-平面一体化表达、多尺度一体化表达、点面二相性表达、栅格矢量一体化表达及影像可视化表达等方法；7.3 节是本章的核心，论述空间对象剖分表达的模型，主要内容包括剖分表达模型构建的基本准则、剖分表达模型的信息构成、影像结构化模型、空间对象结构化模型、剖分表达模型的特点，以及空间对象剖分表达实例等；7.4 节从影像地理信息系统的应用需求、影像空间对象数据模型、影像空间信息管理、影像空间信息展现、影像空间分析及影像剖分空间对象数据采集等方面，介绍和分析基于剖分表达的影像地理信息系统的设计与实现。

7.1 空间对象表达概述

7.1.1 什么是空间对象表达？

地理实体是指在现实世界中客观存在的、具有确定空间位置和明确空间范围的物体、现象或思维表现，如自然现象、人工建筑、行政区域等，是剖分表达的现实世界对象。在空间信息系统中，地理实体通过结构化数据记录和表现。空间对象指数据系统中与地理实体相对应的信息实体，通常分为点状实体、线状实体、面状实体和体状实体等，包含地理实体的空间位置、形状和属性等空间特性和描述信息。地理实体由以上这些类型的信息实体所表示，本书讨论的空间信息实体（或称空间对象）只限于点状实体、线状实体和面状实体三类。

空间对象表达就是将空间对象的位置、范围和特性等信息，采用结构化数据进行记录，以便于通过程序对空间对象进行管理、量算、分析和展现。

空间对象表达的两种主要类型是离散值和连续场。离散值的表达方法是通过离散的空间位置数据将空间对象进行结构化表达，例如常见的矢量模型表达方法。连续场表达方法是通过一组数据将空间对象的范围充满，使得空间对象范围内的每个位置都有相应的数据值，例如影像栅格模型表达方法。空间对象剖分表达本质上是一种连续场的表达方法，但是通过影像结构化，就具有了离散值表达方法的某些特点。

7.1.2　空间对象表达的意义

空间信息系统是空间信息存储、管理、分析的系统工具，空间对象表达是空间信息系统的数据结构基础。空间对象表达的意义主要表现在以下几个方面：

管理：信息只有通过一定的表达方式才能区分，并提取出来，不对空间对象进行表达，我们就无法从混杂在一起的数据中选择所需要的信息，也无法对这些数据进行集成、组合和应用。

分析：表达是对自然规律、相互关系进行分析的需要。在空间对象结构化表达基础上，才能够进行模型分析，并揭示空间对象之间的相互关系与规律等。

传递：信息的传递需要通过一定的表达方式作为载体，为了传递地理信息，需要通过对空间对象进行数字化表达，才能对自然存在的空间现象或思维结果进行描述、传播和展现。

7.1.3　空间对象表达技术

空间对象表达技术主要包含以下几类。

1. 矢量表达

矢量表达方法以点、线、面抽象空间对象，通过坐标链的总体顺序确定对象的空间位置，可以精确地表示空间对象的地理位置。数字地图是矢量表达的主要表现形式。

2. 栅格表达

栅格表达方法是将空间划分为大小均匀紧密相邻的网格阵列，空间对象的位置和状态用它们占据的栅格行、列的值来定义。遥感影像和 DEM 是栅格表达的主要表现形式。

3. 混合表达

混合表达方法是将栅格结构中的行列号与矢量结构中的坐标位置进行关联，使矢量栅格形成一体化的表达结构。

4. 面向对象的表达

面向对象的表达方法是以对象为中心，将对象的属性、几何特征，以及关联信息、数据操作方法等封装在表达对象的数据结构中。面向对象的表达方法适合表达单一的复杂目标。

5. 三维表达

三维表达方法是通过三维建模的方法对空间对象的立体形态进行模拟。三维表达是空间虚拟现实应用中的基本表达方法。

6. 数学表达

数学表达方法是通过数学表达式对空间对象进行描述与模拟的方法，该方法多应用在模拟分析某种工作机制、空间对象的运动轨迹以及空间现象的扩散规律等方面。

7. 空间对象剖分表达方法

剖分表达是作者基于地球空间剖分组织框架提出的一种新型的表达方法。空间对象剖分表达方法是按照全球统一剖分体系，将空间对象分割为多层次的无缝无叠的面片集合，并通过有序的面片编码建立数据结构，对空间对象进行记录和组织的方法。本章后续内容将对空间对象剖分表达方法进行详细阐述。

7.1.4 空间对象表达的关键问题

1. 全球空间对象的统一表达

全球空间对象的统一表达需要解决如何采用统一的表达方法，将全球范围内的各种空间对象数据有效组织起来，空间对象的表达建立在全球空间数据的基础之上。这些数据包括以传统纸质地图为代表的基础制图数据，通过卫星、飞机等得到的遥感和 GPS 数据，通过野外实测获得的观测数据，通过实验室得到的仿真数据等。在基于遥感数据进行空间对象表达时，需要支持对多平台、多时相、多分辨率（包括空间分辨率、光谱分辨率）遥感数据中空间对象的统一表达，以满足不同层次的需求。

2. 球面-平面一体化表达

在 GIS 出现以前，人们在表达空间影像信息时使用的传统媒介是二维纸质地图（GIS 发展初期，其影像数据很大一部分来自地图数字化），这就势必要求要把地球椭球面上的信息转化为二维信息，也就是球面向平面的转化，在实现的操作过程中，人们采用了地图投影、地图分幅等技术。随着计算机的出现，打破了空间影像的表达和处理必须在二维平面完成的桎梏，人们试图寻找一种方法在球面上直接表达空间信息，进行空间分析，也就是从原有的"球面-平面"的模式还原为"球面-球面"的模式，为更好表达地球上的空间存在，应该按照真实地球来表达空间信息（图 7-1）。

图 7-1　二维地图向球面表达的转化

- "球面-平面"模式的问题（图 7-2）。

（1）地图投影会导致空间对象的变形，使得角度、长度、面积无法兼顾；

（2）在多比例尺空间信息应用中，需要将采用不同投影方式的数据进行转化；

（3）跨带、变投影空间数据的整合、量算困难，要通过复杂的数学运算进行转换，耗时较长。

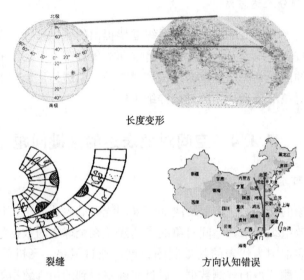

图 7-2 "球面-平面"模式的问题

- 球面-平面一体化的技术难点。

（1）选择一种全球影像表达框架，如何在球面上直接表达和存储全球数据；

（2）能够兼容和继承现有测绘成果，将测绘部门精确测定和建立的地球经纬坐标网和海拔高程网等数据作为建立全球影像数据库的空间基础；

（3）现有的高精度空间数据大多是在局部地区建库，采用平面坐标系统，如果扩展到全球，需要按照全球空间参照系对所有信息进行重新存储和组织，数据转化工作量较大。

3. 多尺度一体化表达

尺度是指空间对象所占地理范围的大小。举例来说，线状地物中，长江是大尺度数据，街道是中尺度数据，道路上的某条斑马线是小尺度数据。

地球表层的信息是复杂的，人们不可能观察地理世界的所有细节，因此地理信息对地球表面的描述总是近似的，只有经过合理的尺度抽象的地理信息才具有利用价值，不同的尺度不仅在所表达信息的密度上有很大差异，而且还会影响所表达的地理信息是否正确，因为不少地理现象和规律只在一定的尺度出现，如观测台风，在米级尺度上，只能看到快速流动的浑浊空气，只有在与台风相匹配的尺度上才能观测到这一现象，因而尺度必定是左右地理信息的重要特性。

此外，由于多种地理现象和过程的尺度特性并非按比例线性或均匀变化，因此需要把多尺度表达的信息动态地连接起来，建立不同尺度之间的相关和互动机制，以进行有效的综合分析和辅助决策。空间对象表达模型需要支持空间对象的多尺度特性，能够在多层级数据中提取任意尺度的空间对象，并关联到相应尺度分辨率的遥感影像数据上。

4. 点面二相性一体化表达

在现实世界中，空间对象本身是唯一的，是不随尺度的变化、表达手段的变化而变化的。但是，人们往往需要不同尺度下同一空间对象的数据。也就是说，需要在不同尺度下对现实世界进行建模，以便于对空间对象本身的研究和利用。在不同尺度下，客观存在的空间对象一般都具有点面二相性表达的特性：在小尺度表达的情况下，可以表达为与现实轮廓极为相似的面；在大尺度表达的情况下，可以表达为点。例如，在北京地图上，北京市就表达为一个面，面的轮廓与现实中的北京市也较为接近；在世界地图上，北京市就表达为一个点。点面二相性表达的关键问题和难点就是确定在多小的尺度上，需要将空间对象描述为面，在多大的尺度上需要将空间对象描述为一个点。简而言之，就是确定把对空间对象的描述从面变为点的临界尺度，小于这个尺度，空间对象表达为面，大于这个尺度，空间对象表达为点。

5. 栅格矢量一体化表达

目前在地理信息系统中主要使用的数据结构有两种：矢量数据结构和栅格数据结构。其他各种数据结构大多是由这两种数据结构派生出来的。矢量数据以坐标点对来描述点、线、面三类空间实体。矢量方法强调了离散现象的存在，由边界线（点、线、面）来确定边界，因此可以看成是基于要素的。在矢量数据中，点是空间的一个坐标点，线由多个点组成矢量弧段，面是由曲线段组成的多边形，矢量数据能以最小存储空间精确地表达地物的几何位置，面向目标的操作，精度高，但是数据结构复杂且难以同遥感数据结合，且在处理位置关系时算法复杂。栅格数据是基于连续铺盖的，它是将连续空间离散化，以栅格元素值来表示空间属性。栅格数据描述区域位置明确，属性明显，数据结构简单，易与遥感结合，但是难以建立地物间的拓扑关系，图形质量低且数据量大。

在实际应用中，栅格、矢量数据各有优点，将两者优点统一起来的新型数据模型一直是人们探索的方向。栅格与矢量是两种截然不同的数据格式，很难融合到一种数据结构中，将栅格的行列号作为矢量的坐标实际上还是矢量结构，已经失去了栅格结构的意义，本书研究的栅格-矢量一体化剖分表达是一种新型的基于面片的数据结构，使其兼具两者在应用上的优点。

6. 影像可视化表达

影像是近似真实展现客观世界的一种形式，具有直观、信息丰富、细节真实等特点。随着高分辨率遥感影像的广泛应用，利用影像对客观世界进行可视化表达的需求越来越大，但是到目前为止，影像大多以空间信息表达的背景图层出现，建立更好的影像结构化表达数据模型，提高影像可视化表达能力，这是人们正在积极探讨的方向。

7.2 空间对象剖分表达的基本原理

剖分表达的基本思路是在地球剖分框架的基础上，以剖分面片为基本表达单元，将空间对象的位置、范围和属性等，以结构化的剖分面片集合进行组织，建立空间对象点、线、面表达的数据模型，为空间对象的结构化表达提供基础。

7.2.1 全球空间对象统一表达原理

根据地球剖分框架，大到整个地球，小到地球表面的一个厘米级的面片，构成了对地球表面多层次、多尺度、嵌套的面片组织结构，每一个面片都在地球表面空间上具有明确的位置与区域范围，并且具有唯一的编码（图 7-3）。在这样的剖分体系结构下，全球空间数据可以具有统一的组织架构，这为空间对象的全球统一表达提供了较好的基础，Google Earth 等系统已在这个方面做了有益的探索和实践。

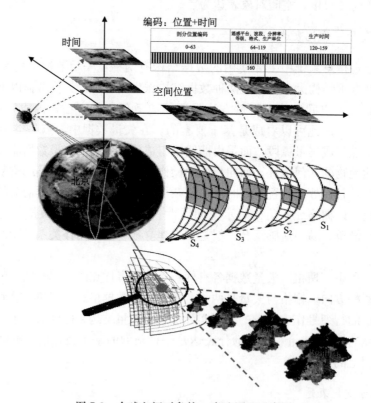

图 7-3 全球空间对象统一表达原理示意图

7.2.2 球面-平面一体化表达原理

地球上的一片区域，是地球球面的一部分，但从局部来看，在一定精度上又可以近似为平面。从这个角度上来讲，在空间上，平面和球面是天然一体的，只是观察和表达的尺度不同而已，与微积分中的短小直线可以构成曲线一样，地球球体中的小平面也可以积分成整个球面，只要在应用中这种积分所产生的误差是容许的话，球面-平面一体化表达就具有了实现的基础。剖分面片在高层次具有球面特征，剖到一定深度，面片小到一定范围，面片就具有了平面特征，通过层次关联或面片的聚合就具有了全球空间对象球面-平面一体化表达的基础。

对于任意一个剖分表达的空间对象，其表达面片集为

$$S_{\mathrm{r}} = \begin{cases} US_{球}, & L < L_{\mathrm{t}} \\ US_{平}, & L > L_{\mathrm{t}} \end{cases}$$

其中，L_{t} 表示剖分框架中能够满足平面运算要求的最小层级。在对象多尺度表达时，当剖分层级小于 L_{t} 时，表达面片集合应是球面面片的集合；当剖分层级大于 L_{t} 时，表达面片集合则是球面面片内部的平面面片集合。

7.2.3 多尺度一体化表达原理

空间对象剖分表达模型是基于多层次的剖分面片，这些剖分面片存在内在的包含与聚合关系，面片编码具有层次继承关系，因此空间对象的数据结构就通过面片编码隐含了剖分的层次关系。对于单一面片编码来说，其编码不仅反映了当前表达尺度的信息，同时也包含了由此层级向上的各层编码，即包含了之上的各尺度层信息，可根据表达需要在各层之间切换，因此剖分表达模型具有多尺度的信息表达。通过剖分层次与尺度的对应关系，能够把相应尺度的空间对象提取表达出来，也可以对不同尺度下的空间对象按相应的剖分层级结构进行索引与管理。

同时，在剖分系统中，每个剖分层次也可以对应到相应层次的遥感影像分辨率，这样就可以按照剖分层次建立不同分辨率的遥感影像金字塔，实现对影像数据的多尺度组织与管理。通过对应层次的面片与相应尺度的空间对象建立关联，空间对象就可以使用多尺度影像数据进行表达。

空间对象的剖分编码采用多尺度编码方式，编码由下至上层逐级生成，以此剖分编码作为标识和索引的基础，将位置信息、尺度信息及属性信息等内容有机地结合在一起，可以实现空间信息的多层次一体化表达。

7.2.4 点面二相性表达原理

地球剖分是在不同层次上对地球空间的划分，层次之间的面片具有逐次细分的关系，高层上的一个面片实际上是低层上多个面片的集合，低层上的面片实际上是高层面

片的进一步细分。在实际应用中，高层的单个面片可以看做一个确定位置上的点，低层的多个面片又可以代表与上层点对应的一个更精细边界的多边形区域，这些面片的编码可以统一在一个空间对象的多层数据结构中，使得空间对象在高层可以作为一个点来表达，低层又可以作为一个面来表达，也就是说空间对象剖分表达具有点面二相性表达的能力。依据表达尺度的不同，某一尺度上的点可能在另一个尺度上成为面，点和面之间可以相互转化。

7.2.5　栅格矢量一体化表达原理

地球剖分本质上是一种全球区域上的网格划分，面片可以作为栅格单元，空间对象的剖分表达是基于面片单元建立的数据结构，通过面片编码可以确定在相应网格划分中的位置，这种数据结构就具有了栅格的特点，可以方便地与影像进行关联，并基于栅格位置进行空间分析和处理。

空间对象剖分表达与栅格格式不同，并不采用充满整个区域的矩阵格式，而是针对每个要表达的空间对象进行多层次面片填充，组成针对每个对象的数据结构，可以针对每个对象进行管理、分析与处理。同时，由于剖分面片可以无限细分，理论上表达的精度可以达到与矢量表达相当的应用需求。由于剖分表达是针对特定空间对象的，可以像矢量模型一样抽象出点状、线状及面状空间对象，也可以通过剖分面片编码所代表的空间位置关系，进行空间关系分析。因此，空间对象剖分表达就部分具有了矢量模型的优点。

7.2.6　影像可视化表达原理

在地球剖分框架下可以实现基于面片的全球影像剖分化存储，并方便地提取面片所代表区域的遥感数据。通过每个空间对象数据结构中组成面片的编码，将每个面片范围的遥感影像提取出来，并对应到空间对象相应的位置上，就可以组成针对每个空间对象的遥感影像，实现空间对象的影像可视化表达。

同时，空间对象剖分表达是基于面片编码的，数据结构本身是独立于具体影像的，可以根据需要通过面片与不同遥感影像进行关联，从而可以实现多源、多尺度、多时相遥感影像的动态可视化表达。

7.3　空间对象剖分表达模型

7.3.1　剖分表达模型构建的基本准则

从数据存储、管理与应用的角度出发，空间对象剖分表达模型的构建应遵循以下几个准则：

（1）最少面片数准则：用以表达空间对象的面片编码数量，直接决定存储对象的数据量，所以，应使用尽可能少的剖分面片集来表达空间对象。因为高层面片可以代表下层的所有面片集，如果空间对象的组成面片中的一组面片可以聚合成上层面片，就采用上层面片进行记录，以实现减少面片数的目的。

（2）精度对应准则：不同的面片层级的面片大小不同，对应不同的表达精度，剖分层级越深表达精度越高。尽管理论上可以无限制地对空间对象进行逐层剖分，但超出所需精度的层次剖分是没有实际意义的，所以需要依照应用所需的精度要求确定相应的剖分层级，向下不再细分，而将最底层的剖分层级作为基础编码层级。

7.3.2 剖分表达模型的信息构成

空间对象的剖分表达，总地来说就是将对象和其对应的遥感影像赋予剖分结构，依据对象的多尺度剖分面片集合所确定的多尺度剖分编码，从遥感影像剖分金字塔中提取相应的影像数据进行表达的过程（图7-4）。

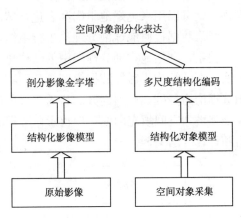

图 7-4 剖分表达模型的信息构成

遥感影像没有剖分结构，需要以全球剖分框架为基础，对进入剖分系统的遥感影像进行预处理，处理后形成结构化剖分影像金字塔；地理实体对象模型依据具体需要将地理实体抽象为点状、线状或面状对象，这一步骤将真实世界中的地理实体抽象为计算机世界中用于表达的对象；对象表达模型在多个尺度层次上通过点状、线状或面状对象对应的剖分面片组合来表示对象，将对象赋予剖分结构，产生多尺度的剖分结构化对象，并随之生成对象的多尺度剖分面片集合；依据全球剖分编码方法对多尺度剖分面片集合进行编码，形成剖分结构化对象对应的多尺度剖分编码，并设计和规定剖分编码用于在计算机中存储的数据结构，如图7-5所示。

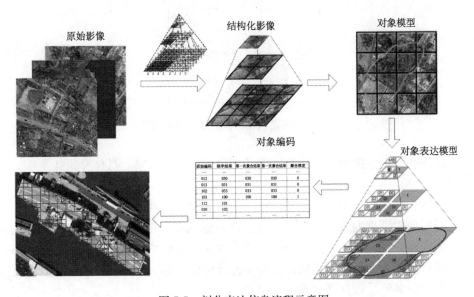

图 7-5 剖分表达信息流程示意图

7.3.3 影像结构化模型

1. 影像结构化模型架构

地球剖分框架是由覆盖整个地球的不同层级、不同大小的规则剖分面片构成的均匀网格，具有多尺度性、点面二相性等特点。影像金字塔数据模型针对局部、单幅影像数据的组织与管理设计，对大数据量遥感影像的存储与显示有明显优势。地球剖分框架与影像金字塔具有天然的相似性，如果将二者结合起来，建立一种基于地球剖分的金字塔模型，就可以用来更好地组织和表达全球的影像数据。

影像数据按照地球剖分理论进行组织，使影像数据块、像素与剖分面片建立一定的对应关系，利用地球剖分框架中的结构化剖分面片，可以将影像数据表达为剖分结构化影像。剖分结构化影像数据模型，又可称为影像剖分结构化叠层数据模型，它是以地球剖分理论为基础，利用剖分面片的多尺度层次性及剖分面片编码的全球唯一性，结合影像金字塔和空间填充曲线，使得影像数据具有多层次性，以及数据单元可以直接进行索引和计算（图7-6）。

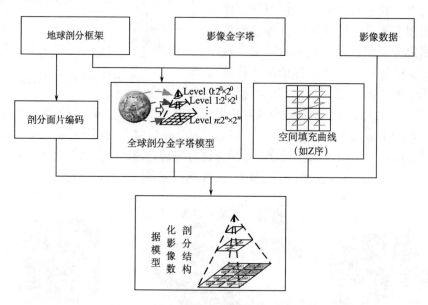

图 7-6　剖分结构化影像数据模型示意图

剖分结构化影像数据模型的构建主要考虑分层和分块策略，具体介绍如下：

1) 分层策略

剖分结构化影像数据模型的分层策略主要考虑两个因素：一是确定影像数据作为剖分结构化影像数据模型的具体层次，二是怎样根据现有影像数据生成其他层次的影像。在具体实施影像分层时，如果只有一种分辨率的原始遥感影像，那么其他层数据都由这层数据重采样得到；如果原始遥感影像有多种分辨率，那么可以将这些影像数据直接作为相应剖分层，其他层数据通过重采样得到。

基于以上的考虑，剖分结构化影像数据模型的分层流程为：①确定原始遥感影像的层数，首先将原始的最高分辨率的影像作为最底层（第一层），然后根据不同层之间的倍率关系（一般为2）确定已有的其他分辨率影像数据所应处的层数，这种不是由重采样生成的影像数据称为剖分结构化影像数据模型"既有层"。例如，对于同一区域的0.5m和2m两种不同分辨率遥感影像，当用0.5m分辨率的遥感影像作为最底层，并用2倍率构建金字塔时，2m分辨率影像数据可以作为第三层，即第一层和第三层就为"既有层"影像数据。②将已有影像数据对应到相应层以后，依照"就近取材"的原则，对原始数据进行循环重采样生成其他层数据。遇到既有层，则将既有层数据直接作为该层影像，然后继续循环重采样生成各层数据（图7-7）。③当满足一定的分层终止条件时，则不再继续分层，否则一直分层到某一层的影像数据大小等于或小于一个影像块为止。

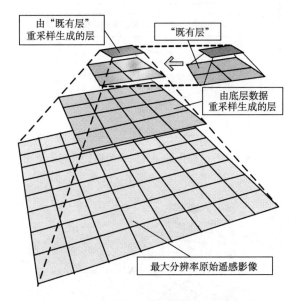

图 7-7　剖分结构化影像数据模型分层过程

分层策略可以根据数据源的情况灵活地进行调整，在多源数据建塔的选择上有较大的灵活度，可以尽量保证图像精度和减少数据计算，兼顾灵活性和系统开销，速度较快。

2）分块策略

为了提高提取影像数据 I/O 访问的效率，需对数据块的大小进行周密考虑，如果数据块过大，可能会将无关数据也读到内存，如果数据块过小，会增加硬盘的读写操作，这就需要考虑影像的分块策略。一般选择 $2^n \times 2^n$ 像素作为影像数据标准面片大小，同时还需记录各影像块的块编码、地理坐标范围等信息。另外，在剖分过程中如果存在不足 $2^n \times 2^n$ 像素的"尾块"时，则应先补足然后再剖分。

根据分层和分块策略，剖分结构化影像数据模型构建的具体流程如图7-8所示。

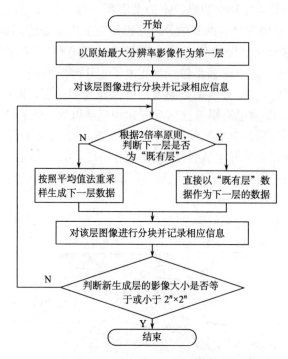

图 7-8 剖分结构化影像数据模型构建流程示意图

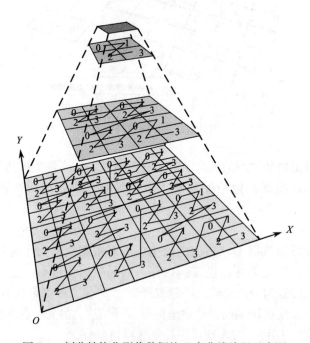

图 7-9 剖分结构化影像数据块 Z 序曲线编码示意图

2. 影像结构化编码方法

由于空间填充曲线具有良好的降维性质，以及能够保持原有空间相邻关系的特性，剖分结构化影像数据模型中的各层影像块可以采用特定的空间填充曲线组织，如 Z 序曲线、Hilbert 曲线等。以 Z 序曲线为例，对剖分影像块进行编码的具体方法为：从最顶层开始，将每层的影像块按照 Z 序编码的顺序连接起来，可得到 Z 序曲线，并按照曲线走势对每个影像块赋予标识码（ICode），同时影像块的编码作为下一层相应坐标范围内影像块的父块编码（ParID），影像块的编码（SubID）由父块编码加上本层赋予的标识码组成，即 SubID = ParID + ICode，如图 7-9 所示。

在剖分结构化影像数据模型中，剖分影像块按照空间填充曲线进行编码组织与存储，由于空间填充曲线的空间连续性，空间邻接的数据在存储区域也是相邻的，因此在搜索剖分影像数据块时，可以缩短磁盘的平均寻址时间，从而提高硬盘数据读取速度。对于不同层数据，由于剖分编码含有父面片的编码信息，所以直接通过编码就可以对不同层的影像块进行组织与管理。

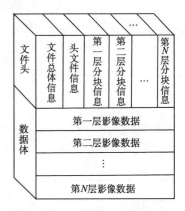

图 7-10 剖分结构化影像数据文件结构示意图

3. 结构化影像数据结构

结构化影像数据结构指剖分结构化影像数据模型的物理文件形式，包括文件头和数据体两部分，具体内容如图 7-10 所示。其中，文件头包括文件总体信息、头文件信息、剖分影像金字塔各层分块索引信息等。文件总体信息由头文件信息长度、影像数据格式、影像数据位深度等构成；头文件信息由影像角坐标范围、剖分结构的层数、各层分块信息起止位置等构成。剖分结构化影像数据文件的数据体部分为经过剖分结构化处理的各层影像数据。

剖分结构化影像数据文件的存储管理文件结构如图 7-11 所示。

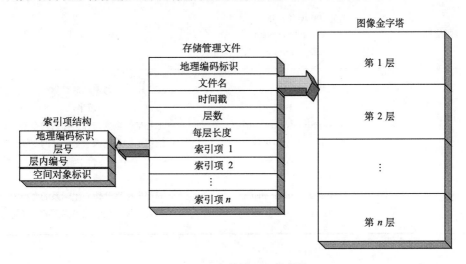

图 7-11 存储管理文件结构

• 金字塔文件结构。

为了全面描述金字塔，将属性数据划分为分辨率信息、特征信息、瓦片信息、像素信息等几类，以满足不同应用的需要（表 7-1）。为了解决不同种类金字塔相互关联的问题，在特征信息中，设置"地理名称"（geo-name）关键字标识该数据集记录的区域。如果两个瓦片金字塔的 geo-name 相同，则表示它们是同一区域不同类型的数据。

表 7-1 金字塔属性信息结构

分类	字段名称	说明
分辨率信息	resolution-scale	倍率
	min/max-resolution	最底/最顶层分辨率
	min/max-level	最底/顶层编号
	Description	简单文本描述
特征信息	Name	金字塔的名称
	Type	金字塔的类型
	Done-by	创建者
	geo-name	地理名称
	Date	金字塔生成日期
瓦片信息	Tile-width/height	瓦片的宽度/高度
	ix/iy-overlap	像素重叠个数
像素信息	Components-per-pixel	像素的波段数
	component-type	波段类型
	max/min-pixel-value	最大/最小像素值
	bytes-per-component	波段字节数
	components-names	波段名称
	scale-offset	比例系数和原点
投影信息	projection-type	投影类型
	central-meridian	中央子午线经度
	Zone-number	带号
坐标信息	Spheroid-name	参考椭球名称
	B	短半轴
	Geocentric-to-lcs-matrix	地心坐标系到局部坐标系的变换矩阵
	uv-to-ixiy-matrix	绘图坐标系到像素坐标系的变换矩阵
	A	长半轴
	X/Y	地理坐标
	lcs-to-geocentric-matrix	局部坐标系到地心坐标系的变换矩阵
	ixiy-to-uv-matrix	像素坐标系到绘图坐标系的变换矩阵

4. 结构化影像存储模型

结构化影像存储模型指遥感影像按照剖分结构进行分布式存储组织的架构与规则。在剖分结构化影像数据模型中，如果结构化影像的数据量超过单个剖分面片存储单元承受的极限，则应该考虑根据面片继承关系将影像数据分散存放到相关的存储单元上，而在上层面片建立索引关系实现数据快速查找。结构化影像分布式存储模型应当具有两个基本特征：①每个服务器的负载都不超过设定的极限值；②数据存储于多个服务器中，服务器之间满足负载均衡原则。

以下从服务器分布架构、结构化影像数据的单元存储和结构化影像数据的分布式存储三个方面，简要介绍结构化影像存储模型。

1）服务器分布架构

系统中存储单元的分布结构与剖分面片的组织形式相对应，即每一个存储单元对应某一面片，或者对应某一区域的面片集合，每一个上级服务器对应四个或多个下级服务器（图 7-12）。每个服务器存储的信息包括本服务器对应的剖分面片编码、上级服务器以及下级服务器物理地址（如 IP 地址等）以及存储在服务器上的目标 ID 和目标相关数据等。

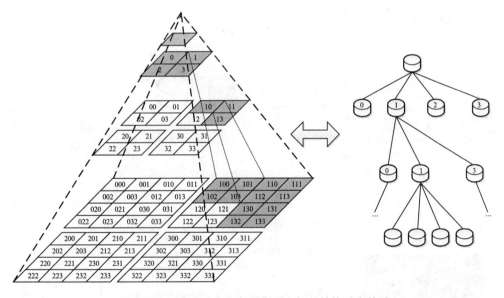

图 7-12　剖分面片和服务器集群之间的结构对应关系

2）结构化影像数据的单元存储

对于结构化影像数据量较小的目标，可以通过规则确定索引面片，这样，不管目标在空间上包含有多少个剖分面片，所有数据都可以存储在单个剖分面片对应的存储单元上，如图 7-13 所示。具体应用时，可以按结构化影像的中心点确定所在面片，或者直接采用最小外包面片。结构化影像存储的内容包括"剖分面片地址"、"影像属性"等，具体见图 7-14。

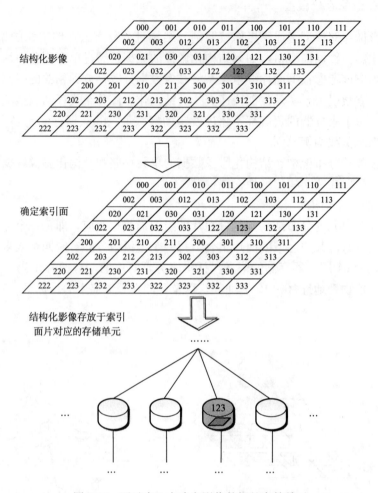

图 7-13　通过中心点确定影像数据的存储单元

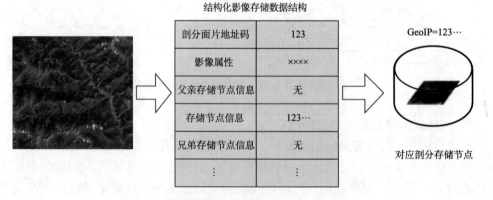

图 7-14　基于某个剖分面片影像存储结构示意图

3）结构化影像数据的分布式存储

当结构化影像的数据量过大而超过了单个存储单元的承载极限时，影像数据就被分布存储到多个下一级存储单元上，而上层面片只保留索引及属性数据，即数据在逻辑上存储于上层面片，如图 7-15 所示。访问数据时，根据各个存储单元上记录的信息，就可以将分布存储的数据块合并为一幅完整影像。结构化影像数据分布式存储的具体内容和格式见图 7-16。

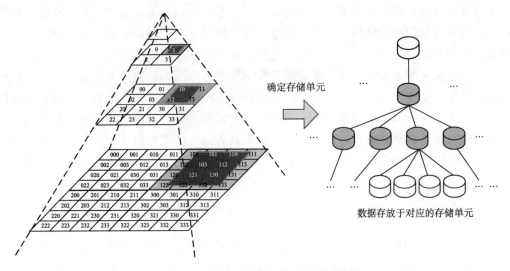

图 7-15　结构化影像剖分存储示意图

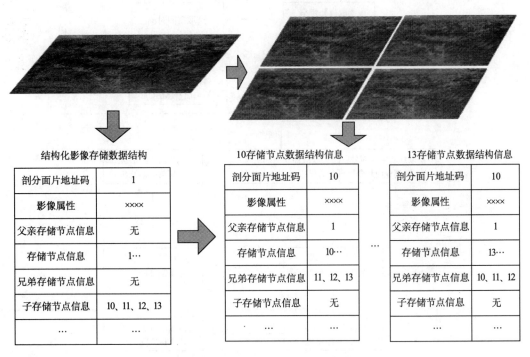

图 7-16　基于多个剖分面片影像存储结构示意图

7.3.4　空间对象结构化模型

现实世界中，任何空间对象都占据一定空间区域，根据对空间对象描述特征详尽程度的不同需求，通常情况下空间对象可能表达为点或者面目标。在小尺度空间表达中，空间对象需要较为详细的描述数据，空间对象的空间区域轮廓就较为清晰，类似于经纬度坐标表达方式，在剖分体系中，空间对象用一系列的面片编码表达。在大尺度空间表达中，空间对象的空间区域特征较为粗略，通常情况下只强调目标的空间位置，而不需要复杂的边界轮廓描述，因此就可以表达为以单个面片表达的点对象。

空间对象结构化模型，或称作空间对象剖分表达模型，以地球剖分框架为基础，利用剖分单元地址编码的唯一性、独立性及层次性等特点，实现影像中的空间对象信息的抽象与表达。高分辨率遥感影像具有丰富的地物特征信息，结合地球剖分面片结构，对包含空间对象的遥感影像面片进行组织、编码和表达，将空间对象的位置信息和几何信息融合到编码中，为空间对象赋予剖分结构，从而可以实现空间对象的多尺度直观、便捷统一表达。

1. 空间对象模型架构

空间对象结构化模型设计的基本思想是使用剖分体系对空间对象进行表达，通过与前述剖分结构化影像数据模型的结合，使影像具有结构化信息。空间对象剖分数据模型的核心内容是空间对象的多尺度编码及表达。空间对象剖分化表达的具体流程如图 7-17 所示。

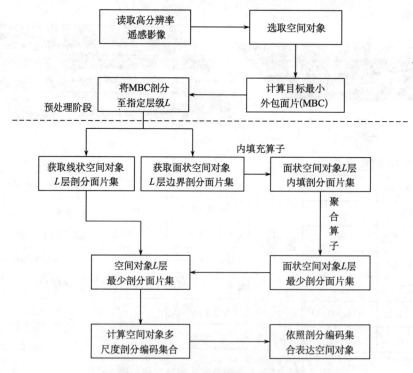

图 7-17　空间对象剖分表达流程图

首先，针对特定空间对象，根据地球剖分框架与经纬度的映射关系，可以确定其对应的最小外包面片（Minimum Boundary Cell，MBC）即可完全容纳目标对象的最小一级剖分面片，见图 7-18。其次，在 MBC 内部对空间对象进行剖分编码和表达，而在 MBC 之上依然采用剖分编码方式。

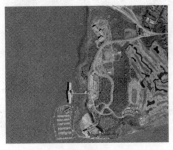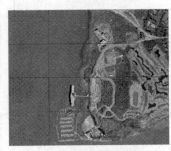

(a) 原始影像　　　　　　　　(b) 获取MBC结果

图 7-18　获取空间对象的 MBC

在 MBC 内部，将空间对象剖分至预先设定的最大剖分层级 L_{max}，获得空间对象的 L_{max} 层剖分面片集。线状和面状空间对象的面片集获取过程有所不同：线状空间对象可以对应到一组 L_{max} 层剖分面片，因为不涉及类似面状空间对象的内填和聚合等操作，可以跳过上述操作直接计算得到多尺度编码。

对于面状空间对象，首先根据空间对象边界的 L_{max} 层剖分面片集，采用填充算子获取目标的 L_{max} 层剖分面片集；然后，内填后的 L_{max} 层剖分面片集经过聚合算子运算，得到空间对象 L_{max} 层的最少剖分面片集。实际编码时，以空间对象 L_{max} 层剖分面片集为基础，对 L_{max} 层之上各层进行迭代编码，使空间对象的剖分编码符合多尺度表达要求。最终，以空间对象多尺度剖分编码集合为基础，针对一定的表达尺度，从剖分影像金字塔中获取对应的影像数据，就可以对空间对象进行任意尺度的影像表达。

如图 7-19 所示，空间对象剖分化表达的过程如下：①从剖分影像金字塔中读入遥感影像，并获取空间对象对应的 MBC；②将 MBC 剖分至指定的最大层级；③获取空间对象的剖分面片集合；④从剖分影像金字塔中获取剖分面片集合对应的遥感影像，并用于空间对象表达。

2. 空间对象编码方法

空间对象编码记录空间对象的位置、形状及尺度等信息，是按照一定的顺序组织规则，对空间对象剖分面片集合的符号进行命名与排列的方法。剖分编码为逻辑编码，独立于具体的影像数据，只包含空间位置和形状等区域信息，表达影像可以从多源、多尺度、多时相的剖分结构化遥感影像动态生成。

空间对象编码可以采用直接编码、迭代编码及聚合深度标识编码等三种方法，针对图 7-20 中的空间对象，各方法具体阐述如下。

1）直接编码方法

直接编码方法沿用地球剖分框架统一编码方案，对包含空间对象的剖分面片进行逐

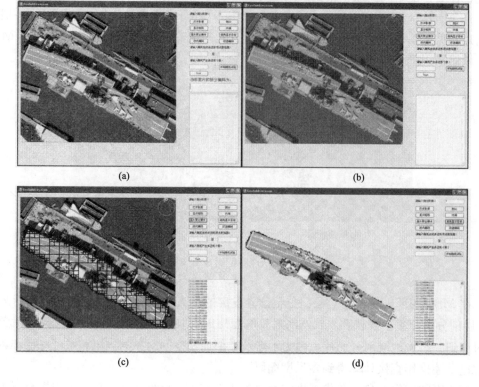

图 7-19　空间对象剖分化表达示例

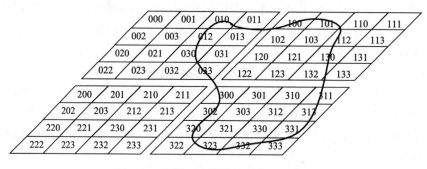

图 7-20　空间对象剖分编码方法示意图

一编码，每个面片的编码值由面片具体位置决定，面片级别决定编码长度。空间对象编码由多个层级上剖分面片的编码组合而成，可以通过增加索引或在编码间设置间隔符的方式将多个编码区分开。

　　编码时采用先对 L_{max} 层（预先设定的 MBC 内最大剖分层级）编码，然后由下至上逐层向上迭代编码，表 7-2 为对第三层编码的结果。表 7-3 列出了图 7-20 中空间对象的多尺度编码（$L_{max}=3$）结果。可以看出，三层编码都遵循剖分表达原则，具体使用哪一层编码视空间对象的表达精度要求而定。

表 7-2　第三层面片编码集

1级编码	3	2bit
2级编码	01, 10, 12	12bit
3级编码	030, 031, 033, 112, 130, 132	36bit
第三层面片编码总长度		50bit

表 7-3　多尺度面片编码集

	1级编码	2级编码	3级编码	码长
第一层	0, 1, 3			6bit
第二层	1, 3	01, 03		12bit
第三层	3	01, 10, 12	030, 031, 033, 112, 130, 132	50bit
面片编码总长度				68bit

2）迭代编码方法

迭代编码法使用一个编码表示空间对象指定尺度下的剖分面片集合，目的是将空间对象的空间位置和区域（形状）信息抽象为一条串行编码，并通过计算多尺度关联面片集合形成多尺度空间对象编码，从而支持空间对象多尺度剖分表达。在 MBC 内部，迭代编码法采用基于四叉树的递归编码方法，实现空间对象剖分面片集编码，编码不保存高层信息，每个编码单元由 4 位码组成，用 0/1 表示是否有值，没有值的面片下层停止记录。

在指定尺度下，迭代编码按左上、右上、左下、右下的顺序定义，当前面片 B 的四个子面片定义为 C_0、C_1、C_2、C_3，空间对象四叉树迭代编码的具体步骤如下：

（a）置当前面片 B 的层级 $L_B=1$，L_{max} 为预先设置的最大剖分层级。

（b）建立对应于 B 的四位编码，判断 B 面片包含的全部 L_{max} 层子面片是否全为目标，具体分两种情况：①若完全为目标，则 B 的编码为 0000，且不再进行步骤（c）的操作，对面片 B 的编码完毕。②若不全为目标，依次判断 B 的四个子面片 C_0、C_1、C_2、C_3 是否含有目标。若 C_n 含有目标，则对应于 B 的四位编码第 n 位置 1；否则，置 0。

（c）对 B 中含目标的子面片编码，依次判断 B 的四个子面片（所在层 $L_C=L_B+1$）对应位编码是否为 1，具体分两种情况：①C_n 置 1，若 $L_B<L_{max}$，则将 C_n 设为当前面片 B，$L_B=L_C$，对 B 进行与步骤（b）（c）相同的操作；否则，不操作。②C_n 置 0，不操作。

使用迭代编码方法对图 7-20 中空间对象 L_{max} 层编码结果如下：

1111 0111 0111 0101 0000 0000 1101 0101 0000 1101 1111 0000 1010 0000 1000

3）聚合深度标识编码方法

聚合深度标识编码采用分层记录的编码方式，与直接编码方法不同，面片大小不是通过编码长度判断，而是根据聚合深度的标识得到。聚合深度标识采用一个 8bit 标识码表示，可以表示的最大聚合深度为 256 层。聚合深度标识编码方法只需建立尺度层的编码索引，每层内不需再建立面片编码级别索引，当然，因为每个编码后都有聚合深度标识码，编码长度有所增加。

使用聚合深度标识编码的全码，对图 7-20 中的空间对象进行编码，结果见表 7-4。

每个代码所需比特数：为 $2x$ 层序号＋8（聚合深度最大 256 层），三层共 254bit。

表 7-4　聚合深度标识编码（全码）

第一层	0, 1, 3	30bit
第二层	01, 03, 10, 11, 12, 13, 30 [1]	84bit
第三层	010 [1], 030, 031, 033, 100 [1], 112, 120 [1], 130, 132, 300 [2]	140bit

例：每个代码为 4 号＋8bit（聚合深度最大 256 层）。每层数据编码依赖于所有上层数据编码，会增加计算时间和复杂度，三层共 108bit。使用聚合深度标识编码的层间继承，对空间对象进行编码，结果见表 7-5。

表 7-5　聚合深度标识编码（层间继承）

第一层	1101	12bit
第二层	0101, 1111, 1111 [1]	36bit
第三层	1111 [1], 1011, 1111 [1], 0010, 1111 [1], 1010	60bit

3. 空间对象数据结构

空间对象数据结构用于记录、存储空间对象，采用点、线和面对象集成式的数据存储结构，充分体现了剖分体系下的点-面二相性原理。在此数据结构中，点、线、面对象可以相互转换，应用时需要规定空间对象在三者间转换的临界尺度。具体形式如表 7-6 所示。

表 7-6　空间对象数据结构

文件名	××××××××××××××××××		
时间戳	××××-××-××-××-××-×× （年-月-日-时-分-秒）		
逻辑图层类型（defult）	点图层、线图层、面图层（三选一）		
图层索引	点图层位置	线图层位置	面图层位置
临界剖分层级	点-线临界层级	线-面临界层级	点-面临界层级
最大剖分层级	××		
目标个数	××		
点图层	目标编码 1	××××××××××	
	目标编码 2	××××××××××	
	⋮		
	目标编码 n	××××××××××	
线图层	目标编码 1	面片个数	××
		面片编码 1	××××××××××
		面片编码 2	××××××××××
		⋮	
		面片编码 n	××××××××××
	目标编码 2	⋯	

面图层	目标编码 1		
	面片个数	××	
	面片编码 1	编码长度	×××××××××
	面片编码 2	编码长度	×××××××××
	⋮		
	面片编码 n	编码长度	×××××××××
	目标编码 2		
	⋮		
	目标编码 n		

4. 空间对象存储

空间对象的范围可能包含多个面片，这些面片关联的空间数据可能对应存储系统中的多个服务器，这就需要确定构成空间对象的剖分面片与存储单元之间的映射关系。如果空间对象的数据量较小，可以通过编码规则确定索引面片，将所有数据都存储在该索引面片对应的存储单元中；如果空间对象的数据量超过单个存储单元的承载极限时，需要考虑根据面片特性向下分割存储空间对象数据，如图 7-21 所示。

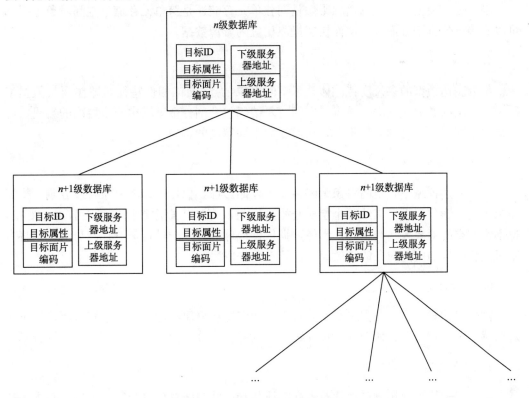

图 7-21　空间对象存储示意图

7.3.5　剖分表达模型的特点

剖分表达模型是面向全球海量空间数据的一体化表达模型，与传统的表达模型相比，剖分表达模型主要具备以下特点。

1. 宏观组织

剖分表达模型是地球剖分与数据存储格式一体化的全局模型，数据可以按照不同层次的分辨率进行组织，从而实现多源、多尺度遥感影像的整合组织。剖分表达模型可以按照不用应用需求、不同区域对遥感影像数据进行多辨率存储与访问。应用需求不同，人们对不同类别空间对象的精度要求也各不相同。区域重要性不同，剖分表达模型采用不同分辨率对数据进行组织，感兴趣区域采用高分辨率数据，非重点区域采用低分辨率数据。

2. 唯一标识

空间对象编码独立于实际影像，只依赖于剖分模型和面片的位置编码。空间对象编码对应空间对象的空间特征面片集，在空间位置上具有唯一性特征，可以按特定的存储规则进行集中或分布式存储。

3. 直接定位

剖分表达模型中，无论遥感影像是剖分单元存储还是跨单元存储，空间对象编码都可以直接定位到剖分面片，从而快速提取相应的影像数据。

4. 多尺度

剖分表达模型的多尺度特性体现了空间对象的点-面二相性特征，即在面状数据编码中，高层次数据逐渐聚合成点。空间对象编码包含剖分金字塔中多个层次的编码，可以提取不同表达尺度的面片集合，从而提取不同精度的影像。

5. 集群组织

剖分表达模型中，空间对象编码独立于存储影像，数据可以随时聚合或分割。根据需求不同，影像数据可以从某个层次开始进行集群存储，影像数据本身无需进行变换，也不影响空间对象表达与编码。影像数据依据地球剖分框架进行集群存储与组织，将有助于遥感影像与空间对象的高效组织、管理与提取。

6. 并行计算

剖分表达模型中，数据组织本身具有空间多层次分块特性，可以直接以面片为单位对遥感影像数据提取，便于任意尺寸数据块的并行计算，而不需要专门进行数据分割。

7. 对象表达

剖分表达模型使用剖分面片对点状、线状和面状空间对象进行统一表达，基本表达单元为层次性剖分面片，不同层次剖分面片对应于不同的表达精度，因而剖分表达模型可以支持不同精度要求的空间对象表达。

7.3.6　空间对象剖分表达实例

在地球剖分框架的基本结构单元中，只有面片而没有点，空间对象由一个或多个面片的集合结构构成。根据不同形式和精度下的表达需要，本书仍然以点、线、面三种基本空间对象为例，给出剖分空间对象表达的编码方法，但本质上任何空间对象类型剖分表达的基础都是剖分面片。

1. 点对象表达编码

地理概念上的点没有尺寸只有位置，在剖分表达模型中，点对象需要采用合适剖分层级上的单个面片表达，为了达到更高的表达精细程度，可以增加剖分面片的级别。例如，以空间目标北京中华世纪坛为例，为了表达多种级别的位置精度，可以在公里级别面片上再增加米级剖分面片，如图 7-22 所示。

(a) 点对象公里级编码　　　　　　　　　　(b) 点对象米级编码

图 7-22　点对象表达编码

2. 线对象表达编码

剖分表达模型中，线对象表达为一串首尾相连、线状延伸的面片集合。与点对象表达相同，线对象表达可以选定一定的剖分面片精度，如图 7-23 所示，可以采用 8m 精度或者 2m 精度剖分表达河流。

当然，在某一剖分级别上，如果线状剖分对象某一位置的某一方向（可以为四邻域方向、八邻域方向）上不止一个面片，那么该线状对象也可以当作面对象来对待，如长江河流的面状剖分表达（图 7-24）。

3. 面对象表达编码

剖分表达模型中，面对象用一定剖分精度的一组面片集合表达，面对象的编码为一系列面片的编码组合。以北京中华世纪坛为例，用 1m 精度级别剖分面片的集合可以表示出整个世纪坛的范围，如图 7-25 所示。

(a) 线对象8m精度编码   (b) 线对象2m精度编码

图 7-23　线对象表达编码

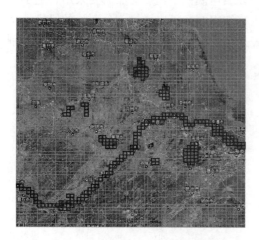
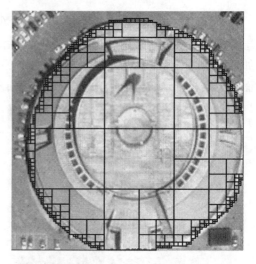

图 7-24　长江的剖分表达示例   图 7-25　面对象 1m 精度编码

　　面状空间对象的剖分表达流程如下：①在遥感影像上发现某空间对象，确定对象的最小外包面片（MBC），见图 7-26（a）；②根据表达精度要求确定剖分表达层级，将 MBC 递归剖分至剖分表达层级，获得最小级别剖分面片集合，见图 7-26（b）～（d）；③根据最少面片数原则，聚合生成面目标的最少剖分面片集，见图 7-26（e）。

　　4. 大尺度空间对象表达编码

　　在大尺度空间中，空间对象可能跨越多个高斯条带，空间对象表达从球面过渡到高斯平面时会发生断裂，因此，大尺度空间对象表达编码需要加入高斯分带信息。高斯坐标本身包含分带信息，剖分面片编码也包含编码所在条带的信息，因此，可以针对不同条带对面片作分别处理，最终将对象表达到球面空间上。

　　剖分表达模型的基础是结构化影像，高斯空间中的无效面片不存在于地球表面，对应的数据为空，表达时只需要根据编码信息显示相应图像即可。如图 7-27 所示，陕西省处于分带边界上，属于跨带目标，使用包含有分带信息的剖分面片表达，提取剖分面片对应的遥感影像，就可以保证重新投影后的影像能够无缝有叠地显示。

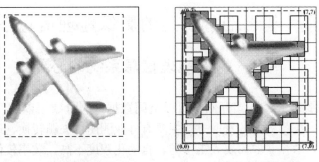

(a) 目标MBR和MBC   (b) Hilbert曲线坐标系

 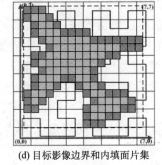 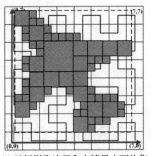

(c) 目标影像边界面片集   (d) 目标影像边界和内填面片集   (e) 目标影像边界和内填最少面片集

图 7-26   面对象的剖分表达流程

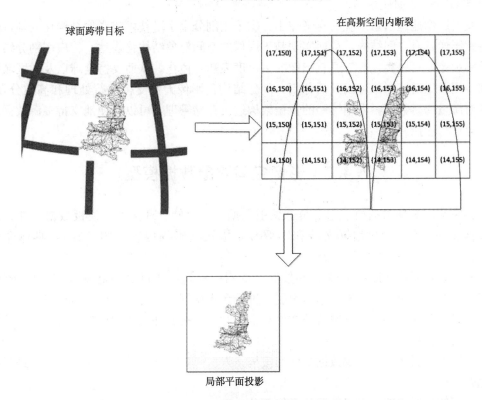

图 7-27   大尺度目标数据重投影无缝显示

7.4　基于剖分表达的影像地理信息系统

7.4.1　影像地理信息系统的必要性

传统 GIS 主要以矢量方式存储、组织空间数据，矢量数据以空间坐标记录、表达目标的空间位置。矢量数据的获取方式主要有外业测图、矢栅转换、地图数字化及地图综合缩编等方式，数据获取需要人工参与，自动化程度不高，效率较低。矢量数据通常对应特定的尺度，不同尺度矢量数据之间结构独立，不同尺度下的同一空间对象之间难以建立联系。也就是说，矢量数据的多尺度表达缺少内在关联。

随着遥感技术的进步，遥感影像的分辨率不断提高，数据量不断增加，然而，在 GIS 表达中遥感影像却大多只是用作底图，采用遥感影像进行空间对象的表达或者分析尚未得到广泛应用。遥感影像的类型多、内容丰富，与矢量数据相比包含更多的地物空间特征、波谱特征、视觉特征及尺度特征等信息。遥感影像具有信息采集快速的特点，数据来源时效性好，如地球资源卫星 8~9 天，气象卫星每天两次就可以对同一地区进行重复探测，空间目标、空间现象状态发生变化后，随之产生的遥感影像就能够很快反映，而传统测绘、地面调查则需要花费大量的人力和物力，且周期很长。因此，直接利用丰富的卫星遥感影像作为地理信息系统的数据源，就有可能突破 GIS 的数据瓶颈。

发展影像地理信息系统的意义在于：①采用剖分金字塔技术将影像结构化处理，使得遥感影像具有空间结构，从而实现基于影像的空间对象结构化表达；②应用剖分结构化遥感影像，可以实现基于遥感影像的多尺度表达一体化，从而支持全球以及大区域的空间应用；③遥感影像可以灵活分割，剖分结构化影像天然支持并行处理和高效分发；④针对海量遥感数据，采用统一的数据架构进行存储管理，可以方便地支持多源数据的综合分析与应用。

7.4.2　影像空间对象数据模型

影像空间对象数据模型包含全球索引数据库、存储管理文件、模板数据文件、影像数据文件、空间对象数据文件和影像金字塔数据集等内容（图 7-28），具体介绍如下：

- 全球索引数据库：影像 GIS 数据库的索引模块，通过对存储管理文件的访问，实现对影像数据和空间对象数据的索引，进行元数据管理，对外提供检索接口；
- 存储管理文件：对影像数据文件和空间对象数据文件的访问接口，与剖分面片编码形成映射关系；
- 模板数据文件：影像数据文件的模板，根据模板数据文件可以对影像数据进行模板化处理；
- 影像数据文件：空间数据的影像部分；
- 空间对象数据文件：空间数据的非影像部分，包括属性数据、注记定义、多媒体数据和对象矢量等；

•影像金字塔数据集：根据影像数据文件和空间对象数据文件共同构建的影像金字塔。

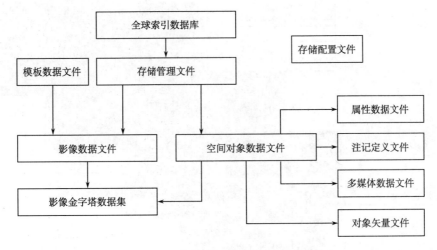

图 7-28　影像空间对象数据模型

7.4.3　影像空间信息管理

1. 影像分层管理

基于剖分表达的影像地理信息系统对不同来源的影像数据进行分层管理，同属性同来源的影像数据放入同一层中，各层间相互独立，用属性信息加以区别。每一层的影像数据都是经过剖分化处理，而且剖分方式相同，不同层的影像数据在显示时位置对应。各层可单独显示，也可以和其他层的影像数据叠加显示。不同层的影像数据能够进行逻辑运算，可以实现兴趣目标的突出显示。层与层之间有上下顺序，上层影像数据优先于下层影像数据显示（图 7-29）。

2. 空间对象影像提取

影像地理信息系统中，空间对象基于影像进行剖分表达，空间对象数据提取的本质是影像数据的结构化提取。由于影像数据按照剖分金字塔进行组织和管理，因此只要有相应位置的剖分编码，就能对应到相应的存储位置，将影像数据提取出来。剖分编码与空间对象的位置联系，因此首先需要对空间对象进行编码，然后用剖分编码对影像数据进行索引并提取（图 7-30）。

空间对象需要在多个尺度上进行表达，并且在不同尺度上有不同的表达特点，这就需要在影像提取时提取多个尺度上的数据。在剖分框架下，空间对象的多尺度表达与多个剖分层级相对应，同时由于剖分金字塔的多尺度特点，影像数据也是多层级组织和存储的。这样就可以将空间表达的多尺度与影像组织的多尺度对应起来，通过空间对象的多层级剖分编码，进行多层级的影像提取。

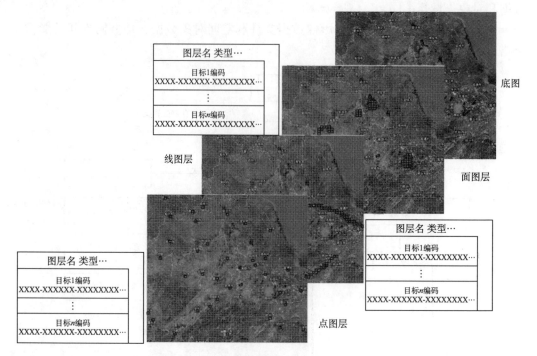

图 7-29　影像分层管理示意图

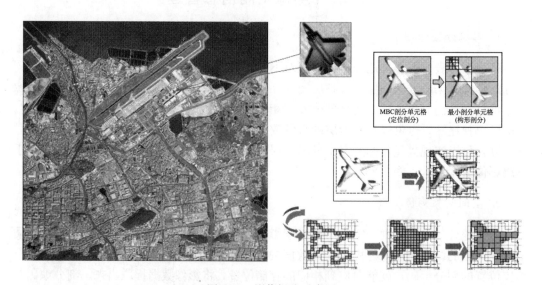

图 7-30　影像提取示意图

　　如图 7-31 所示，影像提取的具体流程为：根据空间位置对空间对象进行编码；对空间对象编码进行聚合；根据需要判断空间对象表达层级，形成各个层级的剖分编码；根据多层级的剖分编码，对各层的剖分金字塔中的影像数据进行索引；提取空间对象影像数据。

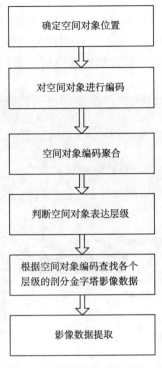

图 7-31　影像提取流程图

3. 影像对象属性查询

空间对象的属性查询是传统地理信息系统的一项重要功能，在基于剖分表达的影像地理信息系统中，通过空间对象的唯一剖分编码可以建立影像结构信息和属性信息的一一对应关系，实现影像对象的属性查询。空间对象表达为一系列剖分面片的集合，属性信息存储于数据库中（图 7-32）。

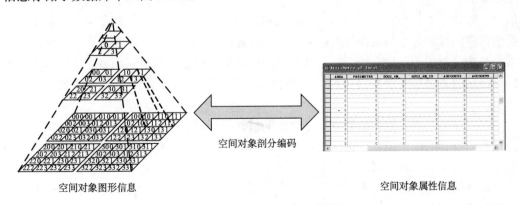

空间对象图形信息　　　　　　　　　　　　　　　　空间对象属性信息

图 7-32　基于剖分表达的对象属性查询示意图

与传统 GIS 不同，在基于剖分表达的影像地理信息系统中，点击遥感影像对象，可以通过空间对象的剖分面片集合编码标识链接到数据库，查询并显示出该空间对象的属性信息（图 7-33）。查询过程中，基于剖分表达的影像地理信息系统直接根据鼠标所在位置判断空间对象，不需要进行复杂的叠置分析，查询选择更加高效。

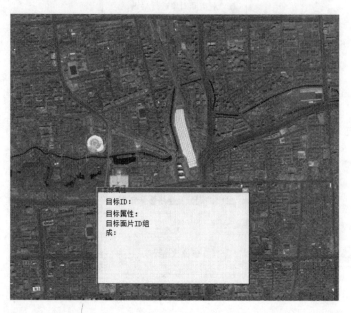

图 7-33　基于剖分表达的对象属性查询示意图

4. 影像动态关联

　　影像动态关联指遥感影像与空间对象的关联，也指按照空间位置确定的多源、多分辨率及多时相遥感影像的动态关联。遥感影像空间信息处理的传统方法更多地依赖于人工图像解译，包括从影像上识别目标，定性、定量提取目标的分布、结构、光谱等有关信息，解译标志和个人实践经验是空间目标的主要依据。实现影像动态关联，除了需要遥感影像的准确配准与定位外，还需要空间目标的唯一标识，各种类型空间数据的高效索引与统一组织等。没有统一的空间数据组织框架，就很难从不同类型、不同来源、不同分辨率的遥感影像中找出相同的空间目标信息，也就很难真正实现影像的动态关联机制。

　　在地球空间剖分组织框架下，每个空间目标都可以表达一系列剖分面片的集合，因此该空间目标的任何信息，包括位置信息、属性信息、时态信息及影像数据等都可以与剖分面片的编码关联。因此，如果空间目标的某些信息发生变化，只需要更新变化面片关联部分的影像，就可以实现影像的动态关联，而不需要处理所有遥感影像数据并重构关联关系。图 7-34 是影像动态关联的示意图。

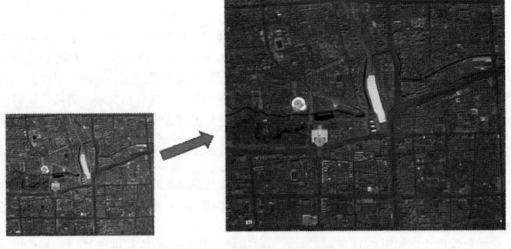

图 7-34　影像动态关联示意图

7.4.4　影像空间信息展现

1. 多尺度影像显示

地球空间剖分组织框架天然地具有层次性，不同剖分层级可以对应不同的空间表达尺度，层次信息与影像分辨率、数据精度等有相关性，所以，经过剖分化处理的遥感影像适宜于多尺度影像显示。遥感影像数据经过剖分化处理，生成一系列不同层级的剖分面片，并以面片编码的方式存储。当需要显示某尺度的影像时，经过层级判断，系统根据要求可以调度相应剖分层级面片对应的存储设备，提取影像数据并重新组合，从而实现影像的多尺度显示。图 7-35 是多尺度影像显示的示意图。

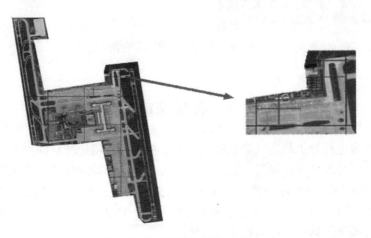

图 7-35　多尺度影像显示示意图

2. 变化影像显示

遥感影像能够快速更新，适用于动态变化地理现象的发现与监测，但是如何在影像上突出表达动态变化的空间目标，在影像数据量越来越大、I/O 加载效率很难大幅提高的情况下，这一直是一个需要解决的难题。最原始的方法是采用同一地区、不同时相的多幅相同分辨率的影像叠加显示，然后人工判断、勾勒发生变化的区域。当然，如果遥感影像的分辨率较低、数据量较小，动态显示变化影像对效率影响不大；反之，如果采用高分辨率影像，那么，显然多幅高分辨率影像的加载和显示速度都很难满足用户需求。

基于剖分结构的影像表达模型将每幅遥感影像按照多层次剖分面片进行组织，不同时相、不同来源的影像以剖分面片进行关联。具体使用时，遥感影像按照空间目标的结构化模型进行匹配和提取，数据提取区域准确、数据量小，能够较快地发现并展示发生变化的影像面片。如图 7-36 所示，左右两幅遥感影像分别是首都机场 T3 航站楼 2004 年的在建状态和 2008 年建成后的状态，通过剖分影像匹配就能很快发现并提取发生变化的亮色区域。

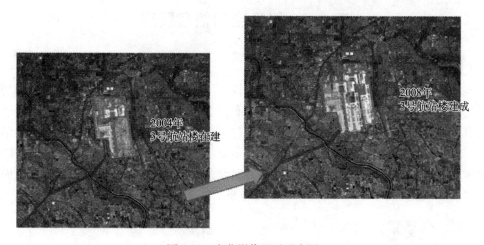

图 7-36 变化影像显示示意图

7.4.5 影像空间分析

空间关系表达与分析是地理信息系统的基本功能，利用地球空间剖分理论独有的影像结构化与空间对象结构化模型，以剖分表达为基础的影像地理信息系统集成并融合了矢量 GIS 与栅格 GIS 的特点与优势，关系表达更加清楚、算法设计相对简单，运算效率也较高。本书将在第 9 章详细讨论空间关系剖分分析原理与方法，其中将重点讨论缓冲区算法与叠置分析算法，这里就不再赘述。

在地理信息系统领域中，动态模拟是较为专业的空间分析之一，主要研究空间对象、现象状态转换过程的建模、模拟与分析。基于剖分表达的影像地理信息系统能够较好地实现空间对象、现象变化趋势的动态模拟，例如，基于历史影像数据进行空间目标变化状态过程的动态模拟，能够迅速发现用户该区域的变化情况。基于剖分表达理论的影像地理信息系统能够按照地球空间剖分结构，实现空间状态、过程的并行计算与分析，而输出结构可以直观显示，计算与分析效率较高。

7.4.6　影像剖分空间对象数据采集

基于剖分表达的影像地理信息系统，以影像结构化和空间对象结构化剖分模型组织与管理数据，剖分空间对象数据的采集是应用基础与重要功能。如图 7-37 所示，影像剖分空间对象数据采集与建模流程如下：①当影像数据进入系统后，根据空间范围、分辨率等信息，可以确定影像数据对应的剖分层级，并计算出对应的剖分面片集，由此就确定了影像数据存储位置；②利用各层级影像剖分模板进行影像数据匹配与重采样，实现相应的剖分影像金字塔层，形成剖分影像金字塔文件，以及对应全局 LOD 金字塔索引文件；③对影像数据包含的空间对象进行采集，根据编码规则建立空间对象影像编码及对象编码文件；④将影像金字塔文件、全局 LOD 金字塔索引文件、对象编码文件等信息存入管理文件，这样就实现了影像剖分空间对象数据的采集与建模。

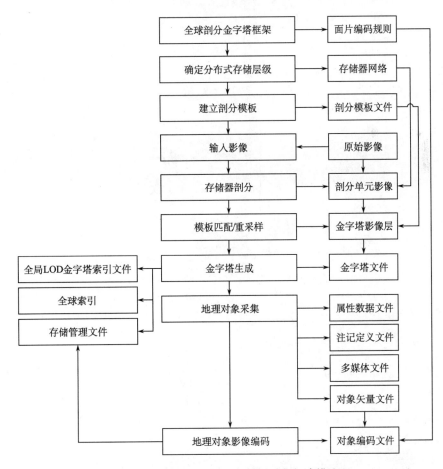

图 7-37　影像剖分空间对象数据采集与建模流程

7.5 本章小结

空间信息的剖分表达本质上是将空间对象分布范围的面片提取出来，以高效的编码方式进行存储管理的方法。遥感影像的剖分存储与数据结构也以各层次的剖分面片为基本单元，形成结构化影像，使得剖分表达的空间对象通过面片与剖分影像数据建立直接联系，实现空间对象的影像可视化表达。空间信息剖分表达模型具有全球统一性、球面-平面一体化、多尺度、点面统一表达，可以融合栅格与矢量格式的优点，为建立新型影像地理信息系统提供了一种高效的影像与空间对象的一体化数据结构。

第8章 空间信息剖分计算原理与方法

剖分计算是指对空间信息按剖分组织规则进行处理的计算体系。在空间信息剖分组织中，空间数据具有天然的区域位置分割和分布式存储的特点。这使得针对空间信息处理的剖分计算模型本质上具有并行的基本属性，因此剖分计算的基本原理与方法都是建立在空间信息剖分组织的并行特性基础之上的。

本章以空间图像处理为例，主要论述剖分计算模型的原理与方法。8.1节对空间图像并行处理的意义、基本模式以及技术进展等进行了综述和分析；8.2节分析了影响空间图像并行处理效率的主要因素；8.3节分析了利用部分架构进行并行计算的优势；8.4节讨论了空间信息剖分计算的模型与方法；8.5节设计了空间信息剖分计算体系的技术框架、应用方法和基本结构；8.6节探讨了剖分计算与云计算等现有主要大规模计算技术体系相结合的可行性及其结合模式等。

8.1 空间图像并行处理

空间图像处理的对象是具有空间特征的图像，如光学遥感图像、SAR图像等。与摄影照片、医学影像等一般的数字图像相比，空间图像具有以下特征：

- 空间位置特征：空间图像总是与地球表面特定的区域相对应，每个像素都代表着一定的空间位置，具有位置含义。
- 空间分辨率：描述每个像素代表实地的尺寸或距离，是图像数据区分识别空间位置和目标物的最小单元。
- 地学信息：空间图像记录了地球表面空间对象或现象的空间分布及其相互关系等地学特征。
- 可分割合并：空间图像由像素组成，像素之间是离散的，且相互独立，因此，以像素为基本单位可对空间图像进行任意分割和合并。

8.1.1 空间图像处理的目的

空间图像处理是指用计算机和其他有关技术手段，对空间图像施加某种运算，从而达到某种预想的目的。空间图像处理的主要目的一般包括：

（1）改善图像质量：如去除图像中的噪声，调整图像的亮度、颜色，增强图像中的某些成分，抑制某些成分，对图像进行几何变换等，从而改善图像的质量或使某些特征更加清晰。

（2）提取空间特征：提取空间图像中所包含的某些目标或特征，以便于分析和解译。如常用的模式识别、目标提取、频谱变换、纹理特征和灰度特征提取等。

（3）地理信息表达：将空间图像所反映的地物信息以分类编码方式表现出来。

（4）图像压缩变换：对空间图像进行变换、编码和压缩，以便于图像的存储和传输。

8.1.2　空间图像处理的基本方法

经过了几十年的发展，空间图像处理技术日趋成熟，已经取得了一大批理论和算法成果。目前，主要的处理方法包括：

（1）图像匹配：将两幅以上图像按实际空间位置进行绝对配准或相关影像之间进行相对配准的过程。

（2）图像重采样：将图像中的像素按照新的排列方式进行重组，利用新图像和原始图像之间的几何对应关系进行像素值的重新计算采样。在图像纠正、投影变换、空间曲线编码、不同分辨率的图像生成、图像金字塔制作等处理时通常需要对图像进行重采样。

（3）图像增强：突出图像中用户感兴趣的信息，同时减弱或去除不需要的信息，常用方法有直方图增强、图像平滑、图像锐化和伪彩色增强等。

（4）图像分类：按像素光谱和统计特性，为每个像素赋予一个特定的类型，形成分类图像，具体的方法有监督分类、非监督分类等。

（5）频域变换：利用代数变换，将图像灰度值形成的空间域变换成空间频度分布统计的频率域的过程，代表性的有傅里叶变换等。

（6）数学形态学变换：通过膨胀、腐蚀、开闭运算等对图像进行变换，以改善图像质量或突出某些类型的像素的数学处理方法。

（7）卷积变换：通过定义矩阵窗口，对每个像素的一定邻域数值进行计算变换。

（8）图像的统计特征与特征量算：对图像进行统计计算和分析，如直方图、图像统计、图像上具有特定范围值的像素量算等。

（9）图像运算：对多张图像进行的像素间代数运算，包括图像间和、差、积、商等基本运算，以及融合、配准等高级运算。

（10）格式转换：对图像记录格式进行变换，常用于图像压缩。

（11）特征提取：使用规则和算法提出图像上的属于特定目标的像素，包括针对点、线、面状地物特征提取。

（12）图像分割与镶嵌：为图像数据进行分割或镶嵌组合。

（13）三维数据重建：利用图像恢复物体三维几何信息的过程，典型的代表有摄影测量立体像对匹配与三维重建技术、光栅扫描三维成像技术等。

（14）专业图像处理：对高光谱、雷达、激光特殊数据按照物理或几何模型进行专业处理，形成可应用的业务信息。

8.1.3　空间图像并行处理的意义

空间图像处理技术是空间信息处理领域中的一项重要技术，在航空摄影测量、地球资源勘探、气象气候预测、目标识别与跟踪、飞行器导航、导弹武器精确制导、计算机视觉等领域都有广泛的应用前景。尤其是近年来随着遥感技术的蓬勃发展，图像数据的处理量飞速增长，这种来自生产一线的应用需求有力地推动了空间图像并行处理技术的迅速发展。因此，并行处理技术目前是图像处理中的一个热点研究方向，也是提高图像处理速度和效率最有效的方法之一。发展空间图像并行处理技术的意义主要体现在以下几个方面：

（1）随着遥感卫星的分辨率不断提高，遥感影像的数据量越来越大，传统的图像处理速度越来越难以满足应用需要。

（2）近年来计算机集群和图形处理器（Graphic Processing Unit，GPU）技术飞速发展，计算资源的硬件成本不断下降，使得空间图像并行处理技术具有了广泛应用的可能性。

（3）随着计算机网络技术的发展，分布式计算系统得到了广泛应用，图像处理系统越来越大型化，当今的图像处理系统具有以网络为中心的系统结构。同时，随着网络数据库的发展，系统走出了一人一机的圈子，空间图像数据的数据量也变得越来越庞大，网络和云计算处理已成为必然的发展趋势。无论是从计算还是从存储的角度来讲，都需要空间图像并行处理技术的支持。

8.1.4　空间图像并行处理的基本模式

图像并行处理技术的基本概念是并行性，而硬件上的并行处理器结构和软件上的并行处理算法是实现并行性的基本条件。根据并行模式和实现机制的差异，并行计算分为三个层面：一是任务并行，根据问题的求解过程，并行计算可把任务分成若干子任务（包括任务并行或功能并行），从而形成任务的并行处理；二是数据并行，依据处理数据的方式，并行计算可将数据划分为多个相对独立的数据区，由不同的处理器分别处理，形成数据的并行处理；三是物理并行，在物理结构上，并行计算系统将多个处理器通过网络连接以一定的方式有序地组织起来，同时对多个任务或多条指令、或对多个数据项进行处理，形成物理并行处理。

根据图像数据的特点，处理图像并行计算问题时，主要需考虑四个方面的因素（Pitas，1993）：几何图像的并行处理、相邻区域之间的并行处理、像素位的并行处理和操作的并行处理。并行计算的实现模式主要有三种：流水线并行、功能并行和数据并行。流水线并行的基本思路是不同的图像数据行陆续进入流水线（图8-1），轮流经过各个功能模块；功能并行是同一个数据同时进行多种不同的处理（图8-2），同时得到对同一数据的不同处理结果；数据并行是将某个数据进行数据的划分（图8-3），对各个数据子块并行处理，再将处理后的各数据子块进行聚合得到数据的处理结果。

流水线并行模式上的各个步骤实现的功能不同，各功能处理的数据也不同，兼具了功能并行和数据并行的特点，其并行执行时间取决于执行时间最长的步骤和数据划分的粒度；如果设计得当，这种流水线并行模式能获得很高的效率，但是需要相关硬件的支持，暂不适合目前主流的并行处理硬件结构。而单纯的功能并行对于图像处理而言则难度较大，因为同一算法内部的各个步骤之间多数是相关的，不易明确分解，这种并行模式的实用性较差。数据并行的方法则较为自然，图像数据本身具有一致性和邻域性的特点，这种并行模式更适合于当前主流的并行计算系统；同时，这种数据并行模式与空间信息剖分组织框架"空时记录"存储理论天然相一致，较适合于空间信息剖分组织系统的并行计算。

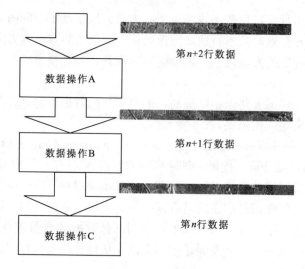

图 8-1　流水线并行模式

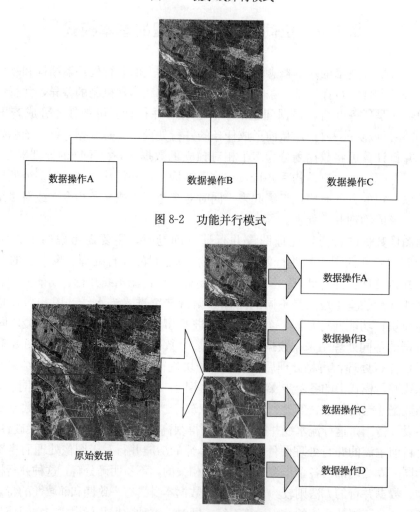

图 8-2　功能并行模式

图 8-3　数据并行模式

8.2 影响空间图像并行处理效率的因素

全球或大区域范围空间图像并行处理的效率取决于综合的时间花费，并不是简单的算法设计问题，还必须依赖于数据快速准备与高效管理、灵活的粒度分割、计算资源的合理调度和快速吞吐等因素。

8.2.1 数据准备与管理

全球遥感影像一体化应用所需的数据来源广泛，在利用并行计算处理技术之前必须先解决好数据的准备与管理问题。大规模遥感数据往往分布在不同的存储设备以及不同的数据管理平台上，类型格式五花八门。在进行大区域范围图像并行处理时，需要先将多源异构的影像数据组织在一起。如何将多源遥感数据动态、高效关联起来，使之更有利于查询和调用，是影响大区域图像并行处理效率的重要因素之一。如果缺乏有效的数据组织机制，必然需要花费大量的人力物力对数据进行人工组织和操作，将大大降低数据的总体处理效率。

8.2.2 图像分割粒度与计算资源调度

大规模遥感数据并行处理，需要根据处理的特点和处理资源，对遥感影像数据进行多维度、多层次的分割，如何采取合理的划分策略与划分粒度，也是影响遥感影像并行处理效率的重要因素。

分割技术是解决大区域图像并行处理的典型方法。图像数据分割的方法很多，但必须要求最后的结果能按分割的次序合成。通常的划分是平均分割图像数据，以使各子区域数据所需计算资源基本一致，还应尽量减少计算设备间相互通信的数据量。另外，在把图像分割为连续像素组成的子像素区域时，应尽可能使处理器负载均衡。这就首先要对图像进行分析，评估分析每个区域所需的平均工作量。在完成计算量分析后，根据分析的结果，对图像数据进行空间自适应分割。但是，这种方式会使分析图像和子图像划分的速度减慢。

分割的粒度直接影响到并行处理的效率和结果。粒度小，负载均衡性较好，但增加了通信及图像数据合成的开销；粒度大，容易导致负载均衡性差，但可减小通信及图像数据合成的时间开销。分割粒度应综合考虑影像处理精度要求、数据量大小、计算资源等多种因素，通常要求分割得到的任务数目应大于计算资源的数量。在处理精度要求较高或数据量较大的情况下，可以再适当细化分割粒度；在处理精度要求不高或数据量较小的情况下，相对增大划分的粒度，得到较高的处理效率。此外，分割粒度应可灵活变化，以便实现计算资源的动态调度。

8.2.3　数据高效吞吐

数据访问的时间开销是影响数据并行处理时间的重要因素之一。由于遥感影像数据量通常较大，数据文件读入和写出往往花费较长时间。特别是在处理算法需要对数据文件进行多次读写的情况下，改善数据访问效率、压缩文件读写时间对提高数据并行处理的总体效率意义重大。

为支持高效并行处理，数据存储系统需要具备两个条件：一是必须能够对数据进行并行访问，即计算集群节点可以对数据进行高效存取；二是存储系统必须提供高性能的I/O操作和大的数据吞吐量，以满足对海量数据频繁访问的需要。

8.2.4　像素位置和地域依赖问题

通常的图像处理方法是对每个像素的值或其邻域的像素进行处理，对每个像素的处理结果与像素所在的位置无关，如图像增强和分类等处理。另一类算法则需根据像素所在位置计算，即处理结果依赖于像素所在的空间位置。典型的像素位置依赖算法如傅里叶变换，每次计算都需要变换像素的次序。另外，遥感影像处理有时需要考虑不同的区域特性，也需要针对像素位置的特殊处理。因为需要全局的统计信息，通常这类依赖于像素位置和空间位置的处理方法，其并行处理算法的实现都比较困难，且需要在数据组织和分割时保留准确的全局位置信息，如果不进行巧妙的设计则会严重降低并行处理的效率。

8.3　利用剖分架构进行并行计算的优势

基于地球剖分框架组织的空间数据具有天然的地域分割特性。剖分框架为全球空间数据提供了高效的存储与组织方法，地球上不同区域的空间数据，通过剖分化处理进入存储集群中相应的存储节点，在组织方式上实现了区域划分，为多区域间的并行计算提供了组织基础。剖分计算模型可以充分利用剖分数据组织的天然地域分割特性，实现全球多面片数据处理的并行计算。

8.3.1　多源数据快速空间配准

空间影像数据的多源性主要表现在获取手段多样性、多时相、多尺度、存储格式多样性、分布式存储等方面。多源影像数据由于地理参考系统不同，在进行并行处理时需要首先进行数据的标准化组织和空间配准操作。

通过剖分框架体系一组织的空间数据，是按剖分面片进行空间划分和组织的，具有地域上的自然配准特性，因此可以有效地节省数据准备和标准化组织的时间开销。同时，如果直接对按照剖分面片分布存储的遥感影像数据进行并行处理，还可以节省影像数据分割的时间，提高总体效率。

总之，基于全球剖分的空时存储体系在统一地理参考下按面片区域范围统一组织全球多源遥感数据，可以按照空间地域范围快速获取同一区域的所有遥感影像；同时，也可直接对分布式存储的剖分数据进行并行处理，提高大区域遥感影像并行处理的效率。

8.3.2　多尺度自由粒度分割

在实际应用中，根据影像处理任务的精度要求和计算资源条件的不同，有时需要在不同尺度上将影像数据分割为不同的粒度的数据块进行并行处理。地球剖分组织框架具有金字塔式分层特点，不同层次的面片在地理空间上代表不同面积的区域，可以与空间尺度建立映射关系，也即具有多粒度的特点。地球剖分面片的这种多尺度性，使得地理数据能根据不同的粒度、不同的层级划分得到所需要的剖分面片数据，实现多尺度自由粒度分割。

地球剖分将整个地球表面分成多个层级的面片，大尺度面片嵌套小尺度面片。针对大区域范围图像，可将大区域图像先剖分成多个大尺度面片，根据计算需要，还可继续剖分成更多小尺度面片。因此，这样就可以将空间数据分割为大小相似、无缝无叠的影像数据瓦片（面片）。影像瓦片与影像瓦片之间的联系可以通过剖分框架的定义和位置编码得以表征，同一剖分层级各影像瓦片具有相对独立性。因此，基于地球剖分框架的影像数据组织模型，有利于空间影像数据的多尺度自由粒度分割，并可实现数据和资源的空时调度管理，在大区域图像的并行处理方面具有很大的优势。

8.3.3　剖分数据高效地理定位访问

在剖分数据组织管理中，剖分数据地理定位访问的便利性主要体现在剖分存储组织的区域性与灵活性上。剖分存储采用网络存储架构，对空间影像数据按照地域分布进行组织，利用高性能网络结构进行存储，并提供并行数据查询和检索能力，可以确保空间数据并行访问的高效性。

同时，剖分数据文件采用空间临近性存储方案（如 Z 序、Hilbert 序等），则使对影像瓦片数据的访问更高效，为并行计算中的数据高效访问奠定基础。与常规像素行列顺序存储方式相比较，剖分框架的地理定位访问对于影像瓦片数据访问更具有高效性，具体体现在以下几个方面：

（1）存储系统中的每个剖分存储单元都与相对应的面片空间位置形成映射，需要访问某个区域的数据时，可以直接定位到相应的剖分存储单元。

（2）剖分数据编码与地球剖分面片编码具有一致性，利用剖分数据编码就可以直接解析、定位剖分数据的存储位置。

（3）在剖分数据的磁盘存储中，相邻区域的数据存储在相邻的物理位置，可减少磁盘寻址操作。

（4）剖分数据按照一定剖分尺度分块、特定的顺序规则存储在磁盘上，利用剖分数据编码与存储顺序的一致性，可以集中访问任意大小区域的剖分影像数据块。

8.3.4　剖分数据地域依赖型处理的便利性

图像处理在很大程度上依赖于图像所属地理区域的形态特征和相关空间位置参数，与传统大文件存储方式相比较，空间影像数据的剖分存储与地域的区域位置密切关联，并且可根据剖分面片的区域范围定制相应的处理模板，有利于地域依赖型图像的并行处理，其便利性主要体现在以下几方面：

（1）区域差别化处理的便利性：在处理不同空间区域的数据时，需要针对该区域的空间特征进行相应的图像处理，如距离目标区的远近、海陆区域等。由于剖分数据自身是按照剖分面片分割的，因此可以根据剖分面片所在空间位置进行针对性的图像处理。

（2）基于地域参数的数据处理便利性：在进行基于地域参数的数据处理时，由于剖分数据与剖分存储单元的区域性，可直接利用地域参数与影像数据的剖分面片地址编码进行计算。基于剖分面片单元，设计各自的计算模板，配置不同的计算参数，可以更高效便利地对剖分数据按照区域参数进行并行化处理。

（3）像素依赖型数据处理的便利性：影像剖分数据的每个像素或像素集合都具有一定剖分尺度的区域性与尺度性，剖分面片编码包含面片的位置相互关系，利用剖分数据的面片编码可以快速提取所需的像素或像素集合，提高像素并行处理的能力。

8.4　空间信息剖分计算的模型与方法

基于地球剖分组织架构进行空间信息并行计算，具有得天独厚的数据组织、存储和调度优势，为全球海量遥感影像数据快速处理提供了新的解决思路。在综合分析现有并行计算模式的基础上，结合地球剖分组织框架的空时记录机制，本节将讨论如何建立剖分并行计算模型与负载均衡控制模型，设计高效的剖分并行图像处理算法，为实现空间信息（影像数据）处理的高效剖分计算提供理论基础。

8.4.1　基于剖分的并行计算机制

遥感数据是二维的影像，每个像素都具有空间含义。客观上，任意两个空间区域之间都存在着关联。各种空间分布特征往往具有空间连续性，相邻区域的空间属性常常比较接近。如果空间要素之间存在相互作用，则其作用随距离的增加而减少。因此，当进行并行计算时，采用块分解的方式可较好满足上述特性，便于每个子块的处理。在剖分组织架构下，数据是按剖分块结构存储记录的，有利于采用数据块分解模式，从而更好地满足影像并行处理的需要。

剖分计算是在剖分框架下针对空间影像的分布式并行计算（图 8-4）。剖分组织对于并行计算的支持源自两个方面，即剖分数据的空时记录存储和剖分数据格式的内部组织，这两个方面都被剖分数据模型统一支持。剖分计算依赖于空间数据的全球剖分化，任何空间影像数据都能按照剖分数据组织模型进行统一管理，也就能够支持剖分并行计算。一个串行算法，如果能并发地运行于多个面片上，那么就实现了事实上的粗粒度数据并行。另一方面，在一个计算节点内部，由于剖分数据文件内部结构是与文件分布式存储相一致的，文件内部同样按照面片结构对数据库进行了有效索引，能够方便地从数据文件中取出任意大小的面片数据，因此节点内部可以进行更细粒度数据划分的并行计算。对于某些算法，也可以根据算法和数据的特点，通过共享存储模型来设计更细粒度的并行算法，如指令级并行等。

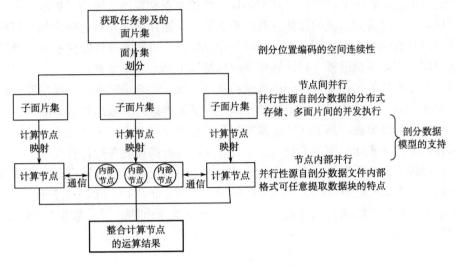

图 8-4　基于剖分的并行处理模式

　　根据这个思路，剖分计算系统的硬件结构可采用混合式体系架构（Hybrid Architecture），即计算集群中节点之间为分布式存储体系结构，而同一个节点内的各处理器之间则组成共享存储体系结构。因为剖分面片具有层次性特点，结合剖分数据模型，混合式的体系结构就可为计算节点与剖分面片的映射带来便利。在并行模式方面，通过在多个剖分面片上并发的处理数据，剖分计算可在

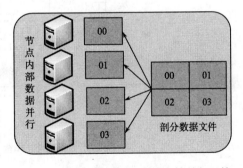

图 8-5　节点内部的数据存储支持并行运算

粗粒度上实现数据并行模式；而在面片内部，或者说在计算集群的节点内部，可根据处理算法和剖分数据的特点，采用更细粒度的数据并行；同时，节点内部是共享存储结构，消息映射模型和共享存储模型能够被方便地引入剖分计算模型（图 8-5）。

　　如果算法可以独立运行于各个数据划分区域，最终运算结果则可通过汇总各子任务的计算结果而得到，即存在函数 $g(f(x_1), f(x_2), \cdots, f(x_n)) = f(X)$，如目标检测、图像增强等；通过对原有串行算法进行接口改造，即可直接应用于剖分计算模型，算法并行化则转化成了管理节点对任务的划分和调度，算法内部可视情况需要添加节点间通信处理，所实现的并行计算为粗粒度任务并行。

8.4.2　剖分图像模板并行计算模型

在全球空间信息剖分组织框架下，遥感数据具备统一的空间基准，具有任意拼接、镶嵌的能力。任意数据与基准数据进行高精度配准后，即可成为剖分数据的一部分。针对每个剖分面片准备一个高精度的基准影像，将控制点和其他空间特征提取出来，制成剖分模板，就可以将大区域的图像在其所覆盖的多个面片内，并行地利用剖分模板进行匹配处理及其他应用。借助剖分框架和剖分存储集群，可实现高性能模板并行处理。基于上述原理，剖分图像模板并行计算模型应包括以下几个基本要素：

（1）基准影像数据：来自剖分影像库的基准影像，符合全球统一基准的要求；基准影像的数据量具有海量性特点，需要依托剖分存储集群进行有效组织和管理。

（2）影像剖分模板：基于基准影像数据和其他各类数据的"面片空间特征集"，存储在模板库中；在实际应用中可利用剖分计算集群进行高性能并行计算处理。

（3）影像剖分模板库：在剖分存储集群中存储的多尺度、多分辨率、多传感器、多光谱分辨率、全球无缝覆盖的影像剖分模板库，是剖分面片的"DNA特征库"。

影像剖分模板的数据模型依托全球剖分组织框架，由概念层、数据层和操作层构成，如图8-6所示。

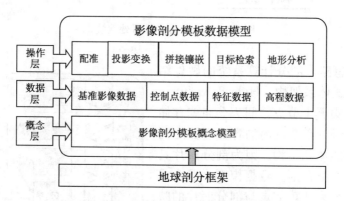

图8-6　剖分模板并行计算处理概念模型

概念层描述了影像剖分模板的统一接口和抽象模型，是各类模板设计的基础；数据层包括基准影像数据和各类模板数据，可根据实际需求灵活地进行扩展或定制；操作层由针对数据层各类模板的具体算法组成，包括配准、投影变换、拼接镶嵌、目标检索、地形分析等，并可根据数据层的数据类型进行操作定制。

8.4.3　基于剖分面片大小的负载均衡控制

在剖分组织系统中，空间影像数据是按照剖分框架存储到各个分布式存储单元上的，这些存储单元可以根据面片编码进行定位，因此对剖分数据进行处理时，计算任务的输入参数不是数据本身，而是数据所在的面片集合的编码。这样，在传统并行计算流程中的数据"划分"，就转化为了面片集划分后的子面片与计算节点之间的映射。而剖分计算系统内的负载均衡，则取决于面片集的划分策略和节点映射策略。

由于剖分位置编码具有连续性，所以按照剖分编码顺序进行空间数据组织也具有空间邻域数据访问的高效性。一般来说，位置临近的空间数据，被同时访问的可能性也越大。因此，将编码临近的空间数据存储在相邻的磁盘位置中，可有效地提高数据的访问速度。在进行空间数据划分时，按照空间填充曲线将相邻的数据分配给同一个计算节点，有利于数据的快速获取；同时，位置相邻的数据，其相关性也较强，适合于被分配到同一处理器上，以减少运算过程中的节点间通信。因此，理论上通过对需要处理的数据范围的剖分面片编码进行

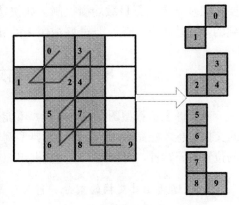

图 8-7　处理目标所在面片划分结果示意图

计算，就可以进行负载均衡控制，具体实现步骤如下：

（1）设面片集 S 中的面片数目为 n，所在层级为 N，count(N) 表示 S 在 N 层的面片数，空闲计算节点的数目为 p；

（2）如果 $n<p$，令 $n=$count$(N+1)$，直至 $n\geqslant p$；

（3）按空间填充曲线（设为 Z 序）排列 n 个面片，得到序列 A（序号从 0 开始）；

（4）计算节点 i 将被分配到序号为 $\lfloor ni/p \rfloor$ 到 $\lfloor n(i+1)/p \rfloor -1$ 的面片。其中，$\lfloor x \rfloor$ 表示小于 x 的最大整数（图 8-7）。

有时，不同的面片需要处理不同类型或不同取值的数据，因此在整个空间中，计算密度的分布也是不均匀的。例如骨架提取算法，只有那些被认定位于某条线上的单元才需要被处理，而其他单元则是可以被忽略的。事实上，计算密度的异质性在图像处理中经常会出现，并会导致子区域划分的负载不均衡。另一方面，由于剖分框架的局限性，面片本身的大小在全球范围内可能并不一致，这就需要做特殊处理。在上述情况下，可利用剖分编码的层次性，通过编码层次分解算法，对数据量大的地区进行分解，直至所生成的各面片之间达到数据量的近似均衡（图 8-8）。

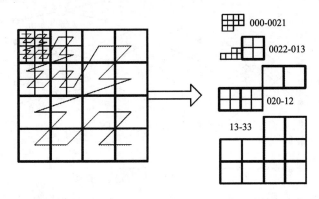

图 8-8　根据数据复杂性对数据按照不同的剖分层次单元进行分配

除了上述基本方法外，对于某些对数据分配有特殊需求的算法，则需在满足其算法要求的基础上进行负载均衡控制。如快速傅氏变换算法 FFT 要求每个计算节点所分配到的数据块彼此一致，且最好按照 2 的 n 次幂来分配。

8.4.4　像素依赖型并行处理方法

对于像素依赖型图像并行处理，不能采用简单的数据并行策略，而是需要在数据块之间交换信息才能完成，这类算法的典型例子如傅里叶变换和非监督分类等。利用剖分数据的位置编码特性，可以减少中间数据组织和信息交互的时间消耗，提高处理的效率。

1. 快速傅里叶变换的剖分并行处理算法

快速傅氏变换（FFT）是离散傅里叶变换的快速算法实现。FFT 实际上是基于块的叠带计算（$N \times N \rightarrow N/2 \times N/2 \rightarrow \cdots \rightarrow 8 \times 8 \rightarrow 4 \times 4 \rightarrow 2 \times 2$），每次相当于一个块和另一个块做运算（图 8-9）。通常 FFT 需要将基于行列的存储先转为块存储才能计算，而剖分存储本质上是块存储，在高层是剖分存储单元，而在低层（剖分存储单元内部）则按 Z 序形成了块存储，所以可以直接应用，省去了数据预组织时间。在进行基于剖分的 FFT 运算时，先在剖分存储单元层次上交换运算，每次迭代时选择相应的剖分面片内的数据块进行计算。剖分面片具有空间位置特性，因此能够直接进行计算；而普通的以文件分割方式或时间组织的分布式存储方式，存储单元没有位置特性，无法直接用于 FFT。在低层计算时，也是块之间的逐次运算，与剖分数据结构（基于 2 的 n 次幂大小的剖分块结构）也是相一致的。整个计算过程中，每个计算节点按照映射到的剖分编码，由高位向低位，按照剖分编码邻域搜索算法，寻找数据交换面片。在 Z 序剖分编码中，按照横向 $0 \rightarrow 1$、$2 \rightarrow 3$，纵向 $0 \rightarrow 2$、$1 \rightarrow 3$ 的规则，即可寻找到数据交换节点，如节点剖分编码为 111，按行运算时，其交换节点依次为 011、101、110，列计算时则为 311、131、113（图 8-10）。或者说，在第 k 次计算时，数据交换发生在第 k 层面片之间（忽略输入面片的父面片以上级别）。

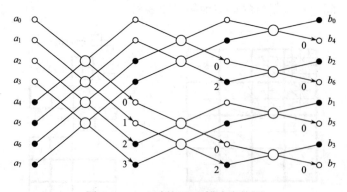

图 8-9　$n = 4$ 时的 FFT 蝶式变换图

基于剖分的 FFT 实现是将输入面片集划分成剖分块的集合，若为 Z 序剖分存储，则剖分块的大小应为 2 的 n 次幂，将这些剖分块分配给计算节点。以图 8-9 为例，将

$a_0 \sim a_7$ 看做相同大小的剖分块，则 FFT 算法由 $\log n$ 步构成；按照上述编码邻域变换原则做蝶式计算；在第 k 次计算时，对第 k 位编码进行邻域变换操作。假设计算节点有 m 个，则剖分计算可分两阶段执行：第一阶段，第 1 步至第 $\log m$ 步，由于邻域变换编码位数小于或等于 $\log m$，各计算节点之间需要通信；第二阶段，第 $\log m$ 步至第 $\log n$ 步，各节点之间不需要通信，即算法转化为各剖分计算节点内部独立计算的情形，由于剖分数据文件内部结构与剖分存储结构是一致的，此时的数据交换和计算仍可继续进行，不需要特殊处理。

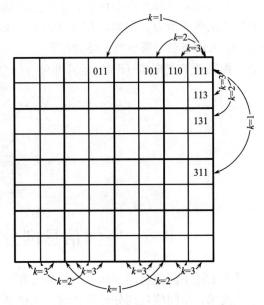

图 8-10　进行 FFT 运算处理时面片间数据交换关系

FFT 算法进行之前，将各计算节点映射到了不同面片，而在算法结束后，由于频域转换算法的性质，各节点原有的空间含义将会消失。但其数据量的大小与原始面片大小是一致的，我们仍然可以将计算结果存储至各个映射面片内，实现分布式存储。

2. 非监督分类的剖分并行处理算法

非监督分类是另一类像素依赖型算法，其算法处理过程中需要获取各部分的聚类参数信息。以 ISODATA 算法（Ball，Hall，1967）为例，均值向量或聚类中心参数需要在每一次迭代分类后进行修正。在基于剖分数据的并行图像处理中，选择一个节点作为

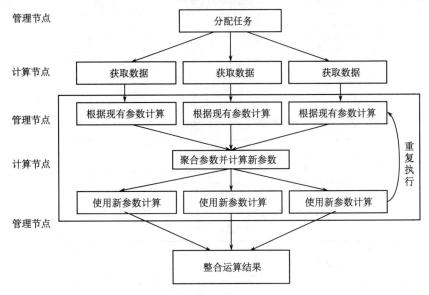

图 8-11　非监督分类并行处理运算

计算管理节点，计算过程中可对各子节点发送的中间计算结果进行汇聚计算，并将新的参数发送给各子节点。例如，在计算第 j 个聚类中心时，各子节点 i 按式（8-1）运算，其中 N_{ij} 为该节点中属于第 j 类的像素的个数，f 表示像素的特征向量，设共有 t 个子节点，则管理节点按式（8-2）运算即可得到全局参数，算法执行过程如图 8-11 所示。

$$X_{ij} = \sum_{k=1}^{N_{ij}} f_k \tag{8-1}$$

$$X_j = \frac{\sum_{i=0}^{t-1} X_{ij}}{\sum_{i=0}^{t-1} N_{ij}} \tag{8-2}$$

8.5 空间信息剖分计算的系统技术

基于上述空间信息剖分计算的模型与方法，本节将重点探讨空间信息剖分计算的相关系统技术。空间信息剖分计算系统是根据剖分数据并行处理模型建立的技术系统，从系统架构上讲，与云计算、像素工厂等较为接近，都是采用大型服务器集群，资源之间是同构的，都采用资源层、服务层、应用层的架构模式，通过并行化实现高效计算。

8.5.1 剖分并行处理系统架构

剖分并行处理系统的架构如图 8-12 所示。服务接口分为数据输入接口、计算接口、并行结果化简接口以及数据输出接口。输入接口和输出接口用于与剖分数据调度系统交换数据，剖分数据调度系统根据任务需求，将数据从输入接口分配给剖分并行处理系

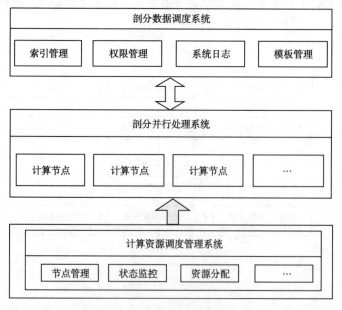

图 8-12 剖分并行处理系统架构

统，并在计算资源调度管理系统的调度下，通过计算接口，合理分配计算节点和资源进行并行计算，计算的结果通过并行结果化简接口进行化简处理，得到合适的结果后，将数据通过输出接口，返回给剖分资源调度系统。

8.5.2　剖分并行处理系统应用方法

以简单几何并行处理为例，并行处理算法可以独立运行于各数据划分区域，运行结果则可通过直接处理各子任务的结果而得到，即存在函数 $g(f(x_1), f(x_2), \cdots, f(x_n)) = f(X)$。以目标检测算法为例，计算任务为在某地区的遥感影像内搜索目标，则其并行计算流程见图 8-13，处理基本步骤如下：

步骤 1：获取某地区所在面片区域；

步骤 2：动态分配子面片区域给计算节点；

步骤 3：计算节点申请数据；

步骤 4：节点内部分解剖分数据文件，为计算单元分配剖分数据；

步骤 5：并行执行目标检测算法，算法本身可以是串行的；

步骤 6：整合各计算节点的计算结果。

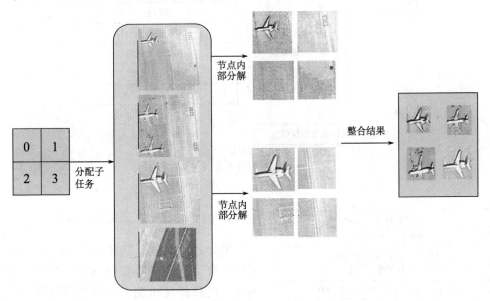

图 8-13　目标检测并行计算流程

8.5.3　剖分并行处理系统程序结构

1. 剖分并行程序设计模型

并行程序设计模型（图 8-14）是连接并行计算机硬件体系结构和用户的桥梁。不同的并行计算机体系结构往往对应不同的并行程序设计模型。典型的并行程序设计模型有数据并行模型、消息传递模型和共享存储模型三种类型。

数据并行模型（Data Parallel Mode，DPM）的基本特征是并行执行作用于一个大数据集中不同部分的同一个操作。数据并行依据并行粒度的大小，既可以在单指令多数据（Single Instruction Multiple Data，SIMD）计算机上实现，也可以在单进程多数据（Single Process Multiple Data，SPMD）计算机上实现。在消息传递模型（Message Passing Model，MPM）中，驻留在不同节点上的进程通过网络传递消息来相互通信。消息可以是指令、数据、同步信号或者中断信号等。在消息传递并行程序中，用户必须明确地为进程分配数据和计算任务，它比较适合粗粒度的并行性。在共享存储模型中，驻留在各处理器上的进程可以通过读写公共存储器中的共享变量相互通信，它与数据并行模型的区别在于共享存储模型是多线程的和异步的。

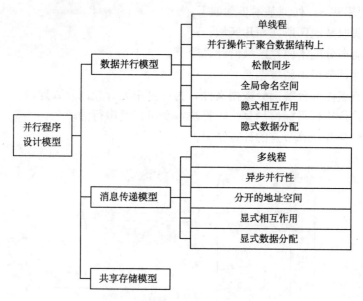

图 8-14　并行程序设计模型

2. 剖分并行处理系统软件结构

剖分并行处理系统软件结构，从总体上可以划分为剖分计算集群硬件、分布式操作系统、消息传递机制、剖分并行计算并行虚拟机（Parallel Virtual Machine，PVM）、剖分并行计算程序库和剖分并行计算应用几个层次，如图 8-15 所示。

| 剖分并行计算应用 |
| 剖分并行计算程序库 |
| 剖分并行计算PVM(程序库)
(DSM. 资源调度、负载平衡) |
| 消息传递机制，消息传递标准 （MPI） |
| 分布式操作系统 （Windows，Linux 或其他） |
| 剖分计算集群硬件 （MPP或COW，定制网络） |

图 8-15　剖分并行处理系统软件结构

8.6　空间信息并行计算剖分支撑服务

空间信息剖分计算技术的应用主要体现在两个方面：一是在空间信息剖分组织框架的基础上，根据剖分计算模型构建独立的空间信息剖分计算系统。二是空间信息剖分计算技术还可为像素工厂计算、网格计算、云计算等既有的并行计算系统提供数据预准备、影像分块组织、数据粒度分割等并行计算支撑服务。

8.6.1 像素工厂系统与剖分计算

像素工厂（Pixel Factory，PF）（图 8-16）由法国地球信息公司（Infoterra）研制开发，是用于遥感图像大规模生产的并行集群处理系统，通常包括具有强大计算能力的若干个计算节点。使用时，系统输入遥感影像，在少量人工干预的情况下，经过一系列自动化处理，输出包括数字表面模型（Digital Surface Model，DSM）、数字高程模型（Digital Elevation Model，DEM）、数字正射影像（Digital Orthophoto Map，DOM）、真数字正射影像（True Digital Orthophoto Map，TDOM）等产品，并能生成一系列其他中间产品。像素工厂目前主要有两种形态：①像素工厂系统，在大多数情况下配有硬

图 8-16 移动像素工厂系统

件，但也可以只提供软件，然后与客户方面的硬件进行集成，这种模式可以非常灵活地配置系统；②集成了便携式硬件的移动像素工厂系统，系统的软件和硬件绑定，灵活性相对较小，但是系统硬件集成度高，可以迅速搭建并且便于移动。像素工厂系统主要由存储单元、数据服务器、文件服务器、计算节点、磁带备份单元、面向用户的操作单元组成，是典型的资源层、服务层、应用层的架构模式。其资源层由支持各种影像数据导入的模块组成，数据存储在磁盘阵列上，通过光纤交换机以备调用；其服务层由两个文件服务器、一个数据库服务器和磁带库组成，同样通过光纤交换机进行交换数据；应用层由计算节点、工作站等组成，担负整套设备的计算任务；系统中所有的命令都由面向用户的操作单元下达。网路集群模式的优点是可以随意增加计算节点（最高支持 50 个计算节点）以提高处理海量数据的能力，缺点是维护费用较高，受通信状况影响大。

像素工厂系统是海量遥感影像快速处理领域的一个典范，在硬件并行计算架构设计和影像处理算法并行化设计等方面取得了一系列的成果，但在海量影像组织、数据分块、粒度划分等并行计算支撑功能方面还有进一步提升的空间。在不进行硬件改造和并行算法修改的前提下，基于空间信息剖分计算的相关理论和模型，对像素工厂系统的数据存储进行剖分化组织，按照影像的空间地域位置进行数据分块，根据剖分层级进行并行数据多粒度划分，可为像素工厂系统数据并行结构优化提供理论和技术支撑，以进一步挖掘像素工厂系统的并行计算潜力。

8.6.2　GPU计算与剖分计算

图形处理器（Graphic Processing Uint，GPU）是相对于中央处理器（Central Processing Unit，CPU）的一个概念。在现代计算机中，图像处理的地位越来越重要，需要专门的图形处理器，由此发展出了GPU技术。与CPU相比，GPU主要具有如下优势：强大的并行处理能力以及高效率的数据传输能力，其中并行性主要体现在指令级、数据级和任务级三个层次。高效率的数据传输主要体现在GPU与显存和系统内存之间的传输带宽较高。GPU具有很强的并行计算能力，浮点计算能力甚至可以达到同代CPU的10倍以上。GPU强大的计算能力主要来源于其并行计算的架构，GPU将一个任务分解为多个同质但相互独立的子任务，同时进行处理，相比串行结构，其CPU处理速度自然大大增加。GPU的结构决定了其数学运算能力强大但是分支控制性能低下，它要求在每个计算单元中执行完全相同的操作，因此GPU适宜于数据量大但原理较为简单的图像处理运算，而高级的全局性的复杂处理过程还需要依赖于CPU。这也是目前计算机系统所采用的主流模式：用CPU控制主要的流程，负责任务分解，将需要大量并行处理的计算密集型任务交由GPU处理。

GPU计算，主要是单纯通过增加更多的GPU硬件计算单元来实现并行的，在系统层面、数据层面以及算法层面的并行计算要素考虑不多，其计算潜力还有很大的挖掘空间。上节讨论的空间信息剖分计算系统，完全可以采用GPU作为计算节点的基本计算单元，充分发挥GPU的硬件并行计算优势，并结合空间信息剖分计算模型在数据剖分组织、数据多粒度自由分割等方面的优势，实现硬件并行、算法并行和数据并行的完美结合，进一步提升空间信息剖分计算系统的并行计算效能。

8.6.3　网格计算与剖分计算

网格（Grid）概念产生于20世纪90年代中期，主体思想是通过局域网或广域网将闲置的CPU资源利用起来，整合成一台巨大的超级计算机来处理大型计算任务。网格计算将一个需要巨大计算能力的任务分解为许多小的部分，然后将这些小任务分配给不同的计算单元，并行处理，并将计算单元反馈的结果加以整合从而得到最终的计算结果。网格计算在数据量大、计算复杂的图像处理上具有较大的应用潜力。网格计算处理图像的主要方式是将一个复杂的图像处理任务分解为多个简单的、相互独立的子任务，每个任务只需要对一个参数进行处理，这些相互独立的子任务可以在不同的计算节点中并行处理。

网格计算与像素工厂系统、GPU计算等不同，它是一种分布式的硬件并行计算模式，网络上不同CPU计算单元的计算能力可能存在较大差异。为了充分利用计算资源并基本实现负载平衡，就必须对数据的分布式组织和粒度的多尺度分割进行优化设计。而数据组织和多粒度分割，恰恰是空间信息剖分组织框架和剖分计算模型的优势。因此，理论上，空间信息剖分计算模型可在影像剖分组织、多粒度自由分割、分布式存储等方面为网格计算提供理论与方法补充。

8.6.4　云计算与剖分计算

　　云计算是一种基于互联网的新型计算模式，其基本思想是将大量用网络连接的计算资源由软件系统实现自动统一管理与调度，构成一个计算资源池向用户提供按需服务。这种资源池是一些可以自我维护和管理的虚拟计算资源，通常为一些大型服务器集群，包括计算服务器、存储服务器、宽带资源、应用程序等。MapReduce是Google提出的一种并行、分布式计算模型，具有结构简洁、抽象度高和易于使用的优点（Chang，Dean et al.，2006）。MapReduce模型由 Map 和 Reduce 两部分组成，如图 8-17 所示。一次 MapReduce过程是：把要处理的数据划分成 M 个任务块，启动 M 个 Map 模块，对任务块进行计算得到中间结果以 Key 值对〈Key，Value〉的形式存储。MapReduce 系统运

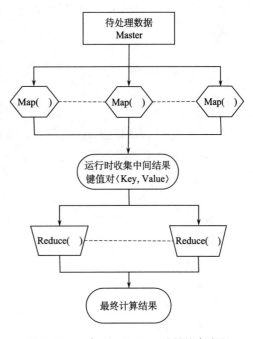

图 8-17　一次 MapReduce 过程基本流程

行时负责收集这些〈Key，Value〉结果，然后根据 Key 值将中间结果分配到 R 个 Reduce 模块进行计算并输出最终结果。

　　云计算充分利用了网络云技术的优秀成果，但其核心还是利用尽可能多的计算资源实施并行计算，以期提高计算性能。只要是并行计算一般都会涉及数据准备、计算粒度划分、任务分配等。云计算也不例外，数据组织、块分割、计算资源分配仍是其核心流程。因此，在遥感影像剖分组织、数据多粒度分割等方面，空间信息剖分计算模型可为云计算提供理论与方法补充。

8.7　本 章 小 结

　　空间信息剖分计算与其他常规图像并行处理技术相比，由于有底层剖分数据组织模型的支持，因而更适合进行海量空间数据的高效并行处理，主要体现在以下两点：

　　（1）剖分数据组织的地域分割特性——为数据并行处理提供了天然支持。

　　剖分框架为全球空天数据提供了高效的存储与组织方法，地球上不同区域的空天数据，通过剖分化处理进入存储集群中相应的存储节点，在组织方式上实现了区域划分，为多区域间的并行计算提供了有力保障。与其他的并行计算系统比较，其不仅仅是通过并行模式来提高海量空间数据的处理速度，而是依据空间数据特有的区域属性，进行区域存储和并行计算，具有实现全球多面片数据处理的天然并行机制。

（2）剖分数据空时存储模式——为分块数据高效访问与处理提供了支持。

剖分数据的内部结构是全球剖分组织框架在具体数据文件中的进一步延伸，与剖分数据的组织体系一同构成了完整的剖分数据模型。利用统一的剖分数据格式，可方便地取出文件内部对应于任意大小面片的数据块，从而实现对单个数据文件的并行处理。

第9章 空间关系剖分分析原理与方法

空间关系是人们日常生活中最为常用的基本空间概念之一，是人类进行空间活动的前提与基础。空间关系通常能够为人类直接感知，形象直观；然而在计算机的处理过程中，这个看上去对人类而言十分简单的问题却比人们想象的要困难得多。因此，空间关系一直是地理信息科学领域的理论难点之一。

地球剖分研究的基础和出发点是地球表面，而地球表面是一个球面流形空间，区别于传统的欧氏空间。因此，地球剖分的空间关系建模和表达不能直接沿用传统欧氏空间下的空间关系模型和表达方法，必须在深入研究地球剖分空间特征的基础上，对地球剖分下的空间距离、空间方位与空间拓扑关系进行重新定义和描述，形成适用于地球剖分的空间关系表达模型与分析方法。

本章9.1节简单概述地理空间关系的基本概念及主要的分析模型与方法。9.2节给出了地球剖分空间关系的基本概念及其相对于传统空间关系的特殊性分析。9.3节主要从地球剖分空间距离的概念、GAISOF 地球剖分空间距离计算方法，以及距离量算效率与精度等方面，论述地球剖分空间关系的距离模型与量算方法。9.4节从地球剖分空间拓扑关系的相关定义、面片包含关系计算、面片相邻关系计算及面片相离关系计算等方面阐述地球剖分空间拓扑关系模型与分析方法。9.5节论述地球剖分空间的方位关系模型与分析方法，主要内容包括面片方位关系模型、面片方向判定方法、面片方位角计算方法及南北极面片的方位关系判定等。9.6节主要阐述地球剖分架构下的空间分析原理与方法，主要内容包括空间缓冲区分析、空间叠置分析、最短路径分析及空间场分析等方面的内容。

9.1 地理空间关系

地理世界中，存在于一定时空环境中的任何空间实体都不是孤立的，而总是与其他空间实体处于一定的关系之中，这些空间实体之间的关系如相邻、包含、前后、远近等，即构成了我们常说的地理空间关系（简称"空间关系"）。空间关系可以在一定程度上对实体及其环境间的关系进行描述，因而在空间信息存储、管理、检索、分发及认知中都有着重要应用，其应用范围包括空间信息查询语言、空间信息检索、空间信息挖掘、遥感影像认知、空间推理、空间分析和空间信息匹配等。

9.1.1 空间关系的概念

在地理信息系统中，空间实体一般被抽象为点、线、面等空间对象，空间关系包括度量关系、方位关系和拓扑关系三种基本类型（图9-1）。

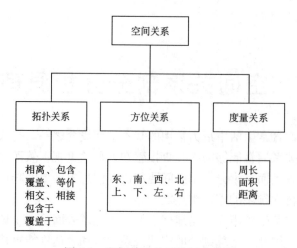

图 9-1　空间关系的三种基本类型

（1）度量关系（Metric Relation）：用某种空间度量来描述的实体间的关系，如实体间的距离、远近等。度量关系有定量与定性之分，定量关系可以用距离等来量测，而定性关系可以用模糊概念如远近等来描述。

（2）方位关系（Order Relation）：用来描述实体在空间中的某种排序关系。方位关系可以是定量的如方位角，也可以是定性的，如前后、上下、左右、东、西、南、北等主方位关系，小范围内的前后、左右、上下等，平面点集的顺序关系，线段之间的顺序关系，三角形的顺序关系等。

（3）拓扑关系（Topological Relation）：指拓扑变换下的拓扑不变量。Clementini从人类的认知角度（Clementini，1995），认为实体间完备的拓扑关系最小集包括相离（Disjoint）、相遇（Touch）、包含（In）、相交（Cross）、覆盖（Overlap）等五种基本关系。

9.1.2　空间关系的主要分析模型与方法

在地理信息科学发展的早期，科学家主要考虑空间信息存储与管理技术，对空间关系研究较少，主要使用较为松散的枚举算子进行空间关系的计算研究。其后，人们逐渐认识到空间关系研究的重要意义，加强了对其的理论与应用研究，尤其是从 20 世纪 90 年代开始，空间关系理论逐渐成为地理信息科学及许多相关学科领域（如计算机图形辅助设计、空间推理、人工智能等）中的研究热点，在度量、方位、拓扑三个方向上发展了许多新型的描述模型和计算方法。

空间度量关系是一切空间关系研究的基础，空间方位关系和空间拓扑关系的研究都离不开空间度量这个基础。从定量的角度，科学家们提出了多种量化方法，如用距离、角度、面积、序数、间隔、比率、密度等来量测度量关系。其中，距离是在地理信息科学中应用最为广泛、研究最为深入的量化方法。相对而言，由于定性的度量关系（如远、近等）与人类的认知、空间实体所处的环境等因素密切相关，具有较大模糊性，因此较为复杂。在此方面已有一些学者基于模糊理论进行探讨，大都采用距离分级的方法对距离的定性特性进行描述与计算，但仍难有一个满意的统一数学模型（赵仁亮，2002）。

空间方位关系是重要性仅次于度量关系的一类空间关系，通常有定性描述和定量描述两种方法。定量的计算与量测一般使用方位角进行，较为容易。对定性的方位关系，目前主要是通过将地理实体抽象为点状类目标或是最小外接矩形的方法进行处理，基本的空间方位关系模型主要有：最小外接矩形模型（Minimum Bounding Rectangular，MBR）、三角模型、2D String 模型、四方位分区模型、八方位分区模型和方向关系矩阵模型等。以上述描述模型为基础，GIS 学者还提出了很多改进的方位关系模型。但总体而言，空间方位关系的研究深度还远滞后于度量关系和拓扑关系研究。

空间拓扑关系指拓扑变换下的拓扑不变量，是不考虑空间距离和方向的空间目标之间的空间关系。拓扑关系是最基本的空间关系，因此对其研究开展得较早，在地理信息界关注也较多。尤其是 20 世纪 80 年代末以来，拓扑关系成为空间关系研究的一个热点，并取得了许多研究成果，最具代表性的模型有：以点集拓扑为基础的 4 交和 9 交拓扑关系模型（9IM），基于维数扩展的 9 交拓扑关系模型（DE-9IM），以 Voronoi 图为基础的拓扑关系模型（V9I），以及基于单体连接算子的空间逻辑模型等。

9.2　地球剖分空间关系

地球剖分空间关系，是指地球剖分框架下实体的空间特性之间的关系。地球剖分框架下空间关系的研究对象包括剖分面片和地理要素两大类。因此，地球剖分空间关系包括：剖分面片与剖分面片之间的空间关系，剖分面片与地理要素之间的空间关系，地理要素与地理要素之间的空间关系。

根据地球剖分表达理论，地理要素可由一组剖分面片进行组织和表达，即地球剖分框架下的地理要素是一个复合型面片。据此，地球剖分框架下的三类空间关系转化为：面片与面片间的空间关系，面片与复合面片间的空间关系，复合面片与复合面片间的空间关系。剖分面片之间的空间关系是地球剖分空间关系的基础研究内容，是上述后两类空间关系判别的出发点。

9.2.1　地球剖分空间关系的概念

与传统欧氏空间的关系模型类似，地球剖分空间关系也是指由剖分面片纯几何位置所引起的空间关系。依据所表达空间概念的不同，可划分为地球剖分度量关系、地球剖分方位关系和地球剖分拓扑关系，见图 9-2。

（1）地球剖分度量关系：在地球剖分框架下，用某种空间度量尺度来描述剖分面片间的关系，如面片间的距离、远近等。度量关系有定量与定性之分，定量的度量关系可用距离来量测。

（2）地球剖分方位关系：在地球剖分框架下，用来描述剖分面片在空间中的某种方位关系。可以是定量的，如方位角；可以是定性的，如前后、上下、左右、东、西、南、北等主方位关系。

（3）地球剖分拓扑关系：在地球剖分框架下，剖分面片间的拓扑关系，如包含、相邻、相离等。

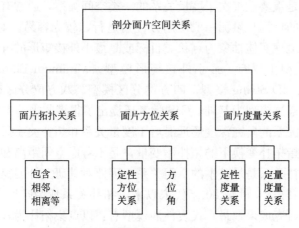

图 9-2　地球剖分空间关系的基本类型

9.2.2　地球剖分空间关系的特殊性

地球剖分研究的基础和出发点是地球表面，而地球表面是一个球面流形空间，区别于传统的欧氏线形空间。因此，地球剖分的空间关系建模和表达不能直接沿用传统欧氏空间下的空间关系模型和表达方法，必须在深入研究地球剖分空间特征的基础上，对地球剖分下的空间距离、空间方位与空间拓扑关系进行重新定义和描述，形成适用于地球剖分的空间关系表达模型与方法。

距离是最基本的定量化度量关系，也是其他空间关系的基础。从数学意义上讲，距离是定义在度量空间中的一种函数，最常见的距离是欧几里得空间中的距离。欧氏空间具有线性结构，整个空间存在笛卡儿坐标系，一个坐标系就可以覆盖整个欧氏空间。因此，欧氏距离度量只需量测两点之间的线段长度，即利用两点的坐标值计算欧几里得二次范数即可。地球剖分的基础是收敛且不可延展的地球球面流形空间，这就决定了地球剖分空间上不可能定义绝对的直线距离。因此，欧氏空间的距离量算方法是无法直接套用到地球剖分空间的，必须建立基于球面的距离度量体系。

地球剖分空间拓扑关系无法直接套用欧氏空间拓扑关系描述模型。从空间几何角度分析，两个曲面（平面是一种特殊的曲面）可以相互贴合的充分必要条件是两个曲面距离相等。所谓等距是指在两曲面间建立了相互对应关系，而且对应曲线的长度等长。平面与球面是无法建立等距关系，因此球面也就不能无缝无叠地展成平面图形。同理，在平面上无论你剪下任何形状，也是没有办法既不叠皱也不撕破地贴在某个球面上的。这是球面与平面在拓扑上存在差异的直观表现。此外，在欧氏平面中，点、线、面的尺度范围可以是无限的；而在球面上，点、线、面的尺度是有限的，这也决定了欧氏平面上的点、线、面与球面是无法一一对应的，从而造成拓扑描述模型上的差异。从拓扑学角度分析，拓扑学理论已经证明球面与平面是不同胚的，球面的欧拉示性数为2，平面的欧拉示性数小于或等于1，二者拓扑不同胚；如果直接将欧氏空间平面对象拓扑关系模型套用到地球球面剖分空间，会产生拓扑歧义甚至拓扑矛盾（赵学胜，2007）。因此，欧氏空间的拓扑关系模型是无法直接套用到地球剖分空间上的，需要针对剖分面片的特点构建新型剖分空间拓扑关系模型。

地球剖分空间方位关系模型与欧氏空间方位关系模型也有差异。从定性的角度分析，平面上可用唯一的笛卡儿坐标系来标识欧氏空间中任一点，因此平面上可以明确定义上、下、左、右四种基本方位。若假定上、下、左、右依次对应北、南、西、东，同时笛卡儿坐标系坐标轴是正交的，因而各个方向的定义是明确的。球面是流形，不具有线形结构，在球面上不可能建立适用于球面每一点的单一坐标系，也就很难找到一个合适的参照系来明确定义上、下、左、右四种基本方位关系。从定量的角度分析，空间方位角在平面和球面上的定义和计算方法也各不相同。平面上的空间方位角是指从某一点正北方向沿顺时针方向旋转到另一点所构成的夹角，如图9-3（a）所示；而球面上点 A 与点 B 之间的空间方位角是指过 A 点的子午面与过 A、B 的大圆面所构成的夹角 α，如图9-3（b）所示。

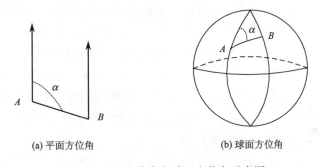

(a) 平面方位角　　　　　　　　　(b) 球面方位角

图 9-3　平面方位角与球面方位角示意图

9.3　地球剖分空间距离模型与量算方法

距离是空间度量关系中最基本的元素，是其他空间关系的基础，也是各种空间分析的出发点。对于球面剖分空间，需要根据不同应用条件运用相应的尺度进行距离量化和分析。

9.3.1　地球剖分空间距离的概念

距离概念的本质特征有两个：①一个有限或无限的、独特的、可定义的对象集合；②确定两个对象之间分离程度的一条或一套规则，即一个测量值（胡鹏，2001）。地球剖分空间距离是地球剖分框架下空间实体所在面片之间的跨度度量。在距离定义的基础上，本节以点 1（x_1，y_1）、点 2（x_2，y_2）讨论球面剖分框架下空间距离的定义及分类情况。在地球剖分空间中，比较常用的有平面欧氏距离、大地线距离和剖分面片栅格路径距离等。

(1) 欧氏距离。在空间笛卡儿平面 R^2 上，任意两点 1、2 间欧几里得距离定义为

$$d_E(1,2) = ((x_2 - x_1)^2 + (y_2 - y_1)^2)^{\frac{1}{2}} \tag{9-1}$$

欧氏距离具有平面坐标轴平移和旋转后的不变性。

(2) 大地线距离。在旋转椭球体上，地理空间可以统一采用经度 L、纬度 B 表示空间位置。大地线距离，又称"短程线"，是椭球面上两点间的最短距离线。它是椭球面上的一条三维曲线，具有过每点的密切面均垂直于椭球面（包含过该点的法线）的性质。在集合 $\{B, L\}$ 上，大地线距离 d_G 是把 $\{B, L\} \times \{B, L\}$ 变进实数域 R^1 的变换，对于任意点 1、2、3：

① $d_G(1, 2) \geq 0$，当且仅当 1 和 2 相同时，等号成立；

② $d_G(1, 2) = d_G(2, 1)$；

③ $d_G(1, 2) + d_G(2, 3) \geq d_G(1, 3)$。

因此，$\{B, L\}$ 构成一个距离度量空间，距离 d_G 是球面剖分空间的一个度量尺度。

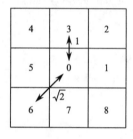

图 9-4　剖分面片栅格
路径距离示意图

(3) 剖分面片栅格路径距离。同一层级的地球剖分面片构成一个有限的面片栅格格网。对于面片格网而言，其路径距离指的是面片宽度（或高度）的曲线路径，相邻面片间距离由两种距离单元组成，图 9-4 描述了一个剖分面片与相邻面片的关系，中央面片中心到周围面片中心的距离，一种是边相邻栅格距离，如 0-1、0-3、0-5、0-7、4-5 等均为 1（栅格为正方形且尺寸为 1）；一种为角相邻栅格距离，如 0-2、0-4、0-6、0-8 的距离为 $\sqrt{2}$。因此，在局部剖分空间上，两点间的面片栅格路径距离可定义为

$$d_a(1,2) = \begin{cases} \|x_2 - x_1\| + (\|y_2 - y_1\| - \|x_2 - x_1\|) \cdot \sqrt{2}, & \|y_2 - y_1\| > \|x_2 - x_1\| \\ \|y_2 - y_1\| + (\|x_2 - x_1\| - \|y_2 - y_1\|) \cdot \sqrt{2}, & \|y_2 - y_1\| \leqslant \|x_2 - x_1\| \end{cases}$$

$$\tag{9-2}$$

9.3.2　地球剖分空间距离计算方法

以 GAISOF 地球剖分空间为基础，依据区域大小、精度要求、剖分面片特点确定了距离量算的三条基本原则：

(1) 地球表面中、大区域或高精度情况下，全面采用地球椭球大地线距离定义，这是地球剖分空间距离的基本计算方法；

(2) 小区域、低精度或静态情况下，可采用椭球模型加地图投影，构成欧氏空间近似代替地球的椭球空间，计算欧氏空间距离；

(3) 针对空间实体的具体特性，局部可采用适宜的量算空间，如剖分面片栅格路径距离等。

根据上述三条基本原则，可以确立地球剖分空间距离计算的基本思路（图 9-5）：基于剖分框架，结合剖分面片编码，以椭球大地线为主、欧氏空间为辅进行距离量算；

对于等经纬网剖分面片，全面采用椭球大地线进行距离量算；对于同带的高斯等距格网，采用欧氏空间进行距离量算；对于跨带的高斯等距格网，采用椭球大地线进行距离量算；对于部分特殊应用，在精度满足应用要求的前提下，可采用分面片栅格路径进行距离量算。

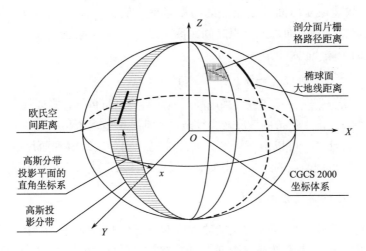

图 9-5　地球剖分空间距离量算模型示意图

1. 等经纬网剖分面片距离量算

根据面片编码，经过位运算（左移、右移、掩码等），可快速恢复出面片定位点的经纬度坐标，然后由两点的经纬度坐标计算两面片间的椭球大地线距离。已知 1 点 (B_1, L_1)、2 点 (B_2, L_2)，CGCS 2000 参考椭球扁率 α、短轴 b、长轴 a、第一偏心率 e、第二偏心率 e'，则 1 点到 2 点的距离 S_{12} 为

$$S_{12} = K_1 b (\Delta \sigma - \mathrm{d}\Delta \sigma) \tag{9-3}$$

其中，参数由以下过程给出

$$\tan\Delta\sigma = \frac{\left(\left(\cos u_2 \sin\Delta w\right)^2 + \left(\cos u_1 \sin u_2 - \sin u_1 \cos u_2 \cos\Delta w\right)^2\right)^{\frac{1}{2}}}{\left(\sin u_1 \sin u_2 + \cos u_1 \cos u_2 \cos\Delta w\right)} \tag{9-4}$$

$$\Delta w = L_2 - L_1 + \mathrm{d}w \tag{9-5}$$

$$\tan u_1 = (1 - \alpha)\tan B_1 \tag{9-6}$$

$$\tan u_2 = (1 - \alpha)\tan B_2 \tag{9-7}$$

$$K_1 = 1 + t \cdot \left(1 - \frac{t}{4} \cdot (3 - t \cdot (5 - 11 \cdot t))\right) \tag{9-8}$$

$$t = \frac{1}{4} \cdot e^2 \cdot \sin^2 u_n \tag{9-9}$$

$$\cos u_n = \cos u_1 \cos u_2 \cdot \frac{\sin\Delta w}{\sin\Delta\alpha} \tag{9-10}$$

2. 等距高斯格网剖分面片距离量算

等距高斯格网剖分面片距离量算分带内量算和跨带量算两种情况。量算的基本过程

是：根据剖分面片的高斯格网编码，判断两面片定位点高斯纵坐标带号标识是否相同；如果带号标识一致，则可直接按照欧氏距离定义进行带内量算；如果带号标识不一致，则需回到椭球面进行跨带大地线量算。

带内量算的基本过程是：根据剖分面片的高斯格网编码，经过位运算（左移、右移、掩码等），快速恢复出面片定位点的高斯坐标，确认两面片处在同一高斯分带中；根据欧氏空间定义计算两面片定位点之间距离。已知 1 点（X_1，Y_1）、2 点（X_2，Y_2），则 1 点到 2 点的距离 S_{12} 为

$$S_{12} = \sqrt{(X_1 - X_2)^2 + (Y_1 - Y_2)^2} \tag{9-11}$$

两面片跨高斯分带时，不能直接采用高斯面片编码进行量算，需要换算到经纬度空间中计算大地线距离。由于跨带的情况较为复杂，尤其是跨越多个高斯分带的情况下，需要回到椭球面上进行计算。可以由高斯剖分面片编码和剖分层级得到面片中心点的高斯坐标，然后分别换算得到两点的经纬度坐标值，通过计算大地线长度最终得到两点的距离。

3. 剖分面片栅格路径距离量算

根据前述地球剖分空间距离定义的原则，对于部分特殊应用，在精度满足应用要求的前提下，可借鉴栅格距离变换（图 9-6）的方法进行剖分面片的栅格距离量算。

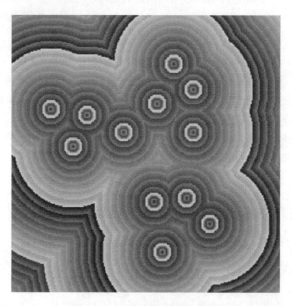

图 9-6　栅格距离变换效果图

1966 年，Rosenfeld 等首次提出了距离变换方法，该方法已经被广泛应用于图像处理和模式识别等领域，人们利用它实现目标细化、骨架抽取、形状的差值和匹配，不少学者将其应用到空间分析当中，譬如缓冲区分析、Voronoi 图生成、最短路径分析等（胡鹏，2009）。在栅格图像上，二维离散空间可以分成特征体元和非特征体元两类，特征体元是指特征地物占据的体元，用"1"表示，非特征体元是指非特征地物占据的体元，用"0"表示，这样，二维栅格空间就可以看成是二值图像。

借鉴栅格距离变换的思想，在剖分框架下，可以将面片分为特征面片和非特征面片两类：特征面片是指特征地物占据的面片，用 c 表示；非特征面片是指非特征地物占据的面片，用 c' 表示。距离变换就是对每个非特征面片计算其到最近的特征面片的距离，如果距离测度采用栅格距离，则距离变换称为栅格距离变换。这样一来，通过特征面片与非特征面片之间逐一的距离变换，可以完成剖分框架下的栅格距离量算。

离散空间常见的距离测度有棋盘距离、城市距离和欧氏距离，棋盘距离和城市距离实质上是一种近似的欧氏距离，为了保证距离的计算精度，以下方法采用欧氏距离，设二维离散空间中的任意两个面片 c_1，c_2，它们之间的欧氏距离为：$d_E(c_1, c_2)$，平方欧氏距离为：$d_E^2(c_1, c_2)$，用 S 表示特征面片集合，S' 表示非特征面片集合，则某非特征面片到最近一个特征面片的距离可以表示为

$$d_E(c) = \min\{d_E(c, c'), c \in S', c' \in S\} \tag{9-12}$$

$$d_E^2(c) = \min\{d_E^2(c, c'), c \in S', c' \in S\} \tag{9-13}$$

欧氏距离值计算需要开平方，如果采用距离平方值代替距离值参与运算，将减少计算量并极大提高距离值的计算精度（采用距离平方值可避免由于开平方所产生的误差），同时使计算结果为整数，通常用 $d_E^2(c)$ 代替 $d_E(c)$。

9.3.3　距离量算效率与精度

在 GAISOF 等经纬网剖分空间中，分析距离量算过程可以得知，大地线量算的精度和效率都较高，可直接由两点经纬度的计算公式得到较为精确的空间距离；如果采用欧氏距离量算，需要先投影得到高斯坐标，然后才能进行欧氏距离量算，效率会下降很多。因此，在 GAISOF 等经纬网剖分空间中，大地线是距离量算（计算）的较优选择。

在 GAISOF 等距高斯格网剖分空间中，同一高斯分带内欧氏距离量算的计算效率很高，量算精度也较高；但在跨高斯分带的情况下，需要先将高斯坐标换算回大地坐标空间，然后利用大地线进行距离量算，在此量算（计算）过程中需要进行一次坐标空间转换，其计算效率和量算精度都会受到一定影响。

9.4　地球剖分空间拓扑关系模型与分析方法

拓扑关系是指拓扑变换下的拓扑不变量。从人类的认知角度，实体间完备的拓扑关系最小集包括相离、相遇、包含、相交、覆盖五种基本关系。根据 9-交集模型，空间目标 A 的内部（$A°$）、边界（∂A）和外部（A^-）与目标 B 的内部（$B°$）、边界（∂B）和外部（B^-）分别取交集，可取得这两个空间目标之间的 9 个拓扑不变量，组成一个 3×3 的矩阵，称之为 9-交集矩阵（Egenhofer，Herring，1990）：

$$\mathbf{R}(A, B) = \begin{bmatrix} A° \bigcap B° & A° \bigcap \partial B & A° \bigcap B^- \\ \partial A \bigcap B° & \partial A \bigcap \partial B & \partial A \bigcap B^- \\ A^- \bigcap B° & A^- \bigcap \partial B & A^- \bigcap B^- \end{bmatrix} \tag{9-14}$$

由于 9-交集矩阵的每一个拓扑不变量都有 0 和 1 两种可能的取值，因此能得到 $2^9 = 512$

种不同的拓扑关系。考虑到实际情况，排除无意义的组合后，可以得到 8 种面-面拓扑关系、19 种线-面拓扑关系、33 种线-线拓扑关系、3 种点-面拓扑关系、3 种点-线拓扑关系以及 2 种点-点拓扑关系。

9.4.1 地球剖分空间拓扑关系的相关定义

在地球剖分框架中，没有传统意义上的点和线，其基本组成单元是剖分面片，具备无缝无叠和层次递归等特点。在以等经纬网为基础的剖分框架中，剖分面片通常是四边形，本节以四边形剖分面片为例讨论剖分面片间的空间关系。在地球剖分框架中，覆盖是包含的一种特例，无需单独考虑。因此，地球剖分空间拓扑关系模型可以简化为：包含（被包含）、相邻（角邻、边邻）、相离三种情况，如图 9-7 所示。

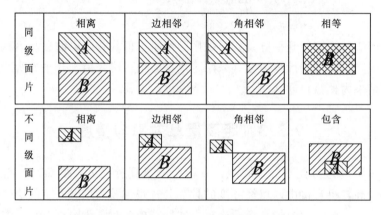

图 9-7　地球剖分面片空间拓扑关系示意图

借鉴 9-交集描述模型，对地球剖分面片的相离、相邻、包含三类拓扑关系，可作如下数学描述。其中，"ϕ"表示交集为空集，"$\neg \phi$"表示非空：

（1）相离关系：若面片 A、面片 B 的 9-交集模型满足

$$\boldsymbol{R}(A,B) = \begin{bmatrix} \phi & \phi & \neg \phi \\ \phi & \phi & \neg \phi \\ \neg \phi & \neg \phi & \neg \phi \end{bmatrix} \tag{9-15}$$

则面片 A 与面片 B 相离，即面片 A 与面片 B 的内部和边界都没有交集。

（2）相邻关系：若面片 A、面片 B 的 9-交集模型满足

$$\boldsymbol{R}(A,B) = \begin{bmatrix} \phi & \phi & \neg \phi \\ \phi & \neg \phi & \neg \phi \\ \neg \phi & \phi & \neg \phi \end{bmatrix} \tag{9-16}$$

则面片 A 与面片 B 相邻，即面片的边界有交集。对于边相邻，$\partial A \bigcap \partial B = L$，$L \in S$，其中 S 是地球剖分空间的一个界线子集；对于角相邻，$\partial A \bigcap \partial B = P(C_{64})$，其中 P 是地球剖分空间中的一个点，可用 64 位的剖分编码表示。需要注意的是，一般来说剖分编码标识了一个剖分面片，表达的是一个具有面积的地理区域，而在这里我们直接用剖分编码来标识一个精确地理位置，指的是面片中心点，表达的是传统数学意义上的"点"。

（3）包含关系：若面片 A、面片 B 的 9-交集模型满足

$$R(A,B) = \begin{bmatrix} \neg\phi & \neg\phi & \neg\phi \\ \phi & \phi\,\text{or}\,\neg\phi & \neg\phi \\ \phi & \phi & \neg\phi \end{bmatrix} \tag{9-17}$$

则面片 A 包含面片 B，即面片 B 是面片 A 的一个子面片。这里本书不区分 9-交集模型中的包含与覆盖关系，因为在剖分空间中只有判断其是否是父子面片时，考虑不同层级的面片才有实际意义。在地球剖分框架中，也不需要依靠 9-交集模型给出面片相等关系的定义，因为两个面片相等当且仅当其编码完全一致时才成立，可以非常直观地判断。

9.4.2 地球剖分空间面片包含关系计算

基于剖分编码的面片包含关系可描述为：设 A 的二进制编码长度为 L_A，B 的二进制编码长度为 L_B；如果 $L_A < L_B$，且面片 B 编码的前 L_A 位与面片 A 的编码完全一致，则称面片 A 包含面片 $B(A \supset B)$。

同理，面片 A 与面片 B 相等可描述为：$A \supset B$ 和 $B \supset A$ 同时成立，则 $A = B$；如果面片 B 的编码与面片 A 的编码完全一致，则称面片 A 等于面片 B（$A = B$）。面片相等关系是面片包含关系的一个特例。

要判断两面片间是否为包含关系，可根据面片包含关系的定义，逐位比较。例如，设 A 为剖分空间中的一个 5 级面片，编码为（10001），B 为一个 6 级面片，编码为（100011），逐位比较可知，$M_B = M_A \cdot$ append（1），则可知 $A \supset B$。如果用逻辑运算的形式表达，定义两个编码的异或运算 xor 为逐位异或后求并，即

$$A \supset B \Leftrightarrow L_A < L_B \text{ 且 } M_A x \text{ or } M_B(0,L_A) = 0 \tag{9-18}$$

其中，$M_B(0,L_A)$ 指面片 B 编码中第 0 位到第 L_A 位之间的编码。

如果剖分面片采用经向和纬向分别编码的二维面片编码模式，当只有经向编码满足上述定义公式而不考虑纬向编码时，仅说明 A 面片的经度区间包含了 B 面片的经度区间，我们定义为 A 经向包含 B（不考虑面片二维区域上是否存在实际的包含关系）。同理，可以定义纬向包含关系，如图 9-8 所示。

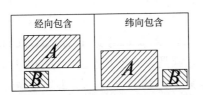

图 9-8 地球剖分面片经向包含与纬向包含示意图

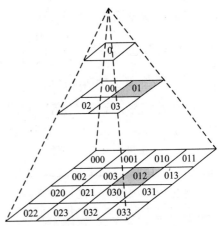

图 9-9 地球剖分面片层次关系示意图

根据地球剖分框架的编码方案，要获取一个 N 级面片的 $N-m$ 级父面片或 $N+m$ 级子面片时，对于所在层级的父子面片间符合二分关系的面片，父面片编码只需截取其前 $N-m$ 位编码（图 9-9），可以直接得到 $(0) \supset (01) \supset (012)$。

9.4.3 地球剖分空间面片相邻关系计算

相邻关系（包括角相邻和边相邻）计算就是通过当前剖分面片的编码计算出与之相邻的面片。下面结合多尺度面片的层次关系，探讨基于编码位运算的边相邻面片和角相邻面片的计算方法。根据剖分面片编码模型的不同，面片相邻关系判定方法在具体实现上略有差异，但总体上可以分为演绎推导和穷举归纳两种类型。

对于行列分别编码的二维编码框架，适于采用演绎推导法。以 GAISOF 等经纬度剖分为例，设面片 A 经向二进制编码为 M_A，L_A 是面片 A 经向编码的长度，面片 B 经向二进制编码为 M_B，L_B 是面片 B 经向编码的长度，则面片 A 与面片 B 经向相邻可描述为

$$
A \text{ 与 } B \text{ 经向相邻} \Leftrightarrow
\begin{cases}
L_A = L_B, \text{且 } |M_A - M_B| = 1 \\
L_A > L_B, \text{且 } \underset{i=L_B+1}{\overset{L_A}{\&}} M_A(i) = 0, M_A(1, L_B) - M_B = 1 \\
L_A > L_B, \text{且 } \underset{i=L_B+1}{\overset{L_A}{\&}} M_A(i) = 1, M_B - M_A(1, L_B) = 1 \\
L_A < L_B, \text{且 } \underset{i=L_A+1}{\overset{L_B}{\&}} M_B(i) = 0, M_B(1, L_A) - M_A = 1 \\
L_A < L_B, \text{且 } \underset{i=L_A+1}{\overset{L_B}{\&}} M_B(i) = 1, M_A - M_B(1, L_A) = 1
\end{cases}
$$

$$(9\text{-}19)$$

其中，$M_A(i)$ 指面片 A 经向编码的第 i 位，$M_A(i, j)$ 指面片 A 编码中第 i 位到第 j 位之间的编码，"$-$"运算定义为二进制减法运算"$\underset{i=L_B+1}{\overset{L_A}{\&}}$表示二进制并运算"。

类似可以定义 A 与 B 的纬向相邻。在经向相邻和纬向相邻定义的基础上，可以得到相邻关系的模型描述（图 9-10）

$$
A \text{ 与 } B \text{ 边相邻} \Leftrightarrow
\begin{cases}
A \text{ 与 } B \text{ 经向相邻，且 } A \text{ 纬向包含 } B \text{ 或 } B \text{ 纬向包含 } A \\
A \text{ 与 } B \text{ 纬向相邻，且 } A \text{ 经向包含 } B \text{ 或 } B \text{ 经向包含 } A
\end{cases}
\quad (9\text{-}20)
$$

$$A \text{ 与 } B \text{ 角相邻} \Leftrightarrow A \text{ 与 } B \text{ 经向相邻且 } A \text{ 与 } B \text{ 纬向相邻}$$

分析面片相邻关系定义模型，可得到面片 A 相邻面片的计算方法：设 A 的面片编码为 $(M_{A经}, M_{A纬})$，则 A 的四邻域面片集为 $\{\Omega \in A$ 的同级面片 $\mid |M_{A经} - M_{C经}| + |M_{A纬} - M_{C纬}| = 1\}$，$A$ 的八邻域面片集为 $\{\Omega \in A$ 的同级面片 $\mid |M_{A经} - M_{C经}| + |M_{A纬} - M_{C纬}| \leqslant 2$，且 $|M_{A经} - M_{C经}| < 2$，$|M_{A纬} - M_{C纬}| < 2\}$。图 9-11 描述了剖分面片的相邻面片，倾斜纹理区域是四连通区域面片，交叉纹理区域是只属于八连通区域的面片。

若采用基于树状图形的层次编码，则可采取穷举归纳的方法。以四叉树编码为例，设一个面片的四个子面片的编码顺序为 Z 序，则相邻关系判断见表 9-1。

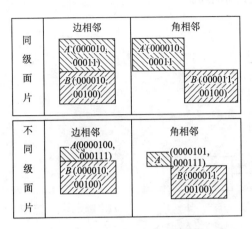

图 9-10　地球剖分面片相邻关系模型示意图

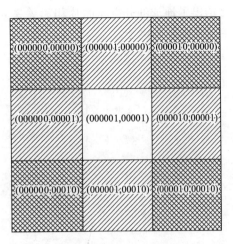

图 9-11　地球剖分面片边相邻与角相邻示意图

表 9-1　四叉树编码剖分面片相邻关系表

邻近关系	参考面片	同层相邻面片编号	示例图	邻近关系	参考面片	同层相邻面片编号	示例图	邻近关系	参考面片	同层相邻面片编号	示例图
横向边邻近	0	1		纵向边邻近	0	2		角邻近	0	3	
	2	3			2	0			3	0	
	1	0			1	3			1	2	
	3	2			3	1			2	1	

9.4.4　地球剖分空间面片相离关系计算

在上述包含关系和相邻关系判定的基础上，可以得到地球剖分两面片间相离关系判定的基本方法：先利用前述包含关系判定方法，判定两面片是否为包含关系（相等关系作为包含关系的特例），同时判定是否为经向包含和纬向包含关系；然后，利用前述相邻关系判定方法，判断两面片是否相邻关系（包括边相邻关系和角相邻关系）；根据地球剖分拓扑关系模型的定义，如果两面片既不包含、也不相邻，则必为相离关系。图

9-12给出了地球剖分空间面片相离关系判定的基本流程，其中包含关系计算采用了上节中演绎推导的例子。

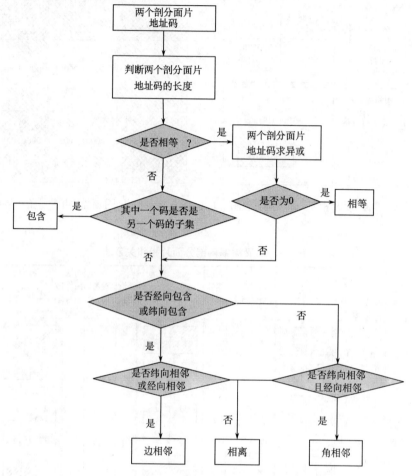

图 9-12　地球剖分空间面片相离关系判定基本流程

9.5　地球剖分空间方位关系模型与分析方法

方位关系，又称顺序关系，存在于地理空间的两个实体之间，是在一定的方向参考系中从一个空间实体到另一个空间实体的指向。本节重点讨论两剖分面片间方位关系的定性判别模型和定量计算方法。

9.5.1　面片方位关系模型

剖分面片的方位关系是指两个剖分面片在空间位置上的指向关系，如上下左右、东西南北等。上、下、左、右是一组相对方位关系，且上下、左右一般是成对出现。因此，可以进一步细化为（上，下）、（左，右）、（左上，右下）和（左下，右上）四对关系，如图 9-13 所示（以 GAISOF 剖分面片二维编码为例）。

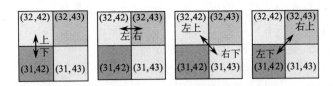

图 9-13　剖分面片上下左右方位关系示意图

东、西、南、北是另一组方位关系概念，也可称之为方向关系，一般按东西、南北成对出现的，也可以细化为（东，西）、（南，北）、（东南，西北）和（东北，西南）四对关系，如图 9-14 所示（以北半球东半球为例，面片编码为 GAISOF 二维编码模型）。与上下左右方位关系不同的是，东西南北方向关系隐含着一个绝对参考指向。在本节中，定义地球表面任意一点沿经线指向北极的方向为北，在此基础上，按顺时针定义东、南、西指向。本节主要探讨东西南北地理方向关系。

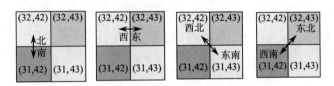

图 9-14　剖分面片东西南北方向关系示意图

9.5.2　面片方向判定方法

1. 方向参考系构建

无论采用何种方法计算两面片的方向关系，其前提都是需要建立一个方位参考系，然后确定方向区域，才能够进行方向关系的计算。借鉴现有方位关系计算模型，选取其中某一面片作为基准面片（另一面片则称为指向面片），即参考系的观察点，定义过参考面片的经线北极指向为北方向。按照上述方向参考系，将整个区域分为八个方向区域﹛东（E）、南（S）、西（W）、北（N）、东南（ES）、西北（WN）、东北（EN）、西南（WS）﹜，如图 9-15 所示。

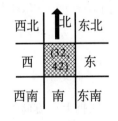

图 9-15　东西南北方向参考系

仔细分析东西南北方向参考系模型，可以得到两条基本规律：①在东半球内，经度高者为东、低者为西；西半球的规律与之相反；②在北半球内，纬度高者为北、低者为南；南半球的规律与之相反。

2. 判定模型

根据上述方向关系参考系模型，结合面片二维编码规则，可得到剖分面片间方向关系判定的基本思路（以 GAISOF 等经纬网编码为例）：首先，比较指向面片经向编码与基准面片经向编码的大小（西半球取负值），高为东、低则为西；其次，比较指向面片纬向编码与基准面片纬向编码的大小（南半球取负值），高为北、低则为南；最后，根据两次比较结果，综合判定两剖分面片间的方向关系。

设参考面片 1 的经向编码和纬向编码数值分别为 Code_L1 和 Code_B1，指向面片 2 的经向编码和纬向编码数值分别为 Code_L2 和 Code_B2（若在西半球，经向编码需取负值；若在南半球，纬向编码取负值；为方便叙述，此处认为已完成取负值工作），则有剖分面片东西南北方向关系的判定模型如下：

$$
\begin{cases}
\text{Code}\_L_1 = \text{Code}\_L_2 \text{ and Code}\_B_1 = \text{Code}\_B_2\text{,相等} \\[4pt]
\text{Code}\_L_1 = \text{Code}\_L_2 \text{ and Code}\_B_1 < \text{Code}\_B_2\text{,北} \\[4pt]
\text{Code}\_L_1 = \text{Code}\_L_2 \text{ and Code}\_B_1 > \text{Code}\_B_2\text{,南} \\[4pt]
\begin{cases} \text{Code}\_L_2 - \text{Code}\_L_1 < 180,\text{Code}\_L_1 < \text{Code}\_L_2 \\ \text{Code}\_L_2 - \text{Code}\_L_1 > 180,\text{Code}\_L_1 > \text{Code}\_L_2 \end{cases} \text{and Code}\_B_1 = \text{Code}\_B_2\text{,东} \\[10pt]
\begin{cases} \text{Code}\_L_2 - \text{Code}\_L_1 < 180,\text{Code}\_L_1 < \text{Code}\_L_2 \\ \text{Code}\_L_2 - \text{Code}\_L_1 > 180,\text{Code}\_L_1 > \text{Code}\_L_2 \end{cases} \text{and Code}\_B_1 < \text{Code}\_B_2\text{,东北} \\[10pt]
\begin{cases} \text{Code}\_L_2 - \text{Code}\_L_1 < 180,\text{Code}\_L_1 < \text{Code}\_L_2 \\ \text{Code}\_L_2 - \text{Code}\_L_1 > 180,\text{Code}\_L_1 > \text{Code}\_L_2 \end{cases} \text{and Code}\_B_1 > \text{Code}\_B_2\text{,东南} \\[10pt]
\begin{cases} \text{Code}\_L_2 - \text{Code}\_L_1 < 180,\text{Code}\_L_1 > \text{Code}\_L_2 \\ \text{Code}\_L_2 - \text{Code}\_L_1 > 180,\text{Code}\_L_1 < \text{Code}\_L_2 \end{cases} \text{and Code}\_B_1 = \text{Code}\_B_2\text{,西} \\[10pt]
\begin{cases} \text{Code}\_L_2 - \text{Code}\_L_1 < 180,\text{Code}\_L_1 > \text{Code}\_L_2 \\ \text{Code}\_L_2 - \text{Code}\_L_1 > 180,\text{Code}\_L_1 < \text{Code}\_L_2 \end{cases} \text{and Code}\_B_1 > \text{Code}\_B_2\text{,西南} \\[10pt]
\begin{cases} \text{Code}\_L_2 - \text{Code}\_L_1 < 180,\text{Code}\_L_1 > \text{Code}\_L_2 \\ \text{Code}\_L_2 - \text{Code}\_L_1 > 180,\text{Code}\_L_1 < \text{Code}\_L_2 \end{cases} \text{and Code}\_B_1 < \text{Code}\_B_2\text{,西北}
\end{cases}
$$

$$(9\text{-}21)$$

3. 判定流程

根据上述方向关系判定思路和判定模型，剖分面片间方向关系判定详细流程如下：①选定基准面片，确定指向面片；②通过二进制位操作运算（移位、隐码等），将面片编码分解为经向编码和纬向编码，并转换为实数值；③根据编码的半球标识位判断面片所在半球，若为西半球，经向编码值取负；判断纬向编码所在半球，若在南半球，纬向编码值取负；④按照式（9-21）判定模型，进行编码数值大小比较计算，直接判定指向面片相对于基准面片的方向关系，如图 9-16 所示。

9.5.3　面片方位角计算方法

在某些实际应用中，定性判断方向关系是不够的，往往需要精度更高的方位角计算。所谓方位角，就是沿顺时针方向得到的"正北方向"与"基准面片和指向面片连

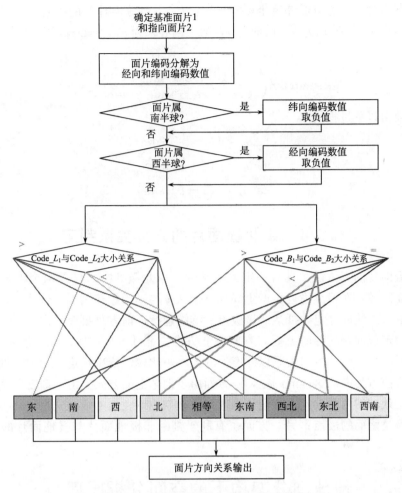

图 9-16　剖分面片方向关系判定流程

线"之间的夹角。具体而言,在 GAISOF 等经纬网剖分中,就是从基准面片定位经线沿顺时针方向得到的夹角,如图 9-17 所示。

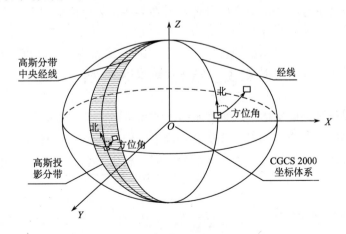

图 9-17　剖分面片方位角示意图

设剖分面片 1 中心点经纬度坐标为 $(B_1，L_1)$、剖分面片 2 的中心点为 $(B_2，L_2)$，参考椭球扁率为 α，短轴为 b，长轴为 a，第一偏心率为 e，第二偏心率为 e'，则点 1 到点 2 方位角 A_{12} 为

$$A_{12} = \arctan\left(\frac{(\cos u_2 \sin\Delta w)}{(\cos u_1 \sin u_2 - \sin u_1 \cos u_2 \cos\Delta w)}\right) \tag{9-22}$$

其中，参数由以下过程给出

$$\Delta w = L_2 - L_1 + \mathrm{d}w \tag{9-23}$$

$$\tan u_1 = (1-\alpha)\tan B_1 \tag{9-24}$$

$$\tan u_2 = (1-\alpha)\tan B_2 \tag{9-25}$$

9.5.4　南北极面片的方位关系判定

南北极面片的方位认知具有一定的特殊性，南北极 88°～90° 是两个半径为 223km 的圆形球面区域，在极点附近会产生局部方位认知与基于经纬网的方位认知存在偏差的问题。如沿着经线向北走，抵达北极极点后继续前行，前方是哪个方向？

本书约定以面片的纬向编码来判断南北方向，北纬 90° 是地球的最北端，南纬 90° 是地球的最南端，南北方向关系以纬度值的大小来比较。依次约定，上文所说过北极点后继续前行前方为南。这样的约定，一方面由于地球上的方向是由地球自转确定的，北极和南极是地球的两个端点，它们是地球自转轴与地球表面的两个交点，北极是北面的极点，南极是南面的极点；另一方面也有利于判断非极地面片与极地面片的南北方向关系。

9.6　地球剖分架构下的空间分析原理与方法

空间分析的基础是空间关系，在球面剖分空间中，空间对象是一组面片的集合，基于面片空间关系判定的规则，可以推广到地理对象空间关系的判定上。在此基础上，利用剖分面片可以完成球面的剖分空间分析，而在某些具体分析应用上，剖分面片具有一定的计算优势。

9.6.1　空间缓冲区分析

缓冲区就是地理空间实体的一种影响范围或服务范围。从数学的角度看，缓冲区分析的基本思想是给定一个空间对象或集合，确定它们的邻域，邻域的大小由邻域半径决定。本节把栅格缓冲区分析的思想引入剖分空间，利用形态学变换，探讨基于面片的缓冲区分析算法。

1. 剖分面片形态学算子

数学形态学是以形态为基础对栅格图像进行分析的一类数学工具，其基本思想是用

具有一定形态的结构元素，去量度和提取图像中的对应形状，以达到对图像分析和识别的目的。数学形态学的关键在于用像素集合作为图形的基元，实现基于集合的运算。数学形态学的基本运算主要包括腐蚀、膨胀、开启和闭合等，由这些基本运算及其组合可以实现复杂的运算。剖分面片与像素有类似的区域性特点，定义于像素层面的形态学算子经过相应改造后，可扩展出"剖分面片形态学算子"，如剖分面片腐蚀算子、剖分面片膨胀算子等。

在地球剖分框架下，每个剖分面片对应一个地理网格区域，任何空间对象都可属于某个特定剖分层级下的剖分面片；每个剖分面片具有规则的几何形态，某个特定剖分层级下的剖分面片就代表着一定空间尺度下某个区域位置的集合，即具有一定形态的结构元素集合。由此，构建基于剖分面片形态算子的结构元，形成面向空间分析的剖分面片形态学模板。如图 9-18 所示，如果在某剖分尺度下，设某个空间对象的面片集合为 A，结构元素集合为 $B=\{B_1, B_2, \cdots, B_n\}$，定义 9 种剖分面片形态结构元。

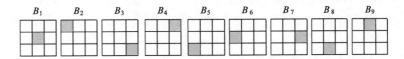

图 9-18　剖分面片的 9 种形态学结构元

在图 9-18 中，设面片对象 $a \in A$，a 的面片编码为 (X_a, Y_a)，B 中剖分面片形态结构元的膨胀半径为 (X_R, Y_R)。其中，X 与 Y 分别表示纬向坐标与经向坐标：

(1) $a \oplus B_1 = \{(X_a, Y_a), (X_a-X_R, Y_a), (X_a+X_R, Y_a), (X_a, Y_a-Y_R), (X_a, Y_a+Y_R), (X_a-X_R, Y_a+Y_R), (X_a+X_R, Y_a+Y_R), (X_a+X_R, Y_a-Y_R), (X_a-X_R, Y_a-Y_R)\}$
$$\tag{9-26}$$

(2) $a \oplus B_2 = \{(X_a, Y_a), (X_a+X_R, Y_a), (X_a+X_R, Y_a-Y_R), (X_a-X_R, Y_a-Y_R)\}$
$$\tag{9-27}$$

(3) $a \oplus B_3 = \{(X_a, Y_a), (X_a-X_R, Y_a), (X_a, Y_a+Y_R), (X_a-X_R, Y_a+Y_R)\}$
$$\tag{9-28}$$

(4) $a \oplus B_4 = \{(X_a, Y_a), (X_a-X_R, Y_a), (X_a, Y_a-Y_R), (X_a-X_R, Y_a-Y_R)\}$
$$\tag{9-29}$$

(5) $a \oplus B_5 = \{(X_a, Y_a), (X_a+X_R, Y_a), (X_a, Y_a+Y_R), (X_a+X_R, Y_a+Y_R)\}$
$$\tag{9-30}$$

(6) $a \oplus B_6 = \{(X_a, Y_a), (X_a, Y_a+Y_R), (X_a, Y_a-Y_R), (X_a+X_R, Y_a), (X_a+X_R, Y_a+Y_R), (X_a+X_R, Y_a-Y_R)\}$
$$\tag{9-31}$$

(7) $a \oplus B_7 = \{(X_a, Y_a), (X_a, Y_a+Y_R), (X_a, Y_a-Y_R), (X_a-X_R, Y_a), (X_a-X_R, Y_a-Y_R), (X_a-X_R, Y_a+Y_R)\}$
$$\tag{9-32}$$

(8) $a \oplus B_8 = \{(X_a, Y_a), (X_a-X_R, Y_a), (X_a+X_R, Y_a), (X_a, Y_a+Y_R), (X_a-X_R, Y_a+Y_R), (X_a+X_R, Y_a+Y_R)\}$
$$\tag{9-33}$$

(9) $a \oplus B_9 = \{(X_a, Y_a), (X_a-X_R, Y_a), (X_a+X_R, Y_a), (X_a, Y_a-Y_R), (X_a-X_R, Y_a-Y_R), (X_a+X_R, Y_a-Y_R)\}$
$$\tag{9-34}$$

2. 剖分空间的缓冲区分析

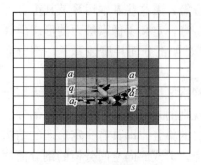

图 9-19　地球剖分空间缓冲区分析示意图

剖分空间缓冲区分析的主要目标是：在地球剖分空间里，对于某一空间对象，确定其具有一定半径的邻域。基本思路：对某个空间对象进行空间缓冲区分析时，可用一定剖分尺度的剖分面片对该空间对象的面片集合进行膨胀运算。具体方法：对于某空间对象的面片集合 A，首先将给定的缓冲区半径 R 值变换为对应的面片单元个数；然后构造作为结构元素集合的剖分面片集合 B，使 B 的半径为 R；通过基于剖分面片编码的数学运算，确定 A 的缓冲区 C，即 $C = A + B$。

如图 9-19，设空间对象的面片集合 $A = \{a_1(x, y), a_2(x, y), \cdots, a_n(x, y)\}$，$a_n$ 表示空间对象的面片编码；缓冲区半径 R 通过面片空间距离变换获得对应的面片单元个数 K，$B = \{b \mid b(X_R, Y_R)\}(X_R = Y_R = K)$；利用形态算子 B_1、B_2、B_3 进行空间距离变换获得 A 的缓冲区 $C = A + B = \{C_1(x_1 + X_R, y_1 + Y_R), C_2(x_2 + X_R, y_2 + Y_R), \cdots, C_n(x_n + X_R, y_n + Y_R), C_q(x_q - X_R, y_q + Y_R), C_r(x_r + X_R, y_r + Y_R), C_s(x_s + X_R, y_s - Y_R), C_t(x_t - X_R, y_t - Y_R)\} - \{a_1(x, y), a_2(x, y), \cdots, a_n(x, y)\}$。其中，$q$、$r$、$s$、$t \in n$。

9.6.2　空间叠置分析

叠置分析是区位及其邻域不同特性综合分析后对区位的综合评判，是地理空间分析中内容广泛而复杂的部分之一（胡鹏，2001）。地理信息科学的叠置分析是将两幅或多幅同一区域，同一比例尺，同像元分辨率，同一数学基础的不同空间信息叠加在一起，以每一输入特征属性通过一定的数学方法组合在一起，来描述每个新的输入特征，这种叠加不仅建立新的空间特征，而且建立起新的属性关系（图 9-20），可用下述关系式表达：

$$U = F(A, B, C, \cdots) \tag{9-35}$$

其中，A，B，C，$\cdots$ 表示各层上确定的属性值，F 函数取决于各层上属性与用户需要间关系。

在地球剖分框架下，剖分数据模型既具有矢量数据模型的特性又具有栅格数据模型的特性，但又不完全等同于矢量数据模型或者栅格数据模型。因此，地球剖分框架下的叠置分析，与传统地理信息科学叠置分析的原理是一致的，但在具体实现细节上有自己独有的特点。

地球剖分空间叠置分析，是基于剖分层级中的某个剖分面片或者剖分面片集的叠加，通过对剖分面片所对应的空间数据进行叠加运算得到新的结果。与传统地理信息科学中的叠置分析相似，剖分面片（或剖分面片集）之间的叠置运算也通常分为与、或、差。根据是否采用权重区分，叠置分析可分为普通叠置分析（即所有剖分面片层级的空间数据权重相等）和加权叠置分析。

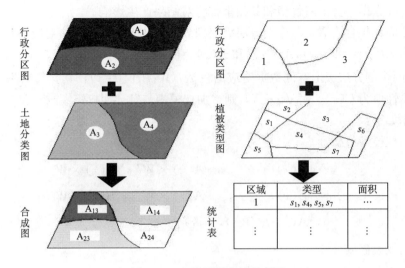

图 9-20 空间叠置分析示意图

1. 地球剖分面片普通叠置分析

设所要讨论的剖分面片集合为 X，两个剖分层级剖分面片所对应的空间数据的属性值分别为 $A(x)=[A^-(x),A^+(x)]$ 和 $B(x)=[B^-(x),B^+(x)]$，$x\in X$，叠置结果剖分层级所对应的空间数据的属性值为 $C(x)$，则两个剖分层级上的剖分面片或者剖分面片集的"与叠置"和"或叠置"操作如下：

（1）与叠置。

$$C(x) = (A \bigcap B)(x) = A(x) \wedge B(x), \forall x \in X \qquad (9\text{-}36)$$

（2）或叠置。

$$C(x) = (A \bigcup B)(x) = A(x) \vee B(x), \forall x \in X \qquad (9\text{-}37)$$

上述"与叠置"和"或叠置"操作很容易扩展为多个剖分层级的剖分面片或者剖分面片集叠置的情形，设 $n(n\geqslant 2)$ 个剖分层级对应的空间数据属性值分别为 A_1，A_2，…，A_n，则多个剖分层级的叠置操作如下：

（1）多面片与叠置。

$$C(x) = (\bigcap_{i=1}^{n} A_i)(x) = \bigwedge_{i=1}^{n} A_i(x), \forall x \in X \qquad (9\text{-}38)$$

（2）多面片或叠置。

$$C(x) = (\bigcup_{i=1}^{n} A_i)(x) = \bigvee_{i=1}^{n} A_i(x), \forall x \in X \qquad (9\text{-}39)$$

2. 地球剖分面片加权叠置分析

在实际应用问题中，不同类型的空间数据对于叠置结果的重要程度通常不尽相同，此时叠置分析往往不能用简单的与、或、差来描述，而必须充分考虑各类空间数据的权数。加权叠置分析是指根据某类空间数据的权数对其他空间数据进行叠置得到想要的结果，每类空间数据本身的属性值和其权重都将对结果产生影响。

设剖分面片集合为 X，两个剖分层级上剖分面片或者剖分面片集对应的空间数据属性值分别为 $A(x)=[A^-(x),A^+(x)]$ 和 $B(x)=[B^-(x),B^+(x)]$，$x\in X$。W_1，$W_2\in[0,1]$ 为两个剖分层级上空间数据对应的权数（$W_1+W_2=1$），其叠置结果剖分层级空间数据属性值为 $C(x)$。对 $\forall x\in X$，则"加权模糊与"、"加权模糊或"和"加权模糊综合"操作如下：

（1）加权模糊与叠置。

$$C(x) = \begin{cases} A(x), & A(x)\times W_2 < B(x)\times W_1 \\ B(x), & A(x)\times W_2 > B(x)\times W_1 \\ A(x)\wedge B(x), & \text{否则} \end{cases} \quad (9\text{-}40)$$

（2）加权模糊或叠置。

$$C(x) = \begin{cases} A(x), & A(x)\times W_1 > B(x)\times W_2 \\ B(x), & A(x)\times W_1 < B(x)\times W_2 \\ A(x)\vee B(x), & \text{否则} \end{cases} \quad (9\text{-}41)$$

（3）加权模糊综合叠置。

$$C(x) = A(x)\times W_1 + B(x)\times W_2 \quad (9\text{-}42)$$

上述 3 种操作可进一步扩展为多剖分面片（集）叠置，设 $n(n\geqslant 2)$ 个剖分面片集对应的区间值模糊集分别为 A_1，A_2，$\cdots$，A_n，其权数分别为 W_1，W_2，$\cdots$，W_n，且满足 $\sum\limits_{i=1}^{n}W_i=1$，对 $x\in X$，则上述 3 种模糊叠置操作如下：

（1）令 $S=\{i|\neg\exists j\neq i,A_i(x)\times W_j>A_j(x)\times W_i,1\leqslant i,j\leqslant n\}$，则 n 个剖分面片集"加权模糊与"的结果为 $C(x)=\bigwedge\limits_{k\in S}A_k(x)$；

（2）令 $T=\{i|\neg\exists j\neq i,A_i(x)\times W_i>A_j(x)\times W_j,1\leqslant i,j\leqslant n\}$，则 n 个剖分面片集"加权模糊或"的结果为 $C(x)=\bigvee\limits_{k\in S}A_k(x)$；

（3）n 个剖分面片集"加权模糊综合"的结果为 $C(x)=\sum\limits_{i=1}^{n}A_i(x)\times W_i$。

9.6.3 最短路径分析

基于剖分的网络分析是在距离量算和距离变换的基础上，进行基于剖分面片的网络（最短路径）分析。最短路径分析可以分为单层次和多层次的最短路径分析。单层次最短路径分析有 Dijkstra 最短路径搜索算法和启发式 A* 搜索算法（Hart et al.，1968）等，适用于搜索范围有限的情况。多层次的最短路径分析是在单层次路径分析的基础上，进行层次切换，大尺度下采用低层级搜索，在接近起点和终点时采用高层级搜索；同一层级之间依然使用单层次最短路径分析算法。

1. 经典最短路径算法

Dijkstra 算法是由 E. W. Dijkstra 提出的一个适用于所有弧的权均为非负的最短路径算法，也是目前公认的求解最短路径问题的经典算法之一。它可给出从某指定节点到图中其他所有节点的最短路径，其时间复杂度为 $O(n^2)$。

A* 算法是一种基于知识的启发式搜索算法，即从初始状态和当前状态到目标状态搜索时具有与步骤数或距离相关的信息。该搜索方法包括最佳优先搜索、存储界限搜索和迭代渐近算法如爬山搜索和模拟退火方法等。A* 算法是一种最佳优先搜索方法。该算法的创新之处在于选择下一个被检查的结点时引入了已知的全局信息，对当前结点距终点的距离做出估计，作为评价该结点处于最优路线上的可能性的量度，这样就可以首先搜索可能性较大的节点，从而提高了搜索过程的效率。

2. 分层次的最短路径分析

在范围有限的情况下，Dijkstra 算法和 A* 算法都有较好的效率，但是如果在一个范围很大的区域内进行搜索，这两个算法将耗费大量的时间。这时，进行分层次的最短路径分析，可以大量节省时间，其基本思想是：参照影像金字塔将路网进行多尺度表达，先在低分辨率路网层中进行全局搜索以获得大致的目标路径，然后利用该路径将高分辨率路网层分解为一系列局部搜索空间进行搜索，并将获得的局部最优路径合并在一起得到最终的目标路径。

在剖分框架下，剖分面片具有天然的多尺度层次结构，这就为分层最短路径分析奠定了很好的数据基础。剖分框架分层路径规划算法可以简单地描述为：在给定剖分网格中的两个面片作为起点结点和目标结点后，首先根据搜索范围确定合适的搜索层级，并判断给出的面片层级是否符合搜索层级。如果小于或等于搜索层级，则直接进行单层最短路径分析；如果大于搜索层级，则首先在起点和目标点附近确定进/出低层级的 E-node 结点。然后再分别在起点和 E-node 结点之间、两个 E-node 结点之间、目标点和 E-node 结点之间分别进行单层路径分析，最后将它们综合输出作为最终的路径规划结果。换句话说，这种情况下最终的最短路径应该包括：从属于高层级的起始结点或目标结点，到达属于低层级的相应的 E-node 结点所经过的最短路径，和从属于低层级上的两个相应 E-node 结点间的最短路径。确定入/出高层次的 E-node 的最好的方法就是在格网中选择一个离起点或终点最近的 E-node。为了选择最近结点，必须计算从起点和终点到它们相应的每个 E-node 的最短路径代价。

9.6.4　空间场分析

物理学概念上，场是物质存在的一种基本形式，这种形式的主要特征是场弥散于全空间。地理信息科学中对场的定义可以看作物理学的简化，一般是指分布于一定空间区域内，除有限的点或区域外处处连续的，描述某一地理特性的分布状况及其变化规律的函数，如温度场、湿度场、气压场等。

传统地理学场分析相关功能完全可以在剖分框架下实现，因为传统地理学中对场的描述一般是基于栅格或网格的，栅格节点的值就代表了栅格所处位置上场函数的值。而剖分面片也可以看成是一种用特殊顺序和结构组织起来的栅格系统，当剖分面片足够小的时候每一个面片就可以看作一个栅格。因此，基于剖分面片可以实现离散点空间插值和等值线生成等空间场分析功能。

空间插值常用于将离散点的测量数据转换为数据曲面，以便与其他空间现象的分布模式进行比较，一般分为内插和外推两种。内插指的是通过已知点的数据推求同一区域其他未知点数据的方法；外推则是指通过已知区域的数据推求其他区域数据的方法。空间插值的理论假设是：空间位置上越靠近的点越有可能具有相似的属性值；而空间位置上距离越远的点，特征值相同的可能性越小。空间插值就是在已知有限的采样数据的前提下，对空间特征值的变化规律做出合理的假设，推算出空间特征值的变化函数从而计算出未采样区域的特征值。地理信息科学中空间插值的相关功能都是基于栅格实现的，因此只需建立起面片与栅格的映射关系，就可以将栅格空间离散点插值的相关理论和方法移植到地球剖分空间，实现基于剖分面片的离散点空间插值。

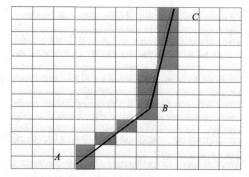

图 9-21 基于剖分面片的等值线连续内插填充效果图

等值线指的是在空间场中的一组概念上的曲线，曲线上的每一点具有相同的特征值，是研究地理规律的常用手段，因此等值线的自动生成是空间场分析的重要功能之一。格网法是一种常用的等值线生成算法，其基本思路是：用内插方法获得均匀（或非均匀）分布等值点的离散分布信息，然后再按照一定的规律在网格上连续内插出这些离散点间的填充网格点。从上述过程可以看出，基于格网的等值线生成方法可以方便地移植到地球剖分空间，利用剖分面片进行等值线追踪（图 9-21）。因为剖分面片中的数据也是呈格网矩阵形式分布的，形式上是统一的。

9.7　本章小结

地理信息科学中，空间对象地理空间关系建立的目的是对地理环境、要素及现象等进行空间分析。空间分析源于 20 世纪 60 年代地理和区域科学的计量革命，主要是应用定量统计手段分析地理要素的空间分布模式。地图上量测距离、方位、面积，乃至利用地图进行决策分析等，都是人们利用地图进行空间分析的实例，实质上已属较高层次上的空间分析。

空间关系的定性、定量研究一直是 GIS 学科研究的重要方向和内容，地理剖分空间关系是地球剖分理论的有机组成部分，地理剖分空间关系分析是地球剖分理论下空间信息系统的重要应用。本章从地理空间关系的定义、内涵、应用和研究现状出发，针对全球空间信息组织的实际需要与学术研究前沿，分析地球剖分给空间关系研究带来的困难与挑战，重新定义和描述了地球剖分架构下的空间距离、空间方位与空间拓扑关系。参照欧氏空间关系模型，本章设计适用于地球剖分的空间关系表达模型与方法，并探讨地球剖分架构下的空间分析模型与方法。

第 10 章 空间信息剖分组织应用系统设计

空间信息剖分框架及相关理论方法，可广泛应用于空间数据的加工生产、组织管理和服务应用过程，指导信息系统的方案设计和工程建设。本章从影像地理信息平台系统、遥感影像规格景应用系统、空间信息全球无缝组织系统、空间信息地球存储器系统、空间信息模板并行计算系统和空间信息随时随地服务系统六个方面，提出了基于剖分组织理论的应用系统初步设计方案，为应用实践提供借鉴。

10.1 影像地理信息平台系统

10.1.1 任务描述

现有地理信息平台系统以矢量为主体，以影像作为背景，通过图层方式对矢量和栅格数据进行综合应用。矢量数据已在实践中广泛应用，具有简洁、主题突出、网络分析简单、数据量小等优点，但也存在一些问题：①生产难度问题：矢量数据获取自动化程度有限，不管外业测绘还是内业制图，人工复杂度均较高；②更新时效性问题：矢量数据加工生产周期长，对于时效性要求高的应用常会遇到困难；③信息表达不充分：矢量数据是理解和抽象后的产物，单一的矢量数据只能表达某一个方面的专题信息，多专题信息只能通过图层叠加实现；④应用直观感受不强：矢量地图以线条、符号、色彩等抽象信号表达空间信息，使用时需人脑将其翻译成空间场景，直观性不强。

相对于矢量数据而言，遥感影像具备生产加工自动化程度高、更新时效性快速、应用直观性等特点，特别是在高分辨率影像应用条件日趋成熟的情况下，遥感影像反映地表信息更为丰富，历史上很多矢量表达的信息，在高分辨率影像上均能够很直观地表达。由此，本节提出利用空间信息剖分组织理论建立影像地理信息平台系统的初步方案，在遥感影像基础上，通过对影像的剖分结构化处理，实现地理信息系统基本功能，从而解决直接使用遥感影像进行地理信息应用的问题，为构建新一代影像地理信息系统奠定基础。

10.1.2 工作原理

遥感影像是地球表面的真实映像。在某一个尺度下，地物所表现出来的空间形态特征均能够在遥感影像中得到反映。而空间信息剖分组织框架是对地球表面进行多尺度剖分形成的体系。如果采用与地表剖分相同的方式，对地球表面的映像进行剖分，理论上能够将全球的遥感影像同质地剖分为多尺度嵌套模型。而地球表面的各种地理对象，总能够和空间重叠的影像面片集合相对应，从而形成一种通过影像面片集合表达地理对象的新方法。

基于上述原理，影像地理信息平台系统依据全球剖分组织框架，对遥感影像进行剖分处理，构建由不同大小剖分影像面片嵌套构成的多尺度剖分影像金字塔；在各尺度上，通过剖分影像面片的组合表达该尺度上的点、线或面状地理实体，赋予地理对象以剖分结构；依据全球剖分编码方法对剖分影像面片组合进行统一编码，建立不同尺度下地理对象的尺度关联关系，构建地理空间对象的影像表达模型；基于该模型，设计实现传统地理信息系统常见的数据采集、编辑、可视化、制图和空间分析等基本功能，从而构成影像地理信息平台系统，如图 10-1 所示。

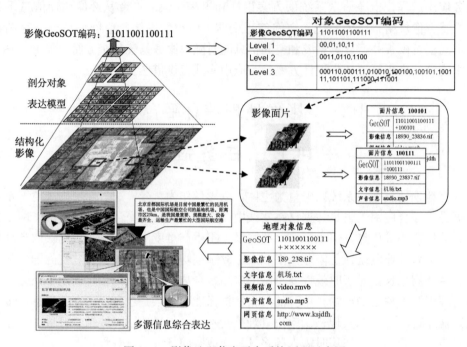

图 10-1　影像地理信息平台系统原理示意图

10.1.3　总体技术方案

依据地球剖分理论，影像地理信息系统主要实现遥感影像数据和地理实体数据的结构化存储、管理和展示。影像地理信息平台系统的架构应当具有高度的开放性与灵活性，以方便软件系统开发和业务逻辑的组合、搭建。该系统将实现以下目标：①各类型空间信息的一体化表达；②地理对象剖分编码与高效地索引；③影像与地理对象的一体化表达；④空间信息快速提取与视觉展示；⑤地理对象有序组织与相关的空间分析功能。

影像地理信息系统功能架构如图 10-2 所示。

数据层为影像地理信息平台系统提供数据服务，基本数据类型包括各种分辨率遥感影像、DEM 数据、电子地图数据等组成。这些数据通过剖分预处理模块按照剖分系统规定的格式和规范进行组织，并具有统一的编码标识。

服务层是影像地理信息系统的核心层，它以全球空天信息剖分组织框架为基准，通

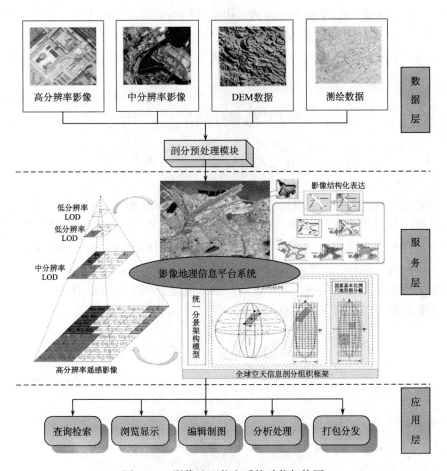

图 10-2　影像地理信息系统功能架构图

过多分辨率的地球剖分数据模型，一方面将影像进行剖分化处理，使其具有剖分结构，另一方面对地理实体赋予剖分结构，通过将影像与地理实体的融合，从而实现基于影像数据的地理实体剖分结构化表达。

应用层面向不同的用户及使用需求，提供基于多级剖分的地理信息管理与应用功能，包括剖分数据与地理实体的查询检索、浏览显示、编辑制图、分析处理、打包分发等。

10.1.4　小　　　结

影像地理信息系统采用剖分金字塔技术将影像结构化处理，使得遥感影像具有类似矢量模型的结构信息，并基于该空间结构实现空间对象的表达，从而实现基于空间目标的影像应用的支持；通过剖分结构化处理遥感影像，可以实现基于遥感影像的多尺度表达，从而支持全球以及大区域应用；遥感影像与矢量数据不同，可以灵活分割，从而支持并行处理和高效分发；针对海量遥感数据，可采用统一的数据架构进行存储管理，从而支持多源数据综合分析的应用。

同时，影像地理信息系统可以直接利用丰富的遥感影像数据资源，而遥感影像内容丰富，具有类型多，目标信息丰富、采集速度快的特点，与一般矢量数据相比，包含了更多的信息。因此，在影像地理信息平台系统中直接利用影像数据，有助于突破传统地理信息系统的数据瓶颈。

10.2　遥感影像规格景应用系统

10.2.1　系 统 任 务

目前遥感数据产品通常是在特定参考系统下，根据遥感卫星平台和传感器特点，按照轨道条带进行分景组织与管理，常见的分景方案有 WRS 和 GRS 两种方式。现有分景方案造成不同卫星遥感景数据大小各异、地理覆盖面积不同、同一区域遥感景数据标识不一致等问题。数据生产系统或应用系统必须经过检索、裁剪、拼接等操作才能进行整合应用，降低了遥感数据使用效率。针对这一问题，本节提出以剖分规格景为依据建立遥感数据规格分景的方案，并给出了基于规格景的应用体系框架。

10.2.2　工 作 原 理

1. 规格景概念

规格景是在全球剖分组织框架基础上对遥感影像数据进行统一组织的单元，本书特指通过 GeoSOT 剖分网格索引聚合生成的各类标准图幅数据。

2. 设计原理

在地球剖分框架下，通过基础剖分面片可以聚合成一个恰能包含国家测绘标准比例尺地形图图幅的区域，该区域影像即该图幅对应的规格景，如图 10-3 所示。梯形线框为地图图幅，深色矩形区域为规格景，规格景区域覆盖图幅区域。与地图分幅体系相比，规格景体系同样具备全球无缝覆盖的特点，但不同规格景之间具有一定重叠区域。

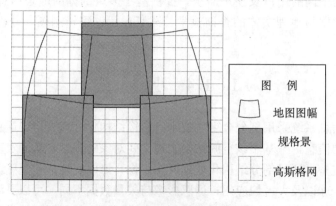

图 10-3　规格景设计原理示意图

3. 规格景的生成方法

由基础剖分面片聚合生成规格景的过程包含以下几个步骤：

步骤一：根据地图比例尺与地球剖分层级的对应关系，确定某比例尺地图所在高斯格网剖分层级；

步骤二：根据高斯正算公式，计算该比例尺地图图幅四个角点对应的高斯坐标，通过高斯坐标计算出四个角点各自所在高斯剖分格网的剖分面片；

步骤三：计算地图图幅四个角点所在高斯剖分格网面片的最小外包矩形 MBR；

步骤四：地图图幅所处地球半球，确定规格景起始剖分面片；

步骤五：确定规格景相对于起始剖分面片在横向或者纵向的面片个数。

由以上五个步骤即可生成与地图图幅相对的规格景，图 10-4 为遥感影像规格景生成过程示意图。

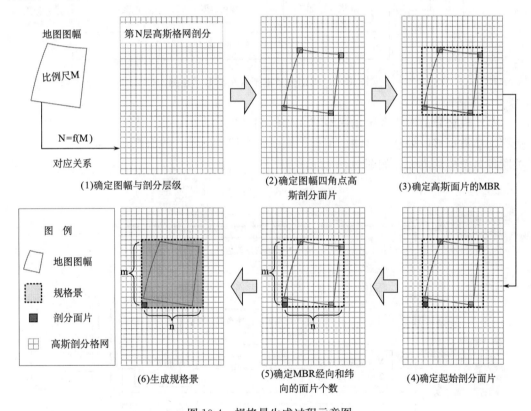

图 10-4　规格景生成过程示意图

10.2.3　总体技术方案

规格分景框架包括理论和应用两个部分，如图 10-5 所示。其中，理论部分包括规格分景规则、编码模型、误差分析以及规格景单元与标准地图图幅之间的对应关系等，而应用部分包括基于规格景的遥感数据无缝组织、空间信息关联模型、影像表达模型、数据索引模型、景编目模型、数据分发模型、影像模板库和并行计算模型、以及遥感数据更新等。

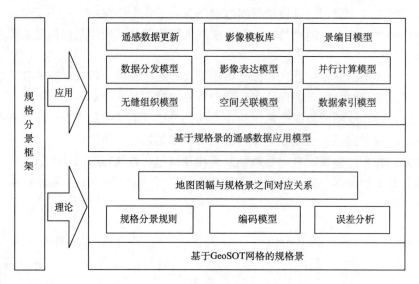

图 10-5　规格分景框架应用模型示意图

　　基于规格景的应用系统是在地球剖分框架基础之上的，以规格景剖分面片为中心，贯穿遥感数据接收处理、存储、编目、索引、组织、分发、数据更新、表达和空间信息关联等各个应用方面，如图 10-6 所示。

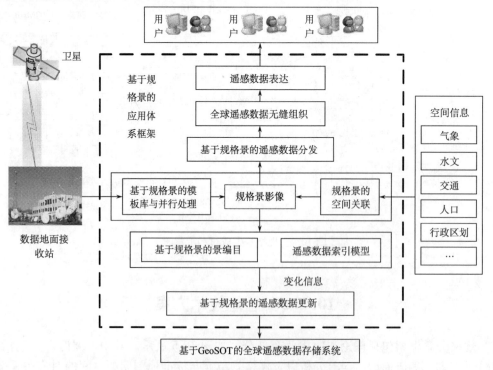

图 10-6　基于规格景的应用体系框架示意图

在基于规格景的应用体系框架中，当接收到新的遥感数据时，通过基于规格景的模板库和并行处理模型，利用模板库中的控制点库、规格影像库、自动匹配算法等，将遥感数据进行物理剖分或者逻辑剖分，快速生成不同级别的规格景影像数据。在此次基础上，通过空间关联模型、景编目模型和数据索引模型，建立由模板库生成的规格景遥感影像数据与其他空间信息如大气、水文、交通、人口和行政区划等的关联，以及规格景编目信息和规格景遥感数据索引等信息。同时，利用模块化、芯片化的数据变化检测模型，将新的规格景遥感影像数据与规格景基础底图进行对比，即可快速获得变化的信息。最后，将变化的信息、索引信息和景编目信息存储到全球遥感数据存储系统中。

而针对不同用户的需求，规格景数据分发模型通过传输变化信息或者空间信息图标等策略，将规格景中的特定信息分发给不同用户。在用户端规格景遥感数据通过无缝组织模型将接收的遥感信息进行组织，并对空间信息、空间目标进行表达。

10.2.4　小　　结

以规格景为中心的应用体系，在遥感数据接收处理、存储、编目、索引、组织、分发、数据更新、表达和空间信息关联等方面均会带来很大改善，具有如下优势：

（1）通过模板库和并行处理模型可以改善目前针对单一卫星传感器逐级地制作遥感数据景产品的现状，可实现遥感数据产品从第 1 级或第 2 级向第 4 级或更高级的制作。

（2）通过基于规格景的空间关联模型，建立规格景与行政区划、交通、水文等其他空间信息的关联，以及通过规格景编码建立的遥感数据索引模型和景编目模型，同时可以获取某幅规格景同时也可获取与其相关的其他空间信息。

（3）通过基于规格景的遥感数据分发模型，可以同时满足不同用户的信息需求并进行实时的信息保障。

（4）基于规格景的遥感数据无缝组织和表达模型，可以使遥感影像结构化，从而利用遥感影像直接表达空间信息、空间目标等。

10.3　空间信息全球无缝组织系统

10.3.1　系　统　任　务

全球遥感影像数据高级应用已成为人们广泛关注的问题。本节借助于剖分组织框架的全球无缝覆盖特性，采用将不同分景影像转化为规格景或建立剖分索引的方式，设计全球空间信息无缝组织系统，阐述了利用剖分思想建立全球空间信息无缝组织体系的方法。

10.3.2 工作原理

在规格分景或逻辑剖分索引框架的基础上，根据遥感数据的分辨率与剖分层级的对应规则，采用特定的形式对遥感数据进行组织，实现以剖分面片作为全球影像组织的"瓦片"。通过建立不同分辨率不同尺度的遥感数据规格景"瓦片"，即可将遥感数据与地球椭球表面区域对应起来，从而形成无缝有叠、多层次覆盖球面的全球遥感数据无缝组织。基于 GeoSOT 剖分网格的全球遥感数据无缝组织框架如图 10-7 所示。

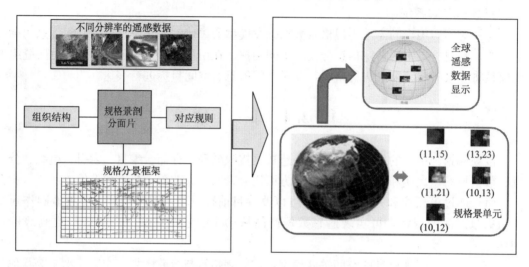

图 10-7　基于规格景的全球无缝组织框架

1. 遥感数据与规格景剖分单元对应规则

遥感数据与规格景剖分单元对应规则是指遥感数据的分辨率与规格分景框架中规格景剖分单元的层级对应的规则，是遥感数据快速进入全球剖分系统的基础。建立遥感数据与规格景剖分单元对应规则的基本思路是：根据目前遥感影像作为底图的一般规律和等经纬网剖分与高斯格网剖分之间的对应关系，以等经纬网剖分为纽带，建立遥感数据与规格景剖分单元之间的对应关系，如图 10-8 所示。

具体步骤如下：

步骤一：根据目前遥感影像数据作为制作基本比例尺地图底图的原则，确定不同分辨率遥感数据与基本比例尺地图之间的对应关系。

步骤二：遥感影像数据作为制作基本比例尺地图底图，基本上采用的是一种经验模型，遥感数据的分辨率与比例尺分母具有如下的关系：

$$地图比例尺\ S(分母)\ =影像分辨率\ R/肉眼分辨率\ r_0$$

其中，肉眼分辨率 r_0 的取值范围为：$r_0 \in [0.08\text{mm}, 0.3\text{mm}]$。

根据上述经验公式，当肉眼分辨率 $r_0 = 0.1\text{mm}$ 时，不同分辨率与地图比例尺对应表如表 10-1 所示。

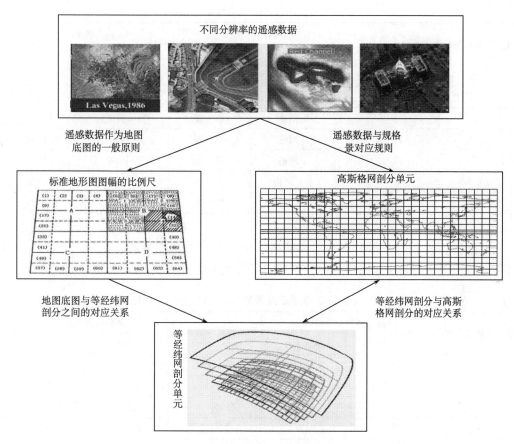

图 10-8 建立不同分辨率遥感数据与规格景剖分单元对应规则示意图

表 10-1 不同分辨率与地图比例尺对应表

比例尺	1：100万	1：50万	1：25万	1：10万	1：5万	1：1万	1：5000	1：2000
分辨率/m	100	50	25	10	5	1	0.5	0.2

步骤三：根据基于等经纬网剖分的地图分幅模型中基本比例尺地形图与等经纬网剖分层级对应表，即推出遥感数据比例尺与等经纬网剖分层级的对应关系。

步骤四：根据等经纬网剖分与高斯格网剖分之间的对应关系，即可获知不同分辨率遥感数据与高斯格网剖分层级之间的对应关系。当肉眼分辨率 $r_0 = 0.1mm$ 时，不同分辨率遥感数据与高斯格网剖分之间对应表如表 10-2 所示。

表 10-2 不同分辨率遥感数据与高斯格网剖分之间对应表

遥感数据分辨率/m	地图比例尺	等经纬度剖分		高斯格网剖分	
		单元大小	层级	单元大小	层级
100	1：100万	2°网格	第1级	256km 网格	第1级
50	1：50万	1°网格	第2级	128km 网格	第2级

遥感数据分辨率/m	地图比例尺	等经纬度剖分		高斯格网剖分	
		单元大小	层级	单元大小	层级
25	1：25万	2′网格	第3级	4km网格	第7级
10	1：10万	2′网格	第3级	4km网格	第7级
5	1：5万	1′网格	第4级	2km网格	第8级
2.5	1：2.5万	2″网格	第5级	8m网格	第10级
1	1：1万	1″网格	第6级	8m网格	第10级
0.5	1：5000	0.5″网格	第7级	8m网格	第10级
0.2	1：2000	0.5″网格	第7级	8m网格	第10级

根据表10-2遥感数据分辨率与高斯格网剖分之间的对应关系，对不同分辨率遥感数据与高斯格网剖分层级对应规则作规定，具体见表10-3。

表10-3 不同分辨率遥感数据与高斯格网剖分层级对应表

遥感数据分辨率/m	高斯格网剖分层级		遥感数据分辨率/m	高斯格网剖分层级	
	层级	单元大小		层级	单元大小
＞100	第0级	512km	5～25	第7级	4km
50～100	第1级	256km	3～5	第8级	2km
45～50	第2级	128km	2.5～3	第9级	1km
40～45	第3级	64km	1～2.5	第10级	8m
35～40	第4级	32km	0.5～1	第11级	4m
30～35	第5级	16km	0.1～0.5	第12级	2m
25～30	第6级	8km	＜0.1	第13级	1m

步骤五：在表10-3所示的规则下，结合遥感数据空间范围，即可确定一定空间范围遥感数据分辨率与规格景层级之间的对应关系。

因此，任意空间区域的任意分辨率遥感影像与规格景框架中的规格景剖分面片单元建立对应关系的流程如图10-9所示。

2. 规格景遥感数据的组织结构

在高斯格网剖分框架中，上下层间的剖分面片单元采用四分的方式，如图10-10所示。根据剖分面片编码之间的继承关系，可以直接对剖分面片编码进行适当的运算来获得不同层级的上下层剖分面片编码。

同时，由于采用金字塔结构在组织和管理影像数据具有在内存管理、数据快速显示等方面的优势，因此在组织和管理规格景遥感数据时，可以将规格景遥感数据按 $2n \times 2n$ 像素为单元进行划分，n 的最大值8。其内部采用剖分数据结构进行组织。采用线性四叉树组织的规格景遥感数据，可使其内部组织与规格分景框架中的剖分单元统一起来，便于遥感数据的统一组织与管理。

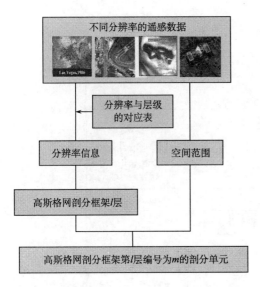

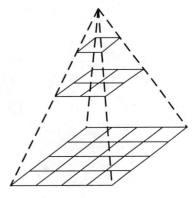

图 10-9　遥感数据与规格景单元对应的流程图　　　　图 10-10　上下层剖分面片之间的关系

10.3.3　总体技术方案

针对在线海量遥感数据的存储、管理与访问的需求，需要构建一个能够实现全球遥感数据无缝组织的系统。具体方案如下：

根据 GeoSOT 剖分方案，最顶层的（Layer 0）剖分面片尺寸为 512°×512°，有效范围为 180°×360° 位于 0 级面片的中央；然后将每个面片进行 4 等分划分，即划分成 256°×256° 的剖分面片，共 4 个瓦片；照此类推，按因子 4 逐步细分地球表面，直到第 9 级剖分；9 级面片的尺寸为 1°×1°，将每个 9 级面片扩展为 64′×64′，之后再按照因子 4 进行面片划分；同样的操作还发生在面片尺寸为 1′×1′ 的第 15 层。根据遥感数据分辨率与剖分层级的对应规则，可以将全球不同分辨率的数据按照区域范围进行组织。这种存储组织利用遥感影像数据的空间区域特征，按照地球空间位置存储组织遥感影像数据。

根据表 10-2 可知，在 GeoSOT 剖分方案中各级剖分面片与不同比例尺的地图以及不同分辨率的遥感影像之间具有固定的对应关系，因此，在空间信息全球无缝组织系统中，GeoSOT 剖分层级对数据进行组织，该无缝组织系统数据组织目录结构如图 10-11 所示。

存储策略为：数据存储在其外包面片所对应的层级上，而数据逻辑剖分索引存储在数据分辨率对应的剖分级别上。

在节点内部，按照影像金字塔的思想对数据进行组织。不同剖分层级存储节点对应的金字塔层数不同：

1 级剖分存储节点上存储的数据只有一层，即不需要构建金字塔结构。

2 级剖分存储节点上存储的数据构建两层影像金字塔结构。其中，第二层影像的每个像素是将底层影像按照 2×2 个像素合并得到的。

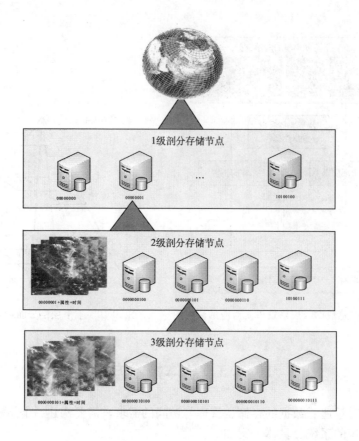

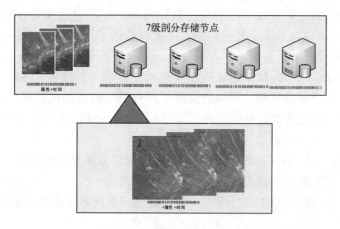

图 10-11　空间信息全球无缝组织方案示意图

　　3 级剖分存储节点上存储的数据构建三层影像金字塔结构。其中，第三层影像的每个像素是将第二层影像按照 2×2 个像素合并得到的，第二层影像的每个像素是将底层影像按照 2×2 个像素合并得到的。

　　照此类推，这样任何层级为 n 的存储节点上都有该范围的 $1\sim n$ 级数据，在构建全球影像视图时，能够实现从低分辨率影像到高分辨率影像的合理过渡；在分发过程中也可根据需要分发不同精度的数据。

10.3.4　小　　结

空间信息全球无缝组织系统基于全球剖分理论体系，在剖分体系中，遥感数据按照经纬度划分，统一按照经纬度剖分框架进行组织，能够在数据组织层面上实现无缝。显示时，系统可通过投影坐标转化，提供一个无缝的、完整的数字球面展现平台。分发时，可通过数据范围从系统中获取相应范围的数据，并经过相应的计算，最终向用户提供所需数据，实现在分发上的无缝服务。

10.4　空间信息地球剖分存储系统

10.4.1　空间信息地球剖分存储系统的任务描述

空间信息地球剖分存储系统主要针对全球空间信息的存储管理，重点解决空间信息与空间区位关联访问，及数据与存储资源之间的动态匹配与调度问题。将数据与空间位置和尺度、数据与存储资源之间形成直接关联，有效解决存储资源的即插即用、按需动态扩展、虚拟全在线调度，以及超大规模存储系统的能耗管理等问题。

设计目标是构建基于地球剖分组织理论的地球存储系统，在全球虚拟的地理空间下，按照地理空间位置有序高效地存储、调度与管理空间数据；实现全球空间信息逻辑上统一、物理上分散存储的分布式集群存储系统。

10.4.2　系统构建原理和设计思路

根据第5章空间信息剖分存储组织原理与方法，剖分存储集群的工程系统的核心在于通过内嵌剖分面片编码的网络地址标识协议（GeoIP协议）将地理空间区域与存储资源中的存储单元或单元组形成一一映射，从而形成同一面片区域的数据自动存储到同一面片存储单元的空时记录体系。系统的主要设计思路如下：

（1）在现有IPV6互联网络协议基础上，将地球剖分空间的面片区域编码嵌入IPV6地址编码，通过对IP地址的语义解释实现GeoIP地址；

（2）通过部署在各个剖分存储单元上的GeoIP网络控制卡实现GeoIP地址与存储资源的物理绑定；

（3）在现有TCP/IP协议族之上扩充存储资源即插即用、动态扩展、虚拟全在线调度，以及数据访问调度的空间信息剖分存储调度协议，从而形成以GeoIP地址为中心的全球空间信息剖分存储系统。

10.4.3　总体方案与系统架构

空间信息地球剖分存储系统总体方案如图10-12所示，主要由客户端模块、全球空间数据标识器、GeoIP 注册管理服务器、存储资源调度服务器、剖分存储单元集合、剖分计算单元、剖分存储调度协议等七个方面组成。其中，前端客户端是基于球的三维视图，支持人机交互操作；后端是基于规格景或剖分索引的数据文件操作，并通过剖分存储调度协议将用户的数据访问转化为具体的面片数据操作。

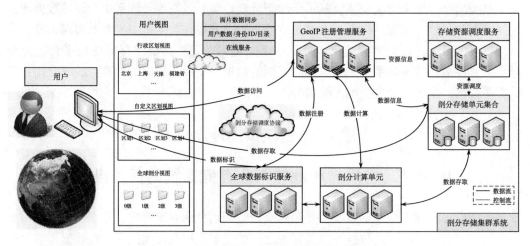

图 10-12　空间信息地球剖分存储系统总体方案

具体的工作流程如下：

（1）用户新存入数据时，通过全球数据标识器获得数据标识 GeoDID，并通过与 GeoIP 注册管理服务器交互获得该数据的 GeoIP 地址；用户利用返回的 GeoIP 地址通过数据流将数据存储到相应的存储单元中。

（2）用户访问数据时，通过与 GeoIP 注册管理服务器交互获得数据的 GeoIP 地址，然后利用 GeoIP 地址寻址、定位到相应的剖分存储单元。

（3）用户计算处理数据时，通过与 GeoIP 注册管理服务器交互获得数据的 GeoIP 地址，并将数据计算信息发送给计算单元；计算单元通过数据流获取到相应的数据后，进行数据处理；若要保存计算结果，则通过全球数据剖分标识器获得数据标识和 GeoIP 地址，然后将数据回存。

（4）用户按需调度存储资源或存储资源接入系统中时，存储资源调度服务器利用 GeoIP 地址通过开关机指令或动态即插即用协议实现存储资源的剖分调度管理。

在空间信息地球剖分存储系统总体方案中，存储池的设计，即剖分存储单元集合的存储尺度规划是系统架构设计的重点内容，它决定着剖分存储集群系统的存储规模和网络形态。根据 GeoSOT 全球剖分方案，不同的业务部门可以根据自己的存储需求来规划地球空间区域划分方案及剖分存储集群系统的规模。

10.4.4　小　　结

空间信息地球剖分存储系统是在全球剖分框架的基础上，实现将某一区域的空间信息存储在对应的存储节点上，从而实现全球空间信息的空时记录的存储系统，该系统具有以下特点：

（1）全球空间信息存储地学专用化：每个存储单元与地理空间相映射，每个存储单元都具有地学空间位置含义，实现同一地区的多源、多尺度、多时相空间数据的直接关联和快速集成，同时系统易维护和管理。

（2）全球空间数据存储的虚拟全在线化：全球空间数据按照剖分面片区域有序存储，根据用户访问需求，可以实现按需全在线服务与应用，有效地避免传统"三线"存储中的数据迁移时间，从而更好地满足全球空间信息的应急响应；同时利用虚拟全在线调度可以高效地节约能耗。

（3）全球空间信息存储视图的一体化与业务区域特征的个性化：在地球剖分组织框架下，用户可以根据业务区划自定义剖分存储方案，由地球存储系统中的剖分存储调度协议负责解析对剖分面片集合的操作，实现用户的统一存储视图和用户操作的简易化。

（4）存储资源配置的灵活化：用户可根据不同区域数据差异化存储需求和增长模式，灵活配置相应存储资源，在可用的存储资源中分配最佳存储空间，支持存储资源按需动态扩展。

10.5　空间信息剖分模板计算系统

10.5.1　系统任务

常规的基于遥感影像的空间信息提取和处理，需要对卫星数据、测绘数据、气象数据、目标情报信息等进行格式转换、投影变换、拼接裁减等多种预处理，时间跨度较大，影响了遥感信息的整体应用效率。

基于全球剖分框架，构建影像模板计算系统，为每个剖分面片配备影像控制点等各种模板参数，为影像实时处理、快速纠正、情报快速整编等提供计算框架。按照"剖分计算集群＋面片模板"的思路，实现并行处理，缩短空间信息应用的准备时间。

10.5.2　工作原理

剖分模板是面片的空间特征集，可提取自高精度处理的影像，也可以是与该面片相关联的其他空间数据。根据空天数据处理的需求，存在多种不同的模板，如用于配准的控制点模板、用于目标检索的特征模板等。一种模板对应于一个具体的剖分数据处理算法，在实际应用中，利用剖分计算集群进行多面片的并行计算，实现空间信息快速处理。

在全球剖分规格分景和"全球一张图"的思路下，全球的空天数据将能具备统一的基准和任意拼接、镶嵌的能力。在此基础上，任意空天数据与模板数据进行高精度的配准后，即可成为"全球一张图"的组成部分。这就为剖分数据模板批处理提供了理论依据和基准数据支持，如图 10-13 所示。

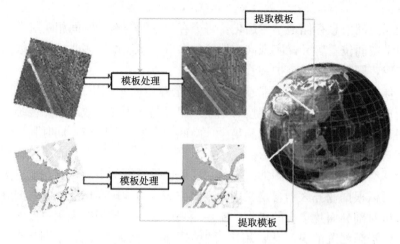

图 10-13　模板计算原理示意图

10.5.3　总体技术方案

模板计算的基础是剖分框架，模板计算本身由计算集群、剖分模板、剖分模板库、模板调度系统组成。剖分模板由基准影像数据提取而来，储存在剖分模板库中，为模板计算调度系统所管理，调度系统同时负责调度计算资源，进行各种大规模空天数据处理，包括基准影像数据的更新。总体架构思路如图 10-14 所示。

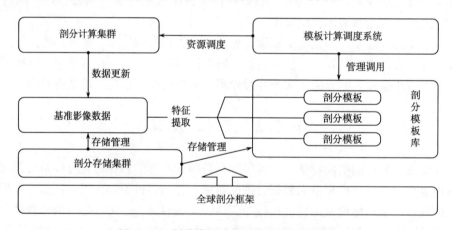

图 10-14　剖分模板计算系统总体架构思路

模板并行计算的硬件结构可采用混合式体系结构（Hybrid Architecture），计算集群中，节点之间为分布式存储体系结构，而同一个节点内的各处理器之间组成共享存储体系结构。由于剖分面片的层次性特点，结合剖分数据模型，混合式的体系结构就为计算节点与剖分面片的映射带来了便利。在并行模式方面，通过在多个面片上并发的处理数据，剖分计算可在粗粒度上实现数据并行模式；而在面片内部，或者说在计算集群的节点内部，可根据算法和剖分数据的特点，采用更细粒度的数据并行；由于节点内部是共享存储结构，消息映射模型和共享存储模型也能够被方便地引入剖分计算模型（图 10-15）。

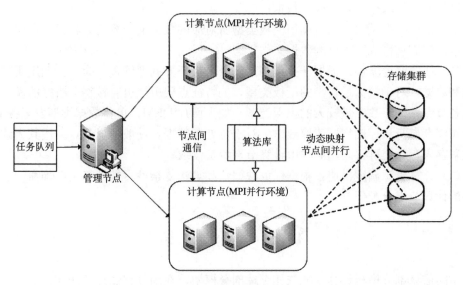

图 10-15 剖分计算集群结构

剖分模板的组成和元数据结构如图 10-16 所示。

在实际操作中，只需根据需处理面片的编码和处理类型，从模板库获取相应数据即可。对于每个模板类型，由模板调度系统负责保存其元数据信息。其中数据格式指数据文件的保存方式，如二进制、GTiff 等；数据类型指模板包含

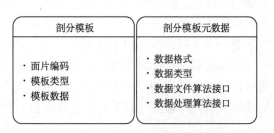

图 10-16 剖分模板的组成和元数据结构

的变量类型，也即其类定义；数据文件算法负责生成和解析数据文件；数据处理算法则负责使用模板数据进行空天数据处理。

模板库的基本功能是对全球面片的模板进行存储，是全球面片的 DNA 特征库。由于面片的数量巨大，仅一度网格全球就共有 63 360 个，同时模板又具有多种类型，因此需要对模板库进行索引。根据具体需求的不同，还需要从规格模板库中组合出任意大小面片的模板。根据这些要求，模板库具有以下功能模块：

（1）模板存储模块：负责将各类模板数据根据其对应的面片存入存储集群，模板数据以二进制文件方式进行存储，文件本身的生成和解析则由模板调度系统统一管理，对模板库来说是无关的；

（2）模板索引模块：负责生成全球模板的索引大表，便于模板的快速提取和更新；

（3）模板组合模块：由于具体的计算需求所涉及的区域不一定完全按照面片的范围，需要从现有的面片模板中进行组合，来生成任意的区域模板。

模板调度系统负责模板统筹管理，接收计算任务，调度计算资源等，具体包括以下

模块：

（1）模板管理模块：管理各种类型模板的元数据信息，接受新模板类型的注册，根据计算任务的需求存取相应模板数据；

（2）模板数据模块：负责调用模板类型所对应的数据文件算法，将模板数据写入文件，以及解析从模块库读出的数据文件；

（3）任务调度模块：根据任务量和优先级进行任务调度管理，为任务调用所需要的模板和数据，对于数据量较小的模板类型，如特征点模板，可直接将解析好的模板数据发至各节点；对于数据量较大的模板类型，如大面片DEM，可将数据类型发至各节点，由计算节点自身从存储集群读取数据。对于待处理数据，一般情况下，应按其大致的空间位置存入存储集群，因此同样由计算节点负责读取；

（4）计算资源调度模块：根据任务数据量和算法复杂性，按计算负载均衡的要求为空闲的计算节点分配任务。

10.5.4 小 结

空间信息剖分模板计算系统依托全球剖分框架，在剖分存储集群的支持下，建立与剖分层次性特征相对应的计算集群，为剖分面片设计各类剖分模板，构建支持多元空天数据的全球剖分模板库，为全球空天数据的快速处理和检索提供空间特征参考。剖分模板是空间信息处理模板，但本身也是标准化的数据产品，且具有编码唯一、坐标精确、投影统一、无缝无叠、检索快捷等优点。模板参考影像、DEM、特征数据等都可直接应用，实现数据产品常备化，缩短数据准备时间。通过与影像特征模板的高精度配准和拼接镶嵌，实现原始空天数据直接生成高级产品，缩短数据处理流程。通过基于兴趣区特征模板的高性能并行计算，实现算法执行的自动化，提高处理效率。

10.6 空间信息剖分服务系统

10.6.1 系 统 任 务

随着空间技术和信息技术的不断进步，特别是遥感与全球定位系统技术的飞速发展，人类能够获得的空间数据和对地观测数据极大丰富。同时，人们关注的范围也从局部地区扩展到全球，再加之空间数据本身数据量较大，因此对空间信息分发系统提出了更高的要求。

剖分服务系统的设计目的是为了实现用户在任意地点对空间数据近实时的高效访问下载，因此需要建立空间数据高效的组织与检索机制，在全球数据无缝组织的基础上，为用户提供多分辨率、多尺度、多数据源和多时相的空间信息，并支持多种通信链路。

10.6.2 工 作 原 理

全球空间信息剖分系统是为了在全球范围内有效地存储、检索和分发不断更新的海量空间数据，因此应首先寻找一种能够支持全球范围内多尺度、多分辨率数据快速分发的空间数据模型。全球剖分格网是一种可以无限细分的、拟合地球表面的、具有无缝性和层次性的格网单元，每一个单元有全球唯一的编码。剖分方式直接决定了离散格网数据的存储方式和索引方式，并最终影响到离散格网数据的调度效率。

首先，全球剖分格网将地球表面逐级划分，得到一系列具有层次的区域单元，并对每个单元赋予唯一的编码，凭借一串整型编码便可以指向一个唯一的空间区域。对于全球剖分格网，金字塔模型是使用得最为普遍的一种数据组织方法，其将剖分对空间的划分与多分辨率层次表达结合起来，如图 10-17 所示，每一层次覆盖的是同一区域，但相邻层次之间有固定的倍率关系。由于空间位置和分辨率是空间数据的固有属性，因此剖分金字塔体系将使数据的存储和管理更加有序。

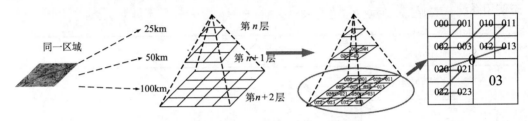

图 10-17　多分辨率金字塔模型

GeoSOT 部分网格按照一定的规则将地球划分为不同粗细层次的格网，并按 Z 序对各层面片进行编码，将水平方向上有兄弟关系、垂直方向上有父子关系的面片集中存储，如图 10-18 所示。用户请求的数据在空间上往往是相关的，这种方式不仅可以通过分辨率与剖分编码快速检索数据，而且当用户读取数据时，提高了磁盘寻址速度，因而能够降低 I/O 代价。

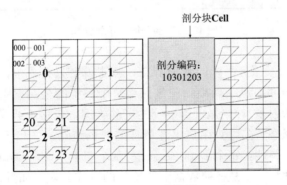

图 10-18　Z 序编码

10.6.3　总体技术方案

1. 系统组成

空间信息剖分服务系统面向全球空间数据的高效能分发，在用户与数据存储集群之间建立一个提供透明服务的中间层，完成从存储集群向服务集群的转化，用户面对的不再是以资源为中心的集群，而是转向以服务为核心的空间数据快速分发服务系统，该系统提供的关键服务包括数据检索服务、数据下载服务等。

空间信息剖分服务系统的架构如图 10-19 所示，该架构中共有三类角色：用户 Client、地学主服务器 Geo-Master 以及数据服务器 Data Server。Geo-Master 只存储控制信息，实际的空间数据都存储在 Data Server 上，用户在使用分发服务的时候，首先访问 Geo-Master，获得与之交互的 Data Server 的信息，然后直接访问 Data Server 获取数据。这样做的好处是用户与 Geo-Master 之间只有小数据量的控制流的交互，将数据量较大的数据流交互放到用户与各个数据服务器之间，减少网络拥塞的可能性。同时，系统采用缓存机制（Cache）来加快响应速度，客户端缓存机制同时可让用户在离线状态使用系统。

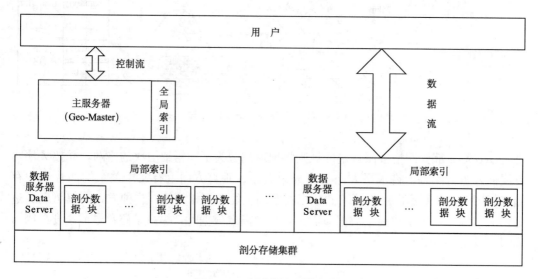

图 10-19　剖分服务系统架构

Geo-Master 是分发服务系统的管理节点，在逻辑上只有一个，相当于分发系统的"大脑"。Geo-Master 的责任有两项：一是保存整个系统的全局索引信息（如剖分到第三级后数据存储的映射表）；二是负责系统的资源管理，包括负载调度、系统一致性维护、数据服务器的状态监控，为用户挑选最佳的数据节点。Data Server 存储实际的剖分数据，为了提高容错性，每个 Data Server 有两个副本。每个 Data Server 上有多个数据块，分块方式有两种：一是按照数据生产单位的方式分块（如景、条带等）；二是经过处理后的数据按照某一剖分层级分块。每个 Data Server 上的局部索引表负责记录本 Server 上各个数据块的元数据信息。

2. 系统功能

数据管理：对数据产品进行建库管理，是整个随时随地服务系统的基础，实现数据导入、导出、同步、备份、查询检索等，可以采用文件系统、数据库系统或文件系统与数据库混合的方式管理。

数据检索：依据剖分编码、关键词、图文混合等方式查询空间信息，根据空间范围、分辨率等信息检索到自己需要的数据。

数据分发：提供支持 HTTP/FTP 及特定通信链路协议的数据分发服务。

用户管理：包括用户注册、注销、信息修改、访问统计等功能。

3. 系统流程

软件接口遵循 OGC 的 WMS 规范，包含四个操作：

· GetCapabitities 返回服务级元数据，它是对服务信息内容和要求参数的一种描述；

· GetMap 返回一个地图影像，其地理空间参考和大小等参数是由用户请求明确定义的；

· GetFeatureInfo 返回显示在地图上的某些特殊要素的信息；

· BasicOperation 提供对服务的状态进行管理和查询，本操作为扩展操作。

图 10-20 是一个用 UML 时序图描述的客户端与服务器端交互的过程，主要包括：客户端在请求一个 Web 地图服务之前，通过发送 GetCapabilities 请求获得描述服务器端所能提供服务的元数据，元数据以 XML 文档形式返回。客户端解析元数据文档，从中检索出所需信息，发出 GetMap 请求，服务器处理用户请求，以图像方式返回客户端，格式可以为 JPEG、PNG、GIF 或 SVG。客户端以 GetFeatureInfo 请求查询地图上某些特殊要素的信息，服务端返回 GML、TXT 格式的地物信息。

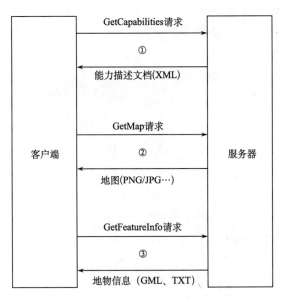

图 10-20　剖分服务系统信息交互示意图

10.6.4　小　　结

空间信息剖分服务系统为用户提供基于全球剖分数据组织的空间数据高效访问与下

载服务。由于剖分编码中隐含了空间数据的位置信息、尺度信息并与数据存储单元关联，因此，通过剖分编码能够快速查找、提取空间数据。此外，层次性是全球剖分模型的最大特点，不同层次的面片代表不同面积的地理区域，因此在得到用户的数据请求后，服务系统能够根据网络带宽和用户需求，灵活地选择不同尺度的剖分面片数据，先传抽样信息，再传细节信息，减少数据吞吐量，提高有限带宽的资源利用率，从而保证空间信息随时随地服务的准确性与高效性。

10.7　本章小结

本章基于空间信息剖分框架及相关理论方法，对基于剖分框架的影像地理信息系统、遥感影像规格景应用系统、空间信息全球无缝组织系统以及空间信息地球剖分存储系统、空间信息剖分模板计算系统和空间信息剖分服务系统进行了初步探讨。上述六个系统串联起来，可以形成从信息加工生产、组织管理到服务应用的空间信息组织基本业务流程，整体构成一个相对完整的剖分技术体系，可为工程系统方案设计和建设提供借鉴。

参 考 文 献

白建军，赵学胜，陈军. 2005. 基于线性四叉树的全球离散格网索引. 武汉大学学报（信息科学版），30（9）：805-808.

白照广，李一凡，杨文涛. 2008. 中国海洋卫星技术成就与展望. 航天器工程，17（4）：17-23.

贲进，童晓冲，张永生，等. 2007. 球面等积网格系统生成算法与软件模型研究. 测绘学报，36（2）：187-191.

蔡键，王树梅. 2009. 基于 Google 的云计算实例分析. 电脑知识与技术，5（25）：7093-7095.

曹敏，史照良. 2006. 新一代海量影像自动处理系统"像素工厂"初探. 测绘通报，10：55-58.

曹强，黄建忠，万继光，等. 2010. 海量网络存储系统原理与设计. 武汉：华中科技大学出版社.

曹婉如. 1983. 中国古代地图绘制的理论和方法初探. 自然科学史研究，3（2）：246-257.

常庆瑞. 2004. 遥感技术导论. 北京：科学出版社.

陈勃，陈志军. 2006. 海量遥感卫星数据存档方法的探讨. 遥感信息，5：43-46.

陈军. 2002. Voronoi 动态空间数据模型. 北京：测绘出版社.

陈宁涛，王能超，陈莹. 2005. Hilbert 曲线的快速生成算法设计与实现. 小型微型计算机系统，26（10）：1754-1757.

陈述彭，郭华东. 2000. "数字地球"与对地观测. 地理学报，55（1）：8-14.

陈述彭，周成虎，陈秋晓. 2004. 格网地图的新一代. 测绘科学，29（4）：1-4.

陈云芳，穆鸿，王汝传. 2003. 网格计算及其应用. 江苏通信技术，19（2）：5-7.

程昌秀，陆锋. 2009. 一种矢量数据的双层次多尺度表达模型与检索技术. 中国图象图形学报，14（6）：1012-1017.

程承旗，关丽. 2010. 基于地图分幅拓展的全球剖分模型及其地址编码研究. 测绘学报，39（3）：295-302.

程承旗，吕雪锋，关丽. 2010. 空间数据剖分集群存储系统架构初探. 北京大学学报（自然科学版），47（1）：103-108.

程承旗，宋树华. 2009. 全球空间信息 GeoDNA 编码模型及应用方法初探. 北京大学学报（自然科学版），4：49-53.

程承旗，张恩东，万元嵬，等. 2010. 遥感影像剖分金字塔研究. 地理与地理信息科学，26（1）：19-23.

邓雪清. 2003. 栅格型空间数据服务体系结构与算法研究. 中国人民解放军信息工程大学博士学位论文.

丁楠，石善球. 2009. 浅析网格技术在像素工厂中的应用. 江苏省测绘学会，2009 年学术年会.

杜世宏. 2004. 空间关系模糊描述及组合推理的理论和方法研究. 北京：中国科学院遥感应用研究所博士学位论文.

盖素丽. 2009. 基于 GPU 的数字图像并行处理方法. 电子产品世界，16：38-41.

高俊. 1999. 数字地图，21 世纪测绘业的支柱. 测绘通报，10：2-6.

关丽. 2010. 基于剖分编码的空间位置标识与空间对象标识问题研究. 北京：北京大学博士学位论文.

何东健. 2003. 数字图像处理. 西安：西安电子科技大学出版社.

何建邦，李新通. 2002. 对地理信息分类编码的认识与思考. 地理学与国土研究，18（3）：1-7.

胡鹏. 2006. 地图代数. 武汉：武汉大学出版社.

胡鹏，耿协鹏，杜晓初. 2009. 基于栅格距离变换的扩展对象空间聚类方法. 测绘学报，38（2）：162-167.

胡鹏，胡毓钜. 2002. 我国地球空间数据框架的设计思想、技术路线及若干理论问题讨论. 武汉大学学报（信息科学版），27（3）：283-288.

胡鹏，杨传勇，李国建. 2000. GIS 发展瓶颈、理论及万象 GIS 实践. 武汉测绘科技大学学报，25（3）：212-215.

贾树泽，杨军，施进明，等. 2010. 新一代气象卫星资料处理系统并行调度算法研究与应用. 气象科技，38（1）：96-101

姜宁康，时成阁. 2007. 网络存储导论. 北京：清华大学出版社.

李德仁. 2008. 摄影测量与遥感学的发展展望. 武汉大学学报（信息科学版），33（12）：1211-1215.

李德仁，龚健雅，邵振峰. 2010. 从数字地球到智慧地球. 武汉大学学报（信息科学版），35（2）：127-132.

李德仁，李清泉. 1998. 论地球空间信息科学的形成. 地球科学进展，13（4）：319-326.

李德仁，邵振峰. 2009. 论新地理信息时代. 中国科学：信息科学，39（6）：579-587

李霖，吴凡. 2005. 空间数据多尺度表达模型及其可视化. 北京：科学出版社.

刘鹏. 2010. 云计算. 北京：电子工业出版社.

吕捷，张天序，张必银. 2004. MPI并行计算在图像处理方面的应用. 红外与激光工程，33（5）：496-499.

吕雪锋，程承旗，龚健雅，等. 2011. 海量遥感数据存储管理技术综述. 中国科学：技术科学，41（12）：1561-1573.

罗寿文，李代平，张信一，等. 2005. 基于网格的并行算法研究. 计算机工程与应用，41（8）：923-929.

彭新东，李兴良. 2010. 多尺度大气数值预报的技术进展. 应用气象学报，21（2）：129-138.

钱建梅，郑旭东. 2003. 国家卫星气象中心气象卫星资料存档系统. 应用气象学报，14（6）：756-762.

冉令辉. 2008. 全球空间信息剖分编码模型研究. 北京：北京大学硕士学位论文

阮秋琦. 2001. 数字图像处理学. 北京：电子工业出版社.

史照良，沈泉飞，曹敏. 2007. 像素工厂中真正射影像的生产及其精度分析. 测绘科学技术学报，24（5）：332-335.

宋树华. 2011. 遥感数据标准分景框架及其应用模型研究. 北京：北京大学博士学位论文.

苏光大. 2002. 图像并行处理技术. 北京：清华大学出版社.

谭亚平. 2011. 空间信息区位标识的全球参考基准研究. 北京：北京大学硕士学位论文.

唐文静. 2009. 海陆地理空间矢量数据融合技术研究. 哈尔滨：哈尔滨工程大学博士学位论文.

万元嵬. 2009. 影像数据剖分金字塔结构研究. 北京：北京大学硕士学位论文.

万至臻. 2008. 基于MapReduce模型的并行计算平台的设计与实现. 杭州：浙江大学硕士学位论文.

王峰. 2009. 资源卫星数据地面存储管理系统的设计与实现. 航天器工程，18（3）：66-71.

王红，彭海龙. 2008. 海洋一号卫星离线数据长期归档方法研究. 海洋通报，27（4）：98-100.

王家耀. 2010. 地图制图学与地理信息工程学科发展趋势. 测绘学报，39（2）：115-118.

韦家宏. 2009. 栅格、矢量结构在空间数据融合中的技术及应用初探. 内蒙古科技与经济，7：159-161.

魏子卿. 2008. 2000中国大地坐标系. 大地测量与地球动力学，28（6）：1-5.

萧如珀，杨信男. 2008. 物理学史中的六月——大约公元前240年6月：Eratosthenes测量地球. 现代物理知识，3：62-63.

邢诚，刘冠兰. 2008. 像素工厂的研究与探讨. 计算机与数字工程，36：132-134.

徐迪峰. 2009. 海量遥感影像管理系统的研究与实现. 苏州：苏州大学硕士学位论文.

许健民，杨军，张志清，等. 2010. 我国气象卫星的发展与应用. 气象，36（7）：94-100.

薛丽敏，胡东红，朱月飞. 2005. 网格计算分析与安全实现研究. 电子工程师，31（4）：59-61.

杨军，董超华，卢乃锰，等. 2009. 中国新一代极轨气象卫星——风云三号. 气象学报，67（4）：501-509.

殷珏琼. 2009. 浅析云计算现状及其问题. 电脑知识与技术，5（33）：9302-9303.

袁文. 2004. 地理格网STQIE模型及原型系统. 北京：北京大学博士学位论文.

张朝晖，刘俊起，徐勤建. 2009. GPU并行计算技术分析与应用. 信息技术，11：86-89.

张海军，陈圣波，张旭晴，等. 2010. 基于GPU的遥感图像快速去噪处理. 城市勘测，2：96-98.

赵立成，王素娟，施进明. 2002. 国家卫星气象中心信息共享体制研究与技术实现. 应用气象学报，13（5）：627-632.

赵仁亮. 2002. 基于Voronoi图的空间关系计算研究. 长沙：中南大学博士学位论文.

赵学胜. 2007. 全球离散格网的空间数字建模. 北京：测绘出版社.

钟晨晖. 2009. 云计算的主要特征及应用. 软件导刊，8（10）：3-5.

周碧英. 2010. 浅谈网格计算技术的应用与发展. 科技信息，24：3-5.

周成虎，欧阳，马廷. 2009. 地理格网模型研究进展. 地理科学进展，28（5）：657-662.

Albani S, Giaretta D. 2009. Long-term preservation of earth observation data and knowledge in ESA through CAS-PAR. Int J Dig Cur, 4（3）：4-16.

Ball G H, Hall D J. 1967. A clustering technique for summarizing multivariate data. Behavior Science, 12 (2): 153-155.

Barclay T, Gray J. 2005. TerraServer SAN-Cluster architecture and operations experience. Microsoft Technical Report, MSR-TR-2004-67.

Barclay T, Gray J, Chong W. 2004. TerraServer bricks—a high availability cluster alternative. Microsoft Technical Report, MSR-TR-2004-107: 21.

Barclay T, Gray J, Ekblad S, et al. 2006. Designing and building Terraservice. IEEE Internet Comput, 10 (5): 16-25.

Barclay T, Gray J, Slutz D. 2000. Microsoft TerraServer: a spatial data warehouse//Proceedings of the ACM SIGMOD International Conference on Management of Data. Dallas, Texas: ACM. 29 (2): 307-318.

Behnke J, Watts T H, Kobler B, et al. 2005. EOSDIS petabyte archives: tenth anniversary//Proceedings of the 22nd IEEE/13th NASA Goddard Conference on Mass Storage Systems and Technologies (MSST05). Monterey, California: IEEE. 81-93.

Bell D G, Kuehnel F, Maxwell C, et al. 2007. NASA World Wind: opensource GIS for mission operations//Proceedings of IEEE Aerospace Conference. Big Sky, MT: IEEE. 1-9.

Bell S B M, Diaz B M, Holroyd F C, et al. 1983. Spatially referenced methods of processing raster and vector data. Image and Vision Computing, 1 (4): 211-220.

Bertolotto M, Bimonte S, Martino S D, et al. 2011. Spatial online analytical processing of geographic data through the Google Earth interface. Geocomputer Sustainability and Environment Planning, 348: 163-182.

Beruti V, Forcada E, Albani M, et al. 2010. ESA plans—A pathfinder for long term data preservation//Proceedings of the 7th International Conference on Preservation of Digital Objects (iPRES2010), Vienna, Austria: OAI. 1-6.

Bignone F. Pixel Factory™ Suite—Mapping Production System, White paper.

Bjørke J T, Grytten J K, Hæger M, et al. 2003. A global grid model based on "constant area" quadrilaterals//Proceeding: ScanGIS. 239-250.

Boschetti L, Roy D P, Justice C O. 2008. Using NASA's World Wind virtual globe for interactive internet visualization of the global MODIS burned area product. Int J Remote Sens, 29 (11): 3067-3072.

Chang F, Dean J, Ghemawat S, et al. 2008. Bigtable: a distributed storage system for structured data. ACM Transactions on Computer Systems, 26 (2): 1-14.

Clarke K C. 2002. Criteria and measures for the comparison of global geocoding systems//International Conference on Discrete Global Grids (3). Santa Barbara, California. 26-28.

Clementini. 1994. A comparison of methods for presenting topological relations. Information Sciences-Applications, 3 (3): 149-178.

Conway J H, Sloane N J A and Groups. 1999. Sphere packings, lattices, and groups. Berlin Heidelberg New York: Springer-Verlag.

Davis D, Jiang T Y, Ribarsky W, et al. 1998. Intent, perception, and out-of-core visualization applied to terrain. Proc. IEEE Visualization '98. 455-458.

Dean J, Ghemawat S. 2008. MapReduce: simplied data processing on large clusters. Communications of the ACM, 51 (1): 107-113.

Dean J, Ghemawat S. 2010. MapReduce: a flexible data processing tool. Communications of the ACM, 53 (1): 72-77.

Dutton G. 1996a. Encoding and handling geospatial data with hierarchal triangular meshes. Proceeding of 7th International Symposium on Spatial Data Handling. Netherlands. 34-43.

Dutton G. 1996b. Improving locational specificity of map data—a multi-resolution, metadata-driven approach and notation. Int. J. Geographical Information Systems, 10 (2): 253-268.

Dutton G. 1999. A hierarchical coordinate system for geoprocessing and cartography. Lecture Notes in Earth Sciences. Berlin: Springer-Verlag.

Esfandiari M, Ramapriyan H, Behnke J, et al. 2006. Evolving a ten-year old data system//Proceedings of 2nd IEEE International Conference on Space Mission Challenges for Information Technology (SMC-IT'06). Pasadena, California: IEEE. 243-250.

Esfandiari M, Ramapriyan H, Behnke J, et al. 2007. Earth observing system (EOS) data and information system (EOSDIS) -evolution update and future//Proceedings of IEEE International Geoscience and Remote Sensing Symposium (IGARSS 2007). Barcelona: IEEE. 40005-40008.

Falby J, Zyda M, Pratt D, et al. 1993. NPSNET: Hierarchical data structures for real time three-dimensional visual simulation. Computers and Graphics, 17 (1): 65-69.

Fekete G. 1990. Rendering and managing spherical data with sphere quadtrees//Proceedings of the 1st Conference on Visualization '90. San Francisco, California: IEEE Computer Society. 176-186.

Fekete G, Treinish L A. 1990. Sphere quadtrees: a new data structure to support the visualization of spherically distributed data//Proceeding of SPIE. USA: NASA/Goddard Space Flight Ctr. 1259: 242-253.

Fisher I, Miller O M. 1944. World Maps and Globes. New York: Essential Books.

Frisch U, Hasslacher B, Pomeau Y. 1986. Lattice-gas automata for the Navier-Stokes equations. Physics Review Letters, 56 (14): 1505-1508.

Fusco L, Cossu R. 2009. Past and future of ESA Earth observation grid. Memorie della Societa Astronomica Italiana, 80: 461-476.

Ghemawat S, Gobioff H, Leung S T. 2003. The Google file system//Proceedings of the Nineteenth ACM Symposium on Operating Systems Principles (SOSP'03). Bolton Landing, New York: IEEE. 1-15.

Gibin M, Singleton A, Milton R, et al. 2008. An exploratory cartographic visualization of London through the Google Maps API. Applied Spatial Analysis and Policy, 1 (2): 85-97.

Gibson L, Lucas D. 1982. Spatial data processing using generalized balanced ternary//Proceedings of the IEEE Computer Society Conference on Pattern Recognition and Image Processing. LasVegas, Nevada: IEEE. 566-571.

Gong J Y, Xiang L G, Chen J, et al. 2010. Multi-source geospatial information integration and sharing in Virtual Globes. Science China-Technological Sciences, 53 (Suppl 1): 1-6.

Goodchild M. 1994. Geographical grid models for environmental monitoring and analysis across the globe (panel session) // Proceedings of GIS/LIS94 Conference. Phoenix, Arizona.

Goodchild M, Yang S. 1992. A hierarchical spatial data structure for global geographic information systems. Computer Vision, Graphics and Image Processing: Graphical Models and Image Processing, 54 (1): 31-44.

Gray R W. 1995. Exact transformation equations for Fuller's world map. Cartographica: The International Journal for Geographic Information and Geovisualization, 32 (3): 17-25.

Guo W, Gong J Y, Jiang W S, et al. 2010. OpenRS-Cloud: a remote sensing image processing platform based on cloud computing environment. Science China-Technological Sciences, 53 (Suppl 1): 221-230.

Habata S, Yokokawa M, Kitawaki S. 2003. The Earth Simulator system. NEC Res&Dev. 44: 21-26.

Ilg D, Wynne D, Gejjagaraguppe R, et al. 1999. HDF-EOS library user's guide for the ECS project. Volume 1: Overview and Examples. Technical Paper 170-TP-500-001.

Investor Presentation by GeoEye. http://www. geoeye. com/CorpSite/assets/docs/investor-relations/Investor _ Presentation _ JPMorgan _ 05 _ 17 _ 10. pdf.

Itakura K. 2006. MDPS: The new mass data processing storage system for the Earth Simulator. Jounal of the Earth Simulator, 5: 20-24.

Jagadish H V. 1990. Linear clustering of objects with multiple attributes//SIGMOD ('90): Proceedings of the 1990 ACM SIGMOD international conference on Management of data. ACM. 19 (2): 332-342.

Kempler S, Lynnes C, Vollmer B, at el. 2009. Evolution of information management at the GSFC earth sciences (GES) data and information services center (DISC): 2006-2007. Geoscience and Remote Sensing, IEEE T, 47 (1): 21-28.

Kimerling A J, Sahr K, White D. 1999. Comparing geometrical properties of global grids. Cartography and Geographic Information Science, 26 (4).

Kolar, J. 2004. Representation of geographic terrain surface using global indexing, Citeseer//Proceeding of 12th International Conference on Geoinformatics.

Leclerc Y G, Reddy M, Iverson L, et al. 2001. The GeoWeb—a new paradigm for finding data on the web. //International Cartographic Conference 2001 (ICC 2011).

Leclerc Y, Reddy M, Eriksen M, et al. 2002. SRI's Digital Earth Project, SRI International. Technical Note, (560).

Longley P A, Goodchild M F, Maguire D J, et al. 2005. Geographical Information Systems and Science, 2nd ed. Wiley.

Lukatela H. 2000. A seamless global terrain model in the hipparchus system//International Conference on Discrete Global Grids. Santa Babara.

Mitchell A, Ramapriyan H, Lowe D. 2009. Evolution of Web services in EOSDIS-search and order metadata registry (ECHO) //Proceedings of IEEE International Geoscience and Remote Sensing Symposium (IGARSS 2009). Cape Town, South Africa: IEEE. 371-374.

Nakajima K. 2004. Preconditioned iterative linear solvers for unstructured grids on the Earth Simulator//Proceedings of the Seventh International Conference on High Performance Computing and Grid in Asia Pacific Region (HPCAsia'04). Omiya Sonic City, Tokyo Area: IEEE. 150-159.

Nakano T, Kawase Y, Yamaguchi T, et al. 2010. Parallel computing of magnetic field for rotating machines on the Earth Simulator. IEEE Transactions Magnetics, 46 (8): 3273-3276.

Ottoson P, Hauska H. 2002. Ellipsoidal quadtrees for indexing of global geographical data. International Journal of Geographical Information Science, 16 (3): 213-226.

Pendleton C. 2010. The World according to Bing. IEEE Computer Graphics and Appllications, 30 (4): 15-17.

Pitas I. 1993. Parallel Algorithms for Digital Image Proessing, Computer Vision and Network. John Wiley & Sons Ltd, UK.

Ramapriyan H K, Pfister R, Weinstein B. 2011. An overview of the EOS data distribution systems. Land Remote Sensing and Digital Image Processing, 11 (3): 183-202.

Raskin R G, Fellow V. 1994. Spatial analysis on a sphere: a review. NCGIA Technical Report, 10: 94-7.

Redkar T. 2009. Windows Azure Platform. New York: Apress. 53-104.

Sahr K, White D, Kimerling A J. 2003. Geodesic discrete global grid systems. Cartography and Geographic Information Science , 30 (2): 121-134.

Sample J T, Loup E. 2010. Tile-based Geospatial Information System: Principle and Practices. New York: Springer. 23-200.

Schwartz J. Bing Maps Tile System. http://msdn. microsoft. com/en-us/library/bb259689. aspx

Simplified Digital Archiving for Remote Sensing. http: //www. quantum. com/Solutions/IndustrySolutions/Government/Index. aspx

Snyder J P. 1992. An equal-area map projection for polyhedral globes. Cartographica: The International Journal for Geographic Information and Geovisualization , 29 (1): 10-21.

Song L. 1997. Small circle subdivision method for development of global sampling grid. Oregon State University. Master of Science in Geography.

Wei Y X, Di L P, Zhao B H, et al. 2007. Transformation of HDF-EOS metadata from the ECS model to ISO 19115-based XML. Computers & Geosciences, 33 (2): 238-247.

White D, Kimerling A J, Song L. 1998. Comparing area and shape distortion on polyhedral-based recursive partitions of the sphere. International Journal of Geographical Information Science , 12 (8): 805-827.

Wikipedia. 2011-12-14. MapReduce. http://zh. wikipedia. org/wiki/MapReduce.

Wu C, Fraundorfer F, Frahm J M, et al. 2008. Image localization in satellite imagery with feature-based indexing// Proceedings of the International Archives of the Photogrammetry, Remote Sensing and Spatial Information Sciences. Beijing: ISPRS. Vol. XXXVII: 197-202.

Wu X, Guo J, Wallace J, et al. 2009. Evaluation of CBERS image data: geometric and radiometric aspects. Innovations in Remote Sensing and Photogrammetry, 2: 91-103.